教育部文科计算机基础教学指导委员会立项教材
Computer Arts Based On The Ministry Of Education Steering Committee Of Project Teaching Materials

高等学校文科类专业"十一五"计算机规划教材

根据《高等学校文科类专业大学计算机教学基本要求》组织编写

丛书主编 卢湘鸿

Access数据库技术与应用

陈世红 主编

侯爽 聂清林 常子冠 编著

U0132267

清华大学出版社

北京

内 容 简 介

本书以 Microsoft Access 2003 中文版为平台,介绍了数据库管理系统的基础知识,并以一个数据库应用系统为主线,通过大量的任务实例讲解了数据库应用系统开发的相关技术。全书共包含 9 章,主要内容包括数据库的基础知识、创建和使用数据库与数据表、查询、窗体、报表、数据访问页、宏和 VBA 编程语言以及 Access 数据库应用系统开发实例等。

本书重点突出应用性和实用性。各章节以实例操作讲解为主,通过完成实例操作学习相关知识点的内容,便于读者自学也便于教师教学。

图书在版编目(CIP)数据

Access 数据库技术与应用/陈世红等编著. —北京:清华大学出版社,2011.1

(高等学校文科类专业"十一五"计算机规划教材)

ISBN 978-7-302-24533-9

Ⅰ. ①A… Ⅱ. ①陈… Ⅲ. ①关系数据库-数据库管理系统,Access-高等学校-教材 Ⅳ. TP311.138

中国版本图书馆 CIP 数据核字(2011)第 007772 号

责任编辑:谢　琛
责任校对:白　蕾
责任印制:杨　艳

出版发行:清华大学出版社		地　　址:北京清华大学学研大厦 A 座	
http://www.tup.com.cn		邮　　编:100084	
社　总　机:010-62770175		邮　　购:010-62786544	
投稿与读者服务:010-62795954,jsjjc@tup.tsinghua.edu.cn			
质　量　反　馈:010-62772015,zhiliang@tup.tsinghua.edu.cn			

印　装　者:北京鑫海金澳胶印有限公司

经　　销:全国新华书店

开　本:185×260		印　张:20.25		字　数:470 千字	
版　次:2011 年 1 月第 1 版				印　次:2011 年 1 月第 1 次印刷	
印　数:1~4000					
定　价:32.00 元					

产品编号:040843-01

序

随着社会的发展,能够满足社会与专业本身需求的计算机应用能力已成为各专业合格的大学毕业生必须具备的素质。

包括大文科(哲学、经济学、法学、教育学、文学、历史学、管理学)在内的各类专业与信息技术的相互结合、交叉、渗透,是现代科学发展的趋势,是一个不可忽视的新学科的生长点。加强大文科类各类专业的计算机教育,开设具有专业特色的计算机课程是培养能够满足社会与专业本身对大文科人才需求的重要举措,是培养跨学科、综合型的文科通才的重要环节。

为了更好地指导大文科各类专业的计算机教学工作,教育部高等教育司组织制定了《高等学校文科类专业大学计算机教学基本要求》(下面简称《基本要求》)。

《基本要求》把大文科本科的计算机教学设置按专业门类分为文史哲法教类、经济管理类与艺术类3个系列,按教学层次分为计算机大公共课程、计算机小公共课程和计算机背景专业课程3个层次,按院校类型分为研究型、教学研究型与教学型3个类型。

第一层次的教学内容是文科某一系列各专业学生都应知应会的。教学内容由计算机基础知识(软件和硬件平台)、微机操作系统及其使用、多媒体知识和应用基础、办公软件应用、计算机网络基础、信息检索与利用基础、Internet基本应用、电子政务基础、电子商务基础、网页设计基础、信息安全等16个模块构筑。这些内容可为文科学生在与专业紧密结合的信息技术应用方向上进一步深入学习打下基础,并对基本保证文科大学生信息素质的培养起着基础性与先导性的作用。

第二层次是在第一层次之上,为满足同一系列某些专业共同需要(包括与专业相结合而不是某个专业所特有的)而开设的计算机课程。其教学内容或者在深度上超过第一层次中某一相应模块,或者是拓展到第一层次中没有涉及的领域。这是满足大文科不同专业对计算机应用需要的课程。这部分教学内容在更大程度上决定了学生在其专业中应用计算机解决问题的能力与水平。

第三层次是使用计算机工具,以计算机软件和硬件为依托而开设的为某一专业所特有的课程。这部分教学内容更有利于人才创新精神和实践能力的培养。

进入"十一五"时期以来,在计算机教学改革中不断更新教育理念,对教育教学进行了深入研究,教改成果也越来越多。为了使大文科各专业人才在计算机知识与技能的应用方面能更好地满足信息社会与文科专业本身发展的需要,进一步提高各院校文科类专业计算机教学的整体水平,清华大学出版社根据教育部高教司组织制定的《基本要求》中的课程体系的要求,组织编写了本套由文科计算机教指委立项的高校文科类专业"十一五"

计算机规划教材。本套教材按照文科类专业对计算机应用的不同层次的不同要求进行编写,覆盖文科专业在计算机应用中所需要的知识点。教材在编写上以实用为主线,在案例上与本专业的需要相结合,让学生在学习过程中掌握计算机的知识与应用。教材在结构上将按照《基本要求》分 3 个类别在 3 个层次上进行组织。相信这一重大举措,将产生一批优秀的文科计算机教材。

卢湘鸿

2008 年 8 月 8 日于北京

卢湘鸿,北京语言大学信息科学学院计算机科学与技术系教授、教育部普通高等学校本科教学工作水平评估专家组成员、教育部高等学校文科计算机基础教学指导委员会秘书长、全国高等院校计算机基础教育研究会文科专业委员会主任。

前　言

信息化社会里,使用计算机处理信息的能力已经成为现代人越来越重要的能力。计算机教育在本科各专业培养中成为必不可少的组成部分。同时,社会和专业对大学本科生计算机方面的能力要求也越来越高。

《高等学校文科类专业大学计算机教学基本要求》将文科计算机教学大体分为三个层次:计算机大公共课程、计算机小公共课程和计算机背景专业课程。越来越多的高等院校选择"Access 数据库技术与应用"作为文科专业的计算机小公共课程。按照教育部文科教指委的"文科计算机教育的实质是计算机应用的教育,是'以应用为目的、以实践为重点、着眼信息素养培养'的一种教育"的意见,本教材在编写时以此为导向,体现应用性的特点,适合应用型本科教学的需要。

全书分为 9 章,包括数据库的基础知识、数据库和数据表、查询、窗体、报表、数据访问页、宏、模块和数据库应用系统实例等内容。通过学习读者将对 Access 数据库系统设计有一个清晰完整的认识。在附录中给出了 2 套实验评测试卷,可供读者综合考核。

本书具有如下特点:

(1) 以应用为目的,重视实践,同时不忽视必要理论的介绍。全书以一个数据库实例为主线,分成各个模块讲解,既有系统性,又体现细节性。通过实例揭示数据库设计的实质,不仅讲述怎样操作,而且通过操作阐述相关的理论知识或规则。

(2) 用案例驱动的方法组织编写。目前,国内相关 Access 数据库应用技术的教材很多,很多教材并不是真正的案例驱动。而本书是从案例操作开始,案例的写作基本是按照"问题提出→任务分析→任务解决过程→相关知识点细述→边学边练→请思考"这样几个环节进行的。"任务分析"帮助读者理清思路,确定解题方法,提高分析问题的能力。"任务解决过程"之后,在"相关知识点细述"中给出相关的理论或规则,遵循从具体到抽象的认知规律,读者容易理解。

(3) 秉承"教"、"学"、"练"一体化,建立扎实的知识体系,强化综合能力的培养。在每个知识点讲解之后,紧跟"边学边练"环节,能够促使读者马上"学以致用"。为鼓励读者的认识向深度与广度拓展,在"边学边练"后抛出"请思考"环节,培养读者"学而思、思而学"的良性习惯。

本书可作为非计算机专业计算机公共基础课程教材,也适合各文科专业数据库技术教学的需要,还可作为全国计算机等级考试(二级 Access)的培训教材。

本书的第 1 章、第 4 章和第 5 章由陈世红编写,第 2 章、第 3 章和各章的实验由侯爽编写,第 6 章、第 7 章和第 8 章由聂清林编写,第 9 章由常子冠编写。全书由陈世红统稿。

本书在编写过程中还得到了戴红、于宁、安继芳等老师的帮助,在此表示感谢。

本书的所有实例均在 Access 中运行通过,但仍然会有疏漏和不足,诚恳地希望读者批评指正。

作　者

2010 年 10 月

目　　录

第1章　数据库技术基础

数据库技术是现代信息科学与技术的重要组成部分,是计算机数据处理与信息管理系统的核心。从 20 世纪 50 年代中期开始,随着计算机应用领域的不断扩展,人们对数据处理的要求也越来越高。数据库技术研究和解决计算机信息处理过程中对大量数据有效地组织和存储的问题。数据库系统已经成为现代计算机系统的重要组成部分。

1.1　数据库基础知识

为了更好地学习数据库的有关知识,我们先了解一些数据库技术的有关概念。

1.1.1　数据库是什么

数据库是什么? 这是开始学习数据库时大多会产生的疑问。简单而言,数据库就是具有关联性的数据的集合。我们大都有去书店买书的经历,书店一般都将图书分类存放,方便我们购买的时候顺利找到。书店就可以看成一个数据库,图书依据类型不同,存放在不同的位置。

严格地说,数据库是"按照数据结构来组织、存储和管理数据的仓库"。数据库是结构化的,不仅仅描述数据本身,而且对数据之间的关系进行描述。在图书借阅系统中,不仅要描述图书馆的图书、借书人,还要描述借书人何时还书,曾经借了哪些书等相关信息。

一个数据库应该具有如下的特征。

◇ 数据结构化

数据库中的数据是以一定的逻辑结构存放的。在描述数据时不仅要描述数据本身,还要描述数据之间的联系。

◇ 实现数据共享

数据库中的数据可以供多个用户使用,所有用户可同时存取数据库中的数据而互不影响,减少了数据冗余,大大提高了数据库的使用效率。

◇ 数据具有独立性

数据库中的数据独立于应用程序,即数据具有独立性,包括物理独立性和逻辑独立性。对数据结构的修改不会对应用程序产生影响或者不会有大的影响,而对应用程序的修改也不会对数据产生影响或者不会有大的影响。

◇ 数据的统一管理和控制

由于多个用户可以使用同一个数据库,同时存取数据库中的数据,因此必须提供必要的数据安全保护措施,包括数据的安全性控制、完整性控制、并发操作控制和数据恢复等。

1.1.2 数据库相关的术语

1. 数据

数据的概念不再仅仅指狭义的数值数据，而是指存储在某一种媒体上能够被识别的物理符号。数字、文字、声音、图形、图像等一切能被计算机接收且能被处理的符号都是数据。数据是事物特性的反映和描述，是符号的集合。

数据是数据库中存储的基本对象，表达时与其语义是密不可分的。例如某人的姓名、性别和出生日期等，就是反映他基本状况的数据。

2. 信息

信息是根据某种目的从相关数据中提取的有意义的数据。数据与信息既有联系又有区别。信息是一个抽象概念，是被处理过的特定形式的数据。

数据经过加工、处理仍然是数据，只有经过解释才有意义，才成为信息。例如，我们将认识的朋友的电话号码按照姓氏加以分类，就成为好用的信息。

3. 数据处理

数据处理也称信息处理，是将数据转化成信息的过程。这个过程是利用计算机对各种类型的数据进行处理，包括数据的采集、存储、分类、排序、检索、维护、加工、统计和传输等一系列操作过程。

数据处理的目的是从大量数据中，通过分析、归纳、推理等科学方法，利用计算机技术、数据库技术等技术手段，提取有价值、有意义的信息，为进一步分析、管理、决策提供依据。

4. 数据库管理系统

数据库管理系统(DataBase Management System，DBMS)是位于用户和操作系统之间用于建立和管理数据库的软件，是数据库系统的核心。本书所讲的 Access 软件就是一种被广泛应用的数据库管理系统。

数据库管理系统所提供的功能有如下几项。

- ◇ 数据定义功能：定义数据库的结构，DBMS 提供相应数据语言(DDL)来定义数据库结构，刻画数据库框架，并把它们保存在数据字典中。
- ◇ 数据操纵功能：DBMS 提供数据操纵语言(DML)实现对数据库中数据的检索、插入、修改和删除等基本存取操作。
- ◇ 数据库运行管理功能：DBMS 提供数据控制功能，访问数据库的所有操作都要在这些控制程序的统一控制和管理下进行，以保证数据的安全性、完整性、一致性和多用户的并发使用。
- ◇ 数据库的建立和维护功能：包括数据库初始数据的输入与数据转换，数据库的转储、恢复、重组织，系统性能监视、分析功能等。
- ◇ 数据通信功能：DBMS 提供处理数据的传输，实现用户程序与 DBMS 之间的通信，通常与操作系统协调完成。

5．数据库系统

数据库系统(DataBase System,DBS)是指应用了数据库技术的计算机系统。一个完整的数据库系统应该包括：保存数据的数据库、管理数据库的数据库管理系统(DBMS)、保证数据库运行的硬件设备和操作系统以及管理和使用数据库的人员。图1.1所示为数据库系统的一个整体环境。

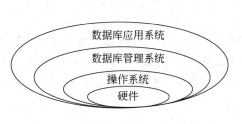

图1.1　数据库系统的层次结构

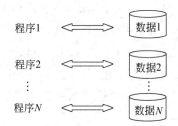

图1.2　人工管理阶段应用程序与数据
之间的对应关系

1.1.3　数据管理技术的发展

数据管理技术也和其他技术一样,经历了从低级到高级的发展过程。随着计算机硬件技术、软件技术和计算机应用范围的不断发展,大致经历了人工管理阶段、文件系统阶段、数据库管理阶段、分布式数据库系统和面向对象数据库系统阶段。

1．人工管理阶段

20世纪50年代中期以前,计算机主要用于科学计算,当时硬件的外存储器(简称外存)只有磁带、卡片、纸带,没有磁盘等直接存取设备。软件没有操作系统,没有专门管理数据的软件。数据由程序自行携带,并以批处理的方式加以处理。用户用机器指令编码,通过纸带机输入程序和数据,程序运行完毕后,由用户取走纸带和运算结果,再让下一个用户操作。

人工管理阶段数据管理的特点是：数据不进行长期保存；没有专门的数据管理软件；一组数据只对应于一个应用程序,应用程序中的数据无法被其他程序利用,而无法实现数据的共享,存在着数据冗余；数据不具有独立性。人工管理阶段应用程序与数据之间的对应关系如图1.2所示。

2．文件系统阶段

20世纪50年代后期到60年代中期,计算机不但用于科学计算,还应用于数据管理。外存有了磁盘、磁鼓等直接存取设备,软件方面出现了高级语言和操作系统。数据管理已不再采用人工管理方式,而是使用操作系统提供的专门管理数据的软件,一般称为文件系统来管理。

文件系统阶段特点是：数据和程序之间有了一定的独立性,数据文件可以长期保存在磁盘上多次存取；数据还是面向应用程序的,文件系统提供数据与程序之间的存取方法；数据的存取在很大程度上仍依赖于应用程序,不同程序很难共享同一数据文件;数据的独立性差,冗余量大。文件系统阶段应用程序与数据之间的对应关系如图 1.3 所示。

3. 数据库系统阶段

20 世纪 60 年代以来,计算机的硬件价格大幅下降,但编制和维护软件及应用程序成本相对增加,其中维护的成本更高。计算机管理的数据量越来越大,关系日益复杂。文件系统已经无法满足多应用、多用户共享数据的需求。于是,出现了统一管理数据的专用软件系统,即数据库管理系统。

数据库管理系统采用了更科学更规范的数据存储结构,对所有的数据实行统一规划管理。数据与应用程序之间完全独立,使得应用程序对数据的管理访问灵活方便,数据的冗余大大减少,增强了数据共享性。数据库系统阶段应用程序与数据之间的对应关系如图 1.4 所示。

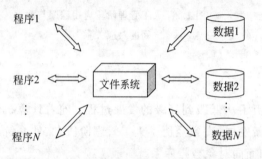

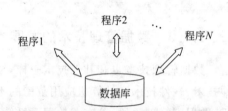

图 1.3　文件系统阶段应用程序与数据
　　　　之间的对应关系

图 1.4　数据库系统阶段应用程序与数据
　　　　之间的对应关系

4. 分布式数据库系统阶段

分布式数据库系统是在集中式数据库系统的基础上发展起来的,是计算机技术和网络技术结合的产物。

分布式数据库系统有两种:一种是物理上分布的,但逻辑上却是集中的,这种分布式数据库只适宜用途比较单一的、不大的单位或部门;另一种分布式数据库系统在物理上和逻辑上都是分布的,也就是所谓联邦式分布数据库系统,由于组成联邦的各个子数据库系统是相对"自治"的,这种系统可以容纳多种不同用途的、差异较大的数据库,比较适宜于大范围内数据库的集成。

分布式数据库在逻辑上像一个集中式数据库系统,实际上,数据存储在计算机网络的不同地域的结点上。每个结点有自己的局部数据库管理系统,它有很高的独立性。用户可以由分布式数据库管理系统,通过网络相互传输数据,图 1.5 为分布式数据库示意图。

5. 面向对象数据库系统阶段

面向对象数据库系统是面向对象的程序设计技术与数据库技术相结合的产物,是新一代的数据库系统。面向对象数据库系统的主要特点是具有面向对象技术的封装性和继承性,提高了软件的可重用性。

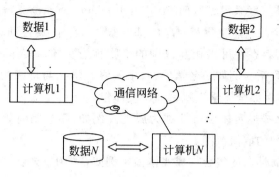

图 1.5　分布式数据库

　　面向对象的数据库看起来更像是应用程序的延伸而不是对于数据库系统的延伸。面向对象的数据库通常都是一种多层次的实现：后台是数据库、对象缓冲区、客户端程序以及专属的网络协议。

　　面向对象的数据库还没有成为一种流行技术，在当前大多数的开发环境下，我们还是在更多地使用关系数据库。

1.2　数据模型

1.2.1　数据模型的定义

　　数据管理的一个核心问题就是研究如何表示和处理实体之间的联系。表示实体及实体之间联系的数据库的数据结构称为数据模型。

　　根据数据模型应用的目的不同，将模型划分为两类。一类模型是概念模型，也称信息模型。它按用户的观点来对数据和信息建模，是独立于任何计算机系统实现的，这类模型完全不涉及信息在计算机系统中的表示，因而又被称作"概念数据模型"。另一类型为数据模型，它是直接面向数据库中数据逻辑结构的，它按计算机系统的观点对数据建模，主要包括网状模型、层次模型和关系模型等，用于数据库管理系统的实现。

1.2.2　概念模型

1. 基本概念

　　要实现计算机对现实世界中各种信息的自动化、高效化的处理，首先必须建立能够存储和管理现实世界中信息的数据库系统。数据模型是数据库系统的核心和基础。任何一种数据库系统，都必须建立在一定的数据模型之上。

　　由于现实世界的复杂性，不可能直接从现实世界中建立数据模型，而首先要把现实世界抽象为信息世界，并建立信息世界中的数据模型，然后再进一步把信息世界中的数据模型转化为可以在计算机中实现的、最终支持数据库系统的数据模型。信息世界中的数据模型又称为概念模型。

　　概念模型的表示方法很多，最著名、最实用的概念模型设计方法是 P. P. S. Chen 于

1976 年提出的"实体-联系模型"（Entity-Relationship Approach），简称 E-R 模型。

E-R 模型有 3 个与概念世界相对应的基本概念：实体、属性和联系。

（1）实体：客观存在并可以相互区别的事物称为实体。实体可以是人、事、物，也可以是抽象的概念和联系。例如一名学生、一个班级和学生与班级的关系。同一类型实体的集合构成实体集，例如全体学生就是一个实体集。

（2）属性：用来描述实体的特性称为属性。例如，学生具有姓名、学号等属性信息。不同的属性会有不同的取值范围。

实体名和各个属性名的集合构成实体型。例如，"学生（学号，姓名，班级，入学时间）"就是一个实体型。

（3）联系：实体之间的对应关系称为联系。例如，学生和课程之间具有选课关系，学生和图书之间具有借阅关系。

2. 实体间的联系

两个实体之间的联系主要有 3 种类型："一对一"联系（1∶1），"一对多"联系（1∶n），"多对多"联系（$m∶n$）。

1）"一对一"联系（1∶1）

对于实体集 A 中的每一个实体，实体集 B 中至多有一个实体与之联系，反之亦然，则称实体集 A 和实体集 B 具有"一对一"的联系。例如，某商场只有一位总经理，而一位总经理只在一个商场任职，总经理和商场之间具有"一对一"联系。

2）"一对多"联系（1∶n）

对于实体集 A 中的每一个实体，实体集 B 中有 n 个实体与之联系，反之对于实体集 B 的每一个实体，实体集 A 中只有一个实体与之联系，则称实体集 A 与实体集 B 有"一对多"联系。例如，某商场有多名员工，而一名员工只在一个商场任职，员工和商场之间具有"一对多"联系。

3）"多对多"联系（$m∶n$）

对于实体集 A 中的每一个实体，实体集 B 中有 n 个实体与之联系，反之对于实体集 B 的每一个实体，实体集 A 中有 m 个实体与之联系，则称实体集 A 与实体集 B 有"多对多"联系。例如，一名员工可以销售多种货物，多种货物可以被多位员工销售，员工和货物之间具有"多对多"联系。

3. E-R 模型的表示

E-R 数据模型提供了实体、属性和联系三个抽象概念。为了直观地表达概念模型，人们常常使用 E-R 图，即实体-联系图来描述。在 E-R 图中，实体用矩形表达，属性用椭圆表达，联系用菱形表达，在图形内部分别写实体名、属性名和联系名，并用无向边连接相关的对象。

使用 E-R 图表达三者之间的关系直观、明了，能够直观地表达数据库的信息组织情况。图 1.6 是 E-R 图的一个实例。

根据清晰的 E-R 图，结合具体的 DBMS 的类型把它演变为 DBMS 所能操纵的数据模型，这种方法已经被普遍应用于数据库系统设计中，成为数据库系统设计的重要步骤。

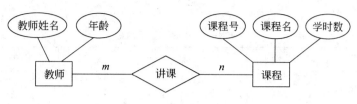

图 1.6　E-R 图的一个实例

1.2.3　关系数据模型

数据模型是用户从数据库所看到的模型。数据模型主要有 3 种：层次数据模型、网状数据模型和关系数据模型。

1. 层次数据模型

用树型结构表示实体类型及实体间联系的数据模型称为层次模型（Hierarchical Model）。层次模型的特点为：有且仅有一个结点无父结点，此结点为根结点；其他结点有且仅有一个父结点。

层次模型树中每一个结点表示一个实体型，结点之间的连线表示实体之间的联系。这种联系适于表达"一对多"的层次联系，但不能直接表达"多对多"的联系。图 1.7 为层次模型示意图。

2. 网状数据模型

用网状结构表示实体及其之间的联系的模型称为网状模型（Network Model）。网状模型的特点为：允许一个以上的结点无父结点，并且一个结点可以有多个父结点。

层次模型和网状模型类似，用每个结点表示一个实体型，结点之间的连线表示实体间的联系。

网状模型能更直接地表示实体间的各种联系，但它的结构复杂，实现的算法也复杂。图 1.8 为网状模型示意图。

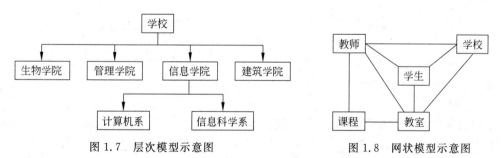

图 1.7　层次模型示意图　　　　　图 1.8　网状模型示意图

3. 关系数据模型

用二维表的形式表示实体和实体间联系的数据模型称为关系模型。关系数据模型是以集合论中的关系概念为基础发展起来的。关系模型中无论是实体还是实体间的联系均由单一的结构类型——关系来表示。关系模型的逻辑结构是二维表，一个关系对应一个二维表。

关系模型的特点是：概念单一，规范化，以二维表格表示。表 1-1 为关系模型示意图。

表 1-1 关系模型示意图

读者编号	姓名	性别	出生日期	办证日期	VIP	联系电话
2007001	王天依	女	1986-10-26	2007-9-3	TRUE	83668511
2007002	裴志红	女	1986-4-30	2007-9-3	FALSE	83668511
2007003	赵乐	男	1986-11-24	2007-9-3	FALSE	83668511
2007004	杜超	男	1986-4-28	2007-9-3	FALSE	83668631
2007005	张寅雪	女	1985-11-15	2007-9-3	FALSE	83668511

关系模型是常用的数据模型,它是一种既能很好地反映现实世界,又能很容易地在计算机中表示的数据模型。目前的数据库管理系统几乎都支持关系模型。我们本书介绍的Access就是一种典型的关系数据库管理系统。

1.3 关系数据库

基于关系数据模型的数据库管理系统被称为关系数据库管理系统。关系数据库已经成为当前的主流数据库系统。

1.3.1 关系术语

1. 关系

一个关系就是一张二维表,每个关系有一个关系名。在 Access 数据库中,关系名就是数据库中表的名称。

2. 元组

在一个二维表中,表中的行称为元组,每一行是一个元组,也称为一条记录。

3. 属性

二维表中的列称为属性,每一列有一个属性名,也称字段名。

4. 域

属性的取值范围,即不同元组对同一个属性的取值所限定的范围。例如性别字段的域为"男"、"女"两个值。

5. 关键字

二维表中某个属性或属性的组合,其值能唯一地标识一个元组,称为候选关键字。一张表中可能有多个候选关键字,从中选择一个作为主关键字,也称为主键。例如,二维表中学生的学号常常被设为主键,而不是用姓名作主键,因为姓名可能重复,它不能唯一地标识一个元组。

6. 外部关键字

如果表中的一个字段不是本表的主关键字或候选关键字,而是另外一个表中的主关键字或候选关键字,这个字段称为外部关键字。

7. 关系模式

对关系的描述称为关系模式,一个关系模式对应一个关系的结构。其格式为:

关系名(属性名 1,属性名 2,…,属性名 n)

在 Access 中关系模式表示表结构,其格式为:

表名(字段名 1,字段名 2,…,字段名 n)

例如,表 1-1 的关系模式为:读者表(读者编号,姓名,性别,出生日期,办证日期,VIP,联系电话)。

8. 关系的特点

(1) 关系中的每个属性必须是不可划分的数据项,表中不能再包含表。

(2) 关系中的列是同质的,即每一列的元素必须是同一类型的数据,来自同一个域。

(3) 在同一个关系中不能出现相同的属性名。

(4) 关系中不允许有完全相同的元组。

(5) 在一个关系中元组和列的次序无关紧要。

1.3.2 关系运算

关系的基本运算分为两类:传统的集合运算和专门的关系运算。传统的集合运算包含并、差、交等,专门的关系运算包含选择、投影和联接等。

1. 传统的集合运算

并运算:如果有两个相同结构的关系 R 和关系 S 进行并运算,则将关系 R 和关系 S 的所有元组合并,再删去重复的元组,组成一个新的关系,称为 R 与 S 的并,记为 R∪S。

交运算:如果有两个相同结构的关系 R 和关系 S,R 和 S 的交的结果是由既属于 R 又属于 S 的元组组成的关系,记为 R∩S。

差运算:如果有两个相同结构的关系 R 和关系 S,R 与 S 差的结果是由属于 R 但不属于 S 的元组组成的关系,记为 R−S。上述运算的实例可参考图 1.9 所示。

R

读者编号	姓名	性别	办证日期
2007001	王天依	女	2007-9-3
2007006	苏秀	女	2007-9-8
2007003	赵乐	男	2007-6-5

S

读者编号	姓名	性别	办证日期
2007004	杜超	男	2007-8-7
2007005	张寅雪	女	2007-6-9
2007006	苏秀	女	2007-9-8

R∪S

读者编号	姓名	性别	办证日期
2007001	王天依	女	2007-9-3
2007006	苏秀	女	2007-9-8
2007003	赵乐	男	2007-6-5
2007004	杜超	男	2007-8-7
2007005	张寅雪	女	2007-6-9

R∩S

读者编号	姓名	性别	办证日期
2007006	苏秀	女	2007-9-8

R−S

读者编号	姓名	性别	办证日期
2007001	王天依	女	2007-9-3
2007003	赵乐	男	2007-6-5

图 1.9 集合运算示例

2. 专门的关系运算

选择：从二维表中选出符合条件的记录，选择是从行的角度对关系进行的运算。例如，从表 1-1 中选择读者性别为男的记录，得到的就只有读者编号为"2007003"和"2007004"的两条记录。

投影：从二维表中选出所需要的列，它是从列的角度对关系进行的运算。例如，从表 1-1 中找出读者的姓名和办证日期，生成的新的关系就是投影运算的结果。

联接：它是关系的横向结合，将两个二维表中的记录，按照给定条件连接起来而得到的一个新的关系的运算。

自然联接：在联接运算中，按照字段值对应相等的条件进行的联接操作称为等值联接。自然联接是去掉重复属性的等值联接。

由于关系数据库是建立在关系模型基础上的，而选择、投影、联接是作为关系的二维表的基本运算，因此，很好地掌握这些基本运算，将有助于实现关系数据库的查询，找到需要的信息。

1.3.3　关系的完整性

关系模型的数据完整性是指数据库中的数据的正确性和一致性。数据的完整性由数据完整性规则来维护。数据库完整性包括实体完整性、参照完整性和用户定义完整性。

1. 实体完整性规则

实体完整性是指关系的主关键字不能取空值或重复的值，如果主关键字是多个属性的组合，则所有主属性均不得取空值。如表 1-1 将读者编号作为主关键字，那么，该列不得有空值并且不得有重复的值，否则无法对应某个具体的读者，这样的二维表不完整，对应关系不符合实体完整性规则的约束条件。

2. 参照完整性规则

参照完整性是定义建立关系之间联系的主关键字与外部关键字引用的规则，即外键要么取空值，要么等于相关关系中主键的某个值。

例如：

图书信息表（索书号，书名，作者，定价，出版社编号）
出版社信息表（出版社编号，出版社名称，通讯地址，联系电话）

其中"索书号"是"图书信息表"关系的主键，"出版社编号"是外键，而"出版社信息表"关系中"出版社编号"是主键，则"图书信息表"关系中的每个元组的"出版社编号"属性只能取下面两类值：第 1 类是空值，表示尚未给该职工分配部门；第 2 类是非空值，但该值必须是"出版社信息表"关系中某个元组的"出版社编号"值。

3. 用户定义完整性规则

实体完整性和参照完整性是关系模型中必须满足的完整性约束条件，只要是关系数据库系统就应该支持实体完整性和参照完整性。除此之外，不同的关系数据库系统根据其应用环境的不同，往往还需要一些特殊的约束条件，用户定义的完整性就是对某些具体关系数据库的约束条件。例如,图书信息表(索书号,书名,作者,定价,出版社编号),我们可以对"定价"这个属性定义必须大于 0 的约束条件。

1.4　Access 开发环境

Access 是 Microsoft Office 办公套件中一个极为重要的组成部分。它是一种功能强大且简单易用的小型数据库管理系统,能帮助用户方便地得到所需信息,并提供强大的数据处理工具。

1.4.1　Access 2003 的启动和退出

1. 启动 Access

Access 2003 是 Microsoft Office 中的一个组件,启动它有很多方法,常规的启动方法是单击"开始"菜单,选择"所有程序"下"Microsoft Office"中的"Microsoft Office Access 2003"命令。

2. Access 的用户界面

1) 标题栏

主窗口的最上面是标题栏,显示软件的名称和当前数据库的名称,参见图 1.10。

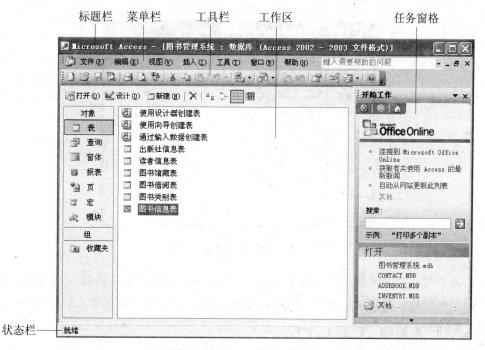

图 1.10　Access 用户界面

2) 菜单栏

标题栏下面是菜单栏。Access 有 7 个菜单,分别是文件、编辑、视图、插入、工具、窗

在菜单栏右边有一个文本框,可以获取相关的帮助信息。

3）工具栏

菜单栏下面是工具栏，单击工具栏上的按钮可以执行 Access 中常用的命令。

4）任务窗格

主窗口的右面是任务窗格，Access 提供了 8 种任务窗格：开始工作、帮助、搜索结果、文件搜索、剪贴板、新建文件、模板帮助和对象相关性。

5）工作区

工作区是显示和编辑数据库文件的区域。在工作区打开的数据库文件窗口常被称为数据库窗口，在此可以创建和使用数据库或数据库中的对象。

6）状态栏

状态栏位于主窗口的最下部，显示当前数据库的工作状态等信息。

3．退出 Access

选择“文件”菜单下的“退出”命令即可关闭 Access。如果只想关闭当前打开的数据库，需要选择“文件”菜单下的“关闭”命令。

1.4.2　Access 2003 的数据库窗口

Access 数据库窗口由命令按钮、数据库对象、创建对象的方法和对象列表组成，参见图 1.11。

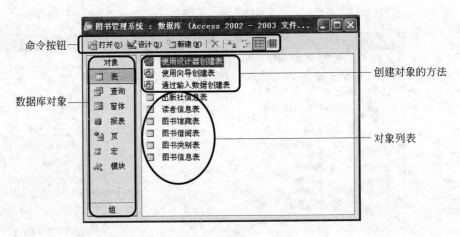

图 1.11　数据库窗口示例

命令按钮位于数据库窗口的上方，有 8 个按钮。“打开”按钮可以显示对象的内容；“设计”按钮用来打开对象的设计视图，在设计视图下设计或修改对象；“新建”按钮可以创建新的对象；“删除”按钮可以删除选定的对象；“大图标”、“小图标”、“列表”、“详细资料”按钮可以设定显示的方式。

数据库窗口的右侧是创建对象的方法和对象列表。

数据库窗口的左侧是数据库对象，有 7 个数据库对象按钮，分别为表、查询、窗体、报表、页、宏和模块。下面分别介绍这 7 个对象。

1. 表

表是数据库的核心与基础,用来存储数据的对象。表对象是由行、列数据组成的二维表。每一列代表某种特定的数据类型,称为字段,字段中存放的信息种类很多,每个字段包含一类信息,可以包括文本、日期、数字、OLE 对象、备注等。每一行则由各个特定的字段值组成,称为记录,参见图 1.12。Access 允许一个数据库中包含多个表,可以在不同表中存储不同性质的数据,也可以在表之间建立联系,将不同表中的数据联系起来,从而方便使用,参见图 1.13。

图 1.12　图书管理系统的表窗口　　　　　图 1.13　表间关系示例

报表、查询和窗体都从表中获得数据,以实现用户特定的需要,如查找、计算统计、打印、编辑等。

2. 查询

查询对象是在表对象的基础上建立起来的。它是按照事先设置好的条件从一个表、一组相关表或其他查询中选取的全部或部分数据。将查询保存为一个数据库对象后,就可以随时查询数据库中的数据。在查询对象下显示一个查询时,以二维表的形式显示数据。

每个查询只记录该查询的操作方式,但它不会存储数据。每进行一次查询,查询结果显示的都是基本表中当前存储的实际数据,查询可以作为窗体、报表和数据访问页的记录源。

3. 窗体

窗体为数据库和用户之间提供了良好的交互界面,其数据源可以是表或查询中的数据。用户可以通过窗体将数据表或查询的信息直观地显示出来,也可以通过窗体输入或修改数据表中的数据,还可以直接或间接地调用宏或模块,控制数据库程序的流程。利用宏,可以把 Access 的各个对象很方便地联系起来,执行查询、打印、预览、计算等功能。

4. 报表

报表可以将需要的数据进行整理和计算,并将数据按指定的样式打印和输出。用户可以在一个表或查询的基础上创建报表,也可以在多个表或查询的基础上创建报表。利用报表可以创建计算字段,可以对记录进行分组并计算出各分组数据的汇总结果等。创建好的报表可以直接打印输出。

5. 页

页也称为数据访问页,是独立于数据库文件之外的.htm 文件,是一种特殊的 Web

页。通过它,可将所有文件作为 Web 发布程序存储到指定的文件夹中,或将其复制到 Web 服务器上,在网上发布信息。

6. 宏

宏对象是一系列操作的集合,其中每个操作都能实现一个特定的功能。对于大量的重复性操作,使用宏可以使这些操作任务自动完成,从而使管理和维护数据库变得更加简单。

7. 模块

模块是一种可编程的功能模块,是将 Visual Basic for Application(VBA) 中声明和过程作为一个单元进行保存的集合。创建模块对象也是使用 VBA 编写程序的过程。利用 VBA 编程可完成宏无法完成的一些复杂操作。

本 章 小 结

本章主要介绍数据库技术的相关知识。数据库技术主要研究如何存储、使用和管理数据。数据库管理系统是数据库系统的核心软件,数据管理技术经历了人工管理、文件系统和数据库系统等发展阶段,它能够提供数据定义、数据操纵、数据库运行管理、数据库的建立和维护、数据通信功能。

概念模型是现实世界到信息世界的一个中间层次。实体是客观存在并可相互区别的事物。两个实体之间的联系可以分为三类:"一对一"联系、"一对多"联系、"多对多"联系。

我们常用 E-R 图来描述现实世界的概念模型。数据模型是数据库系统用来表示实体与实体间联系的方法,数据库管理系统所支持的传统数据模型分为三种:层次模型、网状模型和关系模型。关系模型是目前最重要的数据模型。专门的关系运算包括选择、投影、联接和自然联接。关系数据库得到了最广泛的应用。

最后,本章介绍了 Access 数据库应用的开发环境,为后续的学习提供基础。

习 题 1

1. 思考题

(1) 试述数据库、数据库系统的概念。

(2) 数据库管理系统的主要功能是什么?

(3) 实体间的三种联系分别是什么?

(4) 关系数据库中,关系的特点是什么?

(5) 关系模型的数据完整性指的是什么?

2. 选择题

(1) 数据模型反映的是( )。

    A. 事物本身的数据和相关事物之间的联系   B. 事物本身所包含的数据

    C. 记录中所包含的全部数据   D. 记录本身的数据和相关关系

（2）数据库系统的核心是（　　）。

    A. 数据库   B. 数据库管理员

    C. 数据库管理系统   D. 文件

（3）数据库管理系统中负责数据模式定义的语言是（　　）。

    A. 数据定义语言   B. 数据管理语言

    C. 数据控制语言   D. 数据操纵语言

（4）数据库管理系统是（　　）。

    A. 操作系统的一部分   B. 在操作系统支持下的系统软件

    C. 一种编译系统   D. 一种操作系统

（5）在数据管理技术发展的三个阶段中，数据共享最好的是（　　）。

    A. 人工管理阶段   B. 文件系统阶段

    C. 数据库系统阶段   D. 三个阶段相同

3. 填空题

（1）在关系数据库中，基本的关系运算有三种，它们是选择、投影和_____。

（2）在数据库技术中，实体集之间的联系可以是一对一、一对多和_____。

（3）在现实世界中实体"人"与实体"出生地"之间的联系是_____的联系。

（4）将两个关系拼接成一个新的关系，生成的新关系中包含满足条件的元组，这种操作称为_____。

（5）利用 Access 创建的数据库文件，其扩展名为_____。

实　验　1

1. 打开"罗斯文示例数据库"，查看所有的对象及设计效果。

2. 根据您 QQ 好友信息创建一个"QQ 好友数据库管理系统"的关系数据模型，列出所有的关系模式，画出 E-R 图。

3. 为某超市设计一个"超市销售数据库管理系统"的关系模型，列出所有的关系模式，画出 E-R 图。

4. 根据您每月的收入与消费设计一个"个人收支数据库管理系统"的关系模型，列出所有的关系模式，画出 E-R 图。

5. 根据您钟爱的某类物品设计一个数据库管理系统的关系模型，列出所有的关系模式，画出 E-R 图。

第 2 章　创建数据库和表

Access 软件简单易用、功能强大,常被用来开发中小型关系数据库。为了使开发的数据库应用系统更加严谨科学,必须在建立数据库系统之前进行全面的需求分析与模型设计,然后再根据数据库系统的设计规范创建数据库中的各种对象。其中,数据表及表间关系的设计是最为重要的环节,决定着数据库结构的优劣。

2.1　数据库应用系统的设计

设计一个性能优良、结构合理的数据库,必须针对具体的应用环境,对数据进行有效的归纳与抽象。一般的数据库设计流程包括需求分析、概念结构设计、逻辑结构设计、物理结构设计、建立实施和使用与维护 6 个阶段。在应用 Access 开发数据库系统时,可以将建立具体数据库之前的 4 个阶段归纳为以下几个步骤,如图 2.1 所示。

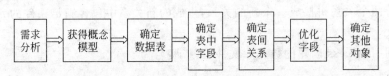

图 2.1　使用 Access 进行数据库设计的步骤

本书以创建可应用于图书馆的"图书管理系统"为例,详细介绍数据库设计的各个基本步骤。

2.1.1　需求分析

成功的数据库设计方案始于良好的需求分析,通过与用户讨论,明确建立这个数据库系统的目的和要完成的任务。需求分析的结果是否完整、准确、合理,直接影响着数据库设计质量的高低。通常,需求分析可以从信息需求、处理需求、安全性和完整性需求三个方面进行讨论。

(1)信息需求,即用户需要使用此数据库存储哪些信息。显然,"图书管理系统"中要管理书籍的信息、书籍馆藏的信息、书籍借阅的信息、读者的信息等。

(2)处理需求,即用户需要对数据实现哪些处理功能。对于"图书管理系统",需要具备对书籍基本信息、书籍馆藏信息、书籍借阅信息、读者信息的添加、修改、删除,满足各种要求的查询,各类信息的显示及统计报表等处理功能。

(3)安全性和完整性需求,即用户对数据库中信息的安全保密要求和完整性约束要求。例如,在"图书管理系统"中,必须要保证书籍的借阅信息与书籍的馆藏信息保持一致完整。

2.1.2 概念模型设计

经过需求分析得到了数据库的数据组成及功能要求,接下来需要将其抽象成概念模型,可以用 E-R 图表示。表达"图书管理系统"中各主要实体及实体间联系的概念模型如图 2.2 所示。

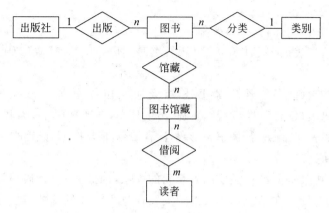

图 2.2　图书管理系统的概念模型设计

2.1.3 数据模型设计

数据模型设计的主要任务是将上一步骤所得的概念模型转化为某个数据库管理系统支持的数据模型,在 Access 中对应的就是关系数据模型。从"图书管理系统"的概念模型到相应的关系数据模型可经过以下几步操作完成。

1. 确定数据表

Access 的关系数据模型是用若干个二维表(即关系)描述各个实体型及其联系的,在转换过程中要遵循如下的"一事一地"原则。

(1) 一个实体型转换成一个关系模式。

(2) 一个 1∶1 联系可以转换为一个独立的关系模式,也可以与任意一端对应的关系模式合并。

(3) 一个 1∶n 联系可以转换为一个独立的关系模式,也可以与 n 端对应的关系模式合并。

(4) 一个 m∶n 联系转换为一个关系模式。

因此,可以将"图书管理系统"的表确定为"图书信息表"、"类别表"、"出版社信息表"、"图书馆藏表"、"读者信息表"和"图书借阅表"。

2. 确定表中字段和主键

Access 数据表是由若干字段描述的,对应于各实体或联系的属性。在确定表的字段的过程中,注意以下原则。

(1) 确保每个字段能够直接描述该表对应的实体型。

(2) 确保同一个表中的字段不重复。

(3) 确保每个字段是最小逻辑存储单元,不能是多项数据的组合。

为了快速找到每个数据表中存储的数据,需要为数据表设定合理的主关键字,Access 中每个表的主关键字不能出现重复值也不能为空。

对于"图书管理系统",各表的字段组成和主键(带下划线)可由如下的关系模式表示:

◇ 图书信息表(<u>索书号</u>,类别码,书名,作者,售价,出版社编号,出版日期,ISBN 号,馆藏数量)

◇ 图书类别表(<u>类别码</u>,分类名称)

◇ 出版社信息表(<u>出版社编号</u>,出版社名称,所在城市,邮政编码,通讯地址,联系电话)

◇ 图书馆藏表(<u>图书条形码</u>,索书号,馆藏地,架位号,流通状态)

◇ 读者信息表(<u>读者编号</u>,姓名,性别,出生日期,办证日期,VIP,联系电话,照片)

◇ 图书借阅表(<u>借阅编号</u>,图书条形码,读者编号,借出时间,归还时间,经手人,说明)

3. 确定表间关系

实现多个表中数据的组合需要用到表间的关系,因此,在设计阶段,表间关系的分析也是必不可少的步骤。在 Access 中,表间关系通过主键和外部关键字来体现。"图书管理系统"的表间关系如表 2-1 所示。

表 2-1 图书管理系统的表间关系

	主 表	相关表	主键(主表中)	外键(相关表中)
关系 1	图书类别表	图书信息表	类别码	类别码
关系 2	出版社信息表	图书信息表	出版社编号	出版社编号
关系 3	图书信息表	图书馆藏表	索书号	索书号
关系 4	图书馆藏表	图书借阅表	图书条形码	图书条形码
关系 5	读者信息表	图书借阅表	读者编号	读者编号

4. 确定其他对象

经过对数据表结构的反复优化之后,就可以着手设计查询、窗体、报表、宏和模块等其他对象,完成对数据库的完整构思。

2.2 数据库的创建

每一个 Access 数据库的所有对象都是集成在一个数据库文件中的,以 mdb 为扩展名。Access 2003 为数据库的创建提供了图形化界面和丰富的向导。

任务 2-1 创建空数据库

任务实例 2.1 创建空数据库"图书管理系统",保存在 E 盘 Access DB 文件夹。

任务分析

◆ 方法:创建空数据库。

◆ 库名:图书管理系统。

任务解决过程

（1）启动 Access 2003。

（2）选择"文件"菜单下的"新建"命令，在 Access 应用程序界面右侧的"新建文件"任务窗格中选择"空数据库"命令，如图 2.3 所示。

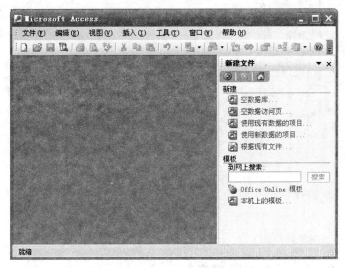

图 2.3 "新建文件"任务窗格

（3）在"文件新建数据库"对话框中选择保存路径，并填写文件名"图书管理系统"，如图 2.4 所示，单击"创建"按钮后进入"图书管理系统"空数据库界面，如图 2.5 所示。

图 2.4 保存数据库路径及文件名

相关知识点细述

（1）数据库窗口的构成。数据库窗口包含的元素有标题栏、工具栏、对象窗格和对象列表框等，如图 2.5 所示。

（2）使用上述方法创建的数据库是个空库，在对象列表框中除了基本命令外没有任何具体的数据库对象。

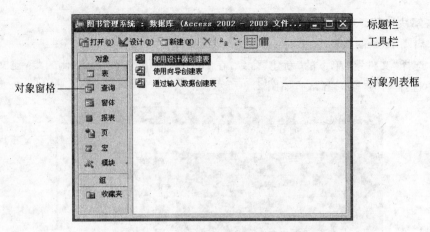

图 2.5 "图书管理系统"空数据库

边学边练

创建一个"教学管理系统"空数据库。

请思考

如何打开与关闭数据库窗口？

任务 2-2 使用模板创建数据库

任务实例 2.2 使用模板创建数据库"讲座管理系统"，保存在 E 盘 Access DB 文件夹。

任务分析

◆ 方法：使用数据库模板建库。

◆ 库名：讲座管理系统。

任务解决过程

(1) 启动 Access 2003。

(2) 在"新建文件"任务窗格的"模板"窗格选择"Office Online 模板"或者"本机上的模板"。如果选择的是后者，则在"模板"对话框中选择"讲座管理"模板，如图 2.6 所示。

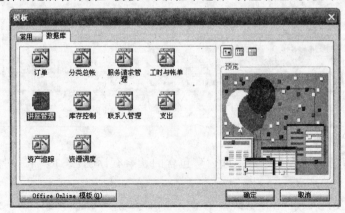

图 2.6 数据库模板

（3）按照向导的指引完成数据库的创建，依次设置保存路径及文件名，确定表中字段，确定屏幕的显示样式，确定报表样式，确定数据库标题，过程如图 2.7 至图 2.12 所示，新建数据库的表对象如图 2.13 所示。

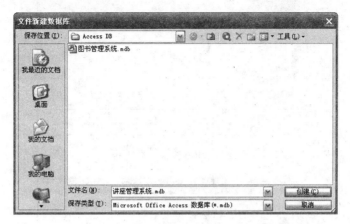

图 2.7　设置数据库保存路径及文件名

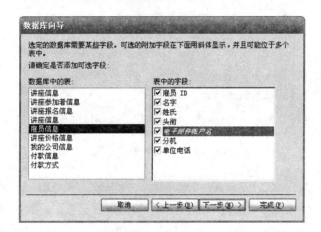

图 2.8　确定数据表中字段

图 2.9　确定屏幕显示样式

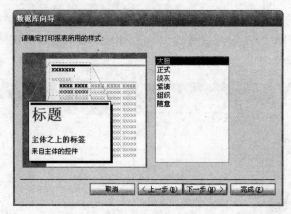

图 2.10　确定报表样式

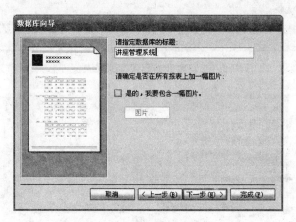

图 2.11　确定数据库标题

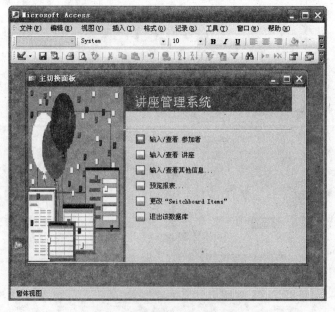

图 2.12　数据库的主切换面板

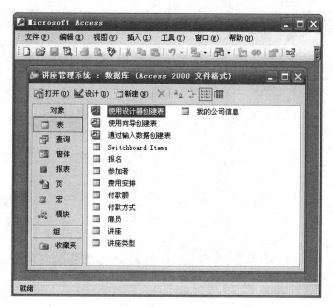

图 2.13　数据库窗口

边学边练

使用"库存控制"数据库模板创建一个"库存管理系统"数据库。

请思考

什么情况适合创建空数据库？什么情况适合使用模板创建数据库？

2.3　数据表的建立

数据表是 Access 数据库中存储数据的基本结构，是整个数据库的基础，也是数据库中其他对象的数据来源。同其他数据库管理系统一样，Access 中的表也是由结构和数据两部分构成的。

2.3.1　表的基本概念

1. 表的结构

Access 中的表都是标准的二维表，由行和列构成，如图 2.14 所示。其中，行被称做"记录"，列被称做"字段"。每条记录描述一个完整独立的实体或联系的信息，每个字段描述实体型或联系的某个属性。

2. 表的数据

表中每个字段描述的数据具有各自的特点，决定着该字段的数据类型。Access 将不同的数据归纳为 10 种不同的类型，如表 2-2 所示。

3. 表的创建方法

Access 中数据表的建立主要包括字段组成、字段数据类型和字段属性等几个方面的设计。常用的方法有以下 5 种。

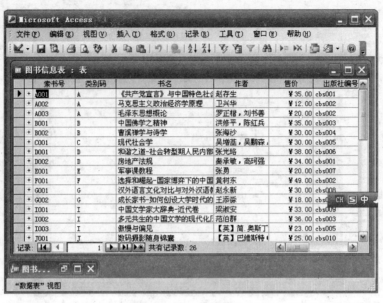

图 2.14 数据表

表 2-2 Access 中的数据类型

数据类型	大 小	用 途
文本	最多存储 255 个字符	用于文本或文本与数字的组合,例如姓名、地址;或者用于不需要计算的数字,例如电话号码、零件编号或邮政编码
备注	最多存储 65 536 个字符	用于长文本和数字,例如注释或说明
数字	存储 1、2、4 或 8 个字节	用于将要进行算术计算的数据,但涉及货币的计算除外,例如人数、大小
日期/时间	存储 8 个字节	用于日期和时间,例如出生日期、借书日期
货币	存储 8 个字节	用于存储货币值,并且计算期间禁止四舍五入,例如单价
自动编号	存储 4 个字节	用于在添加记录时自动插入的唯一顺序(每次递增 1)或随机编号。一般用于主键,用户不能修改
是/否	存储 1 位	用于只可能是两个值中的一个(例如"是/否"、"真/假"、"开/关")的数据。不允许 Null 值
OLE 对象	最多存储 1GB(受磁盘空间限制)	用于使用 OLE 协议在其他程序中创建的 OLE 对象(如 Microsoft Word 文档、图片、声音或其他二进制数据),例如照片
超链接	最多存储 64 000 个字符	用于超链接。超链接可以是 UNC 路径或 URL
查阅向导	一般 4 个字节	用于允许用户使用组合框选择来自其他表或来自值列表的值

❖ 使用"设计视图"创建表。

❖ 使用"数据表视图"创建表。

❖ 使用"表向导"创建表。

◇ 导入表。

◇ 链接表。

除了这 5 种方法,用复制表、导出表等方式也能实现在数据库中创建表。

2.3.2 创建表

通常,若要完整详细地创建数据表的结构,需要使用表的"设计视图"来完成相关操作。

任务 2-3 使用"设计视图"创建表

任务实例 2.3 使用"设计视图"的方法创建"读者信息表",表结构参照表 2-3。

表 2-3 "读者信息表"结构

字段名称	数据类型	是否主键	字段名称	数据类型	是否主键
读者编号	文本	是	VIP	是/否	
姓名	文本		联系电话	文本	
性别	查阅向导		照片	OLE 对象	
出生日期	日期/时间		备注	备注	
办证日期	日期/时间				

任务分析

◆ 方法:使用设计视图。

◆ 表名:读者信息表。

任务解决过程

(1)确定方法。在"图书管理系统"数据库窗口中,单击左侧"对象"栏中的"表",再双击右侧列表中的"使用设计器创建表"选项(或者单击"新建"按钮,在"新建表"对话框中选择"设计视图"选项),如图 2.15 所示。进入数据表设计视图界面,如图 2.16 所示。

图 2.15 选择建表方法

图 2.16　表的设计视图及操作

（2）添加字段。在表设计视图的"字段名称"下填写字段名"读者编号"，在"数据类型"下选择"文本"选项，在"说明"一栏填写需要对该字段具体说明的信息。按照表 2-3 的内容，依次输入其他字段的信息和相应的数据类型。

（3）设置主键。单击"读者编号"字段行的行选定器，在 Access 窗口的工具栏上单击 按钮，"读者编号"字段前可见主键图标，如图 2.17 所示。

（4）保存表。单击保存按钮 ，在"另存为"对话框中填写表名"读者信息表"，关闭设计视图后可在数据库窗口看到建立的表对象，如图 2.18 所示。

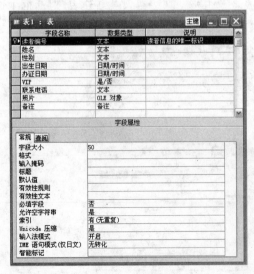

图 2.17　设置主键

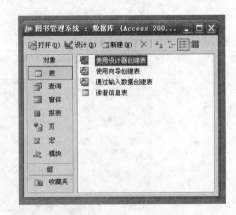

图 2.18　表对象列表

相关知识点细述

（1）"查询向导"数据类型的设置。当为"性别"字段选择"查阅向导"数据类型时，可以按照向导的指示完成相关操作，如图2.19至图2.21所示。

图 2.19　设置查阅列数值获取方式

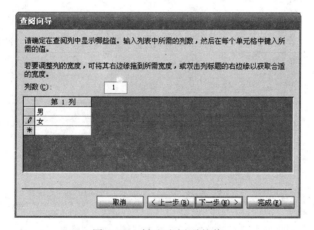

图 2.20　键入查阅列的值

图 2.21　为查阅列指定标签

（2）表的视图。Access 2003 中,数据表的视图有设计视图、数据表视图、数据透视表视图和数据透视图视图 4 种形式,常用的是前两者。用户通过设计视图来建立或查看表的结构,如图 2.22 所示。也通过数据表视图来输入或维护表的数据,如图 2.23 所示,在数据库窗口中双击表对象名即可进入数据表视图。

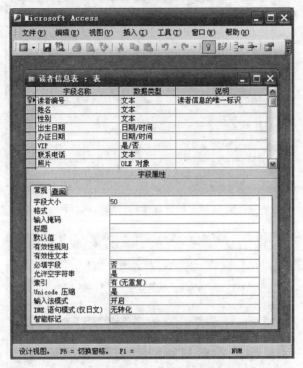

图 2.22 "读者信息表"的设计视图

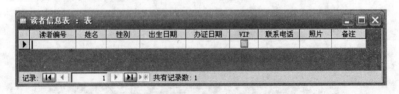

图 2.23 "读者信息表"的数据表视图

（3）自动设置主键。如果编辑完字段后没有设置主键就保存,则会出现"尚未定义主键"的提示信息,如图 2.24 所示。单击"是"按钮之后,系统会为表自动添加主键字段"编号",数据类型为"自动编号",如图 2.25 所示。

图 2.24 自动设置主键提示

图 2.25 使用自动设置主键后的表设计视图

边学边练

在"图书管理系统"中使用"设计视图"创建"图书信息表",如表 2-4 所示。

表 2-4 "图书信息表"结构

字段名称	数据类型	是否主键	字段名称	数据类型	是否主键
索书号	文本	是	出版社编号	文本	
类别码	文本		出版日期	日期/时间	
书名	文本		ISBN 号	文本	
作者	文本		馆藏数量	数字	
售价	货币		备注	备注	

请思考

什么样的字段设置为数字类型合适?什么样的字段设置为文本类型合适?"身份证号"字段应该用哪种数据类型?

任务 2-4 使用"表向导"创建表

任务实例 2.4 使用"表向导"的方法创建"图书类别表",表结构参照表 2-5。

表 2-5 "图书类别表"结构

字段名称	数据类型	是否主键
类别码	文本	是
分类名称	文本	

任务分析

◆ 方法：使用"表向导"方法。

◆ 表名：图书类别表。

任务解决过程

（1）确定方法。在"图书管理系统"数据库窗口中，单击左侧"对象"栏中的"表"，再双击右侧列表中的"使用向导创建表"选项（或者单击"新建"按钮，在"新建表"对话框中选择"表向导"）进入数据表向导界面，如图 2.26 所示。

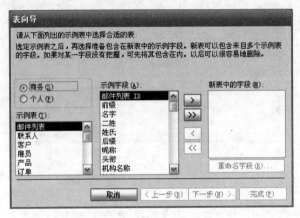

图 2.26 "表向导"界面

（2）选择示例表及示例字段。在表向导界面选择"商务"类型，然后从示例表列表中选择"类别"选项，在该表的"示例字段"列表中选择字段添加到右侧一栏。需要改字段名的可单击"重命名字段"按钮进入"重命名字段"对话框填写新的字段名，如将字段"类别名称"改名为"分类名称"，如图 2.27 所示。

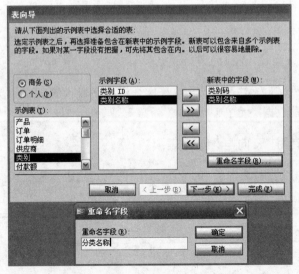

图 2.27 选择"示例表"和"示例字段"

（3）指定表名称。定义表名"图书类别表"，并确定不使用向导设置主键，如图 2.28 所示。

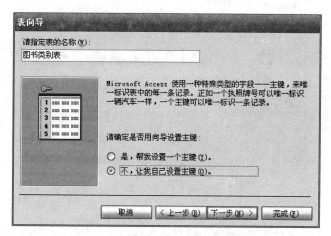

图 2.28　确定表名

（4）指定主键字段及数据类型。从下拉列表中选择主键字段"类别码"，并指定主键的数据类型为"添加新记录时我自己输入的数字和/或字母"，如图 2.29 所示。

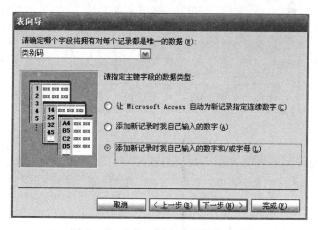

图 2.29　确定主键字段及数据类型

（5）确定与其他表之间的联系，如图 2.30 所示。

（6）选择向导创建完表后的动作。用向导创建完数据表后可进入表的"设计视图"、"数据表视图"或相应"窗体"，如图 2.31 所示。

相关知识点细述

（1）主键的数据类型。在图 2.29 所示的环节，需要为主键指定数据类型，给出的三个选项意义如下。

　◇ 自动编号：让 Microsoft Access 自动为新记录指定连续数字。

　◇ 数字：添加新记录时我自己输入的数字。

　◇ 文本：添加新记录时我自己输入的数字和/或字母。

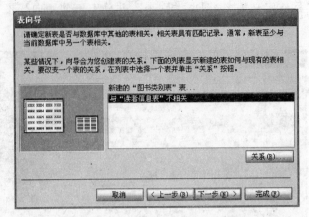

图 2.30 确定与其他表间的联系

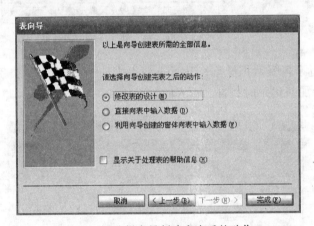

图 2.31 选择向导创建完表后的动作

（2）设置新表与其他表的关系。如果数据库中存在其他表,则通过图 2.30 所示的界面可以设置它们之间的关系,单击"关系"按钮,在"关系"对话框中选择关系的类型,如图 2.32 所示,有关表间关系的内容请参见 2.6 节。

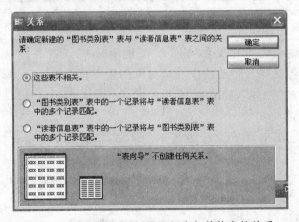

图 2.32 使用"表向导"设置新表与其他表的关系

请思考

"表向导"创建数据表的方法在什么情况下适用?

任务 2-5 使用"数据表视图"创建表

任务实例 2.5 使用"数据表视图"方法创建"出版社信息表",表结构参照表 2-6。

表 2-6 "出版社信息表"结构

字段名称	数据类型	是否主键	字段名称	数据类型	是否主键
出版社编号	文本	是	邮政编码	文本	
出版社名称	文本		通讯地址	文本	
所在城市	文本		联系电话	文本	

任务分析

◆ 方法:使用"数据表视图"方法。

◆ 表名:出版社信息表。

任务解决过程

(1)确定方法。在"图书管理系统"数据库窗口中,单击左侧"对象"栏中的"表",再双击右侧列表中的"通过输入数据创建表"选项(或者单击"新建"按钮,在"新建表"对话框中选择"数据表视图")进入数据表视图界面。

(2)设置字段名。在数据表视图中,双击"字段1",则该标题名处于可编辑状态,输入"出版社编码"。使用同样方法输入其他字段,如图 2.33 所示。

图 2.33 使用"数据表视图"创建表字段

(3)填写记录。在表格空白处填写各字段对应的记录内容,如图 2.34 所示。

图 2.34 使用"数据表视图"添加数据

(4)保存表。如图 2.35 所示,保存过程中不使用系统创建主键。

(5)设置主键。打开"出版社信息表"的设计视图,选中"出版社编码"字段,单击工具栏上的 ▽ 按钮,将其设为主键,如图 2.36 所示。

(6)修改字段。将"邮政编码"字段的类型改为"文本"。

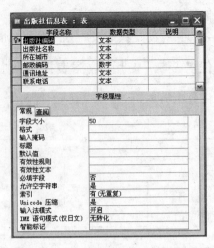

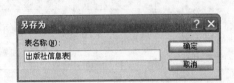

图 2.35　保存表　　　　　　　图 2.36　"出版社信息表"的字段结构

相关知识点细述

（1）使用"数据表视图"方法创建的表字段的数据类型，是根据输入记录的各数据项内容确定的。因此，"出版社信息表"的字段结构中，"邮政编码"字段为数字类型，其他字段为文本类型。

（2）如果对自动分配的字段数据类型不满意，可进入表的设计视图修改。

边学边练

用"数据表视图"方法创建"图书馆藏表"，图书馆藏表的结构如表 2-7 所示。

表 2-7　"图书馆藏表"结构

字段名称	数据类型	是否主键	字段名称	数据类型	是否主键
图书条形码	数字	是	架位号	文本	
索书号	文本		流通状态	文本	
馆藏地	文本				

请思考

如果使用"数据表视图"创建表时，在数据表视图中只填写了字段名，没有输入记录，则保存后各字段的数据类型是什么？

任务 2-6　使用"导入"或"链接"方法创建表

任务实例 2.6　使用"导入"方法将"E:\Access DB\图书借阅信息. xls"文件中"借阅信息"工作表的数据导入到"图书管理系统"，建立新表"图书借阅表"，保存导入的数据，图书借阅表的结构参照表 2-8。

任务分析

◆　方法：使用"导入"方法。

◆　新表名：图书借阅表。

◆　被导入数据源文件：E:\Access DB\图书借阅信息. xls。

表 2-8 "图书借阅表"结构

字段名称	数据类型	是否主键	字段名称	数据类型	是否主键
借阅编号	数字	是	借出时间	日期/时间	
图书条码	数字		归还时间	日期/时间	
读者编号	文本		说明	备注	

任务解决过程

(1) 确定方法。在"图书管理系统"数据库窗口中,选择"文件"菜单下"获取外部数据"子菜单中的"导入"命令,进入向导界面。

(2) 选择导入数据源。选择路径和文件,如图 2.37 所示,单击"导入"按钮,选择数据所在工作表,如图 2.38 所示,单击"下一步"按钮。

图 2.37 选择导入的数据源

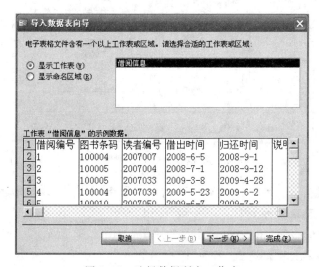

图 2.38 选择数据所在工作表

（3）指定第一行是否为列标题。选择"第一行包含列标题"，即把 Excel 导入的数据的首行作为 Access 表的字段名称，如图 2.39 所示，单击"下一步"按钮。

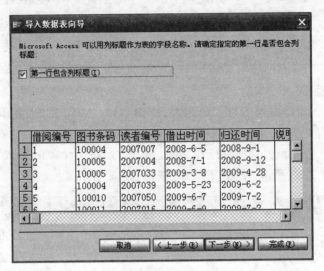

图 2.39　选择"第一行包含列标题"

（4）确定数据导入到新表或已有表。选择"新表中"选项，如图 2.40 所示，单击"下一步"按钮。

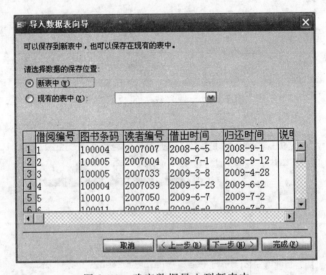

图 2.40　确定数据导入到新表中

（5）修改字段信息。可以选择某一列，在"字段名"处填写修改的名称，还可以设置"索引"类型，如图 2.41 所示，单击"下一步"按钮。

（6）设置主键。设置"借阅编号"字段为主键，如图 2.42 所示。

（7）设置新表名。保存新表，名为"图书借阅表"，如图 2.43 所示。数据库窗口中可见新的表对象，如图 2.44 所示。

图 2.41　修改字段信息

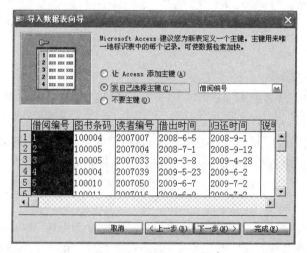

图 2.42　设置主键

图 2.43　定义新表名称

图 2.44　表对象列表

（8）修改字段数据类型。打开图书借阅表的设计视图,按照表 2-8 修改数据类型,如图 2.45 所示。

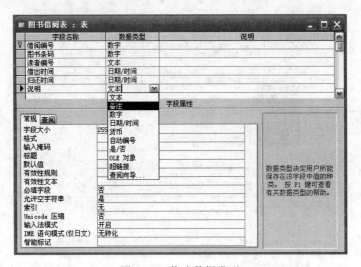

图 2.45　修改数据类型

相关知识点细述

（1）在图 2.39 中,如果不选择"第一行包含列标题",则系统会将 Excel 工作表的标题行也作为记录写入 Access 表。

（2）导入的数据可以写入新建的数据表,也可以放入已经存在的某个数据表中,只需在图 2.40 所示界面中选择"现有的表中",在右侧选择相应表名即可。

（3）如果在图 2.42 中选择"让 Access 添加主键",则新表中会增加一个"自动编号"数据类型的主键字段。

（4）链接表方法与导入表方法类似,例如将"讲座管理系统.mdb"数据库中的"雇员"表链接到"图书管理系统.mdb"数据库中,则要选择"文件"菜单下"获取外部数据"子菜单的"链接表"命令,链接表的过程如图 2.46 至图 2.48 所示。

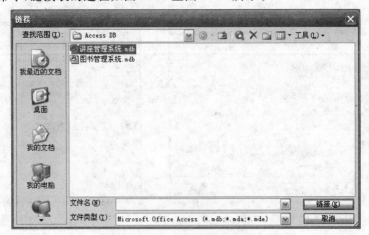

图 2.46　选择被链接的数据源

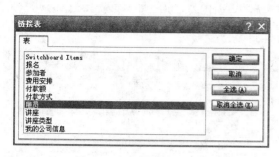

图 2.47　确定被链接的表

图 2.48　链接表对象

请思考

导入的表与链接的表有何差异？源文件中数据的改变是否对它们有影响？

2.3.3　设置字段属性

使用各种方法建立的数据表，系统都会为每个字段指定默认的字段属性，但有时默认的属性并不满足要求，需要在设计视图中对其进行修改。常用的字段属性有字段大小、格式、输入掩码、标题、默认值、有效性规则、有效性文本、必填字段、索引等。

任务 2-7　设置表的字段属性

任务实例 2.7　请按照如下要求，完成对"图书信息表"相关字段属性的设置。

（1）设置"索书号"字段大小为"10"，"馆藏数量"字段大小为"整型"。

（2）设置"出版日期"字段格式为"长日期"，"馆藏数量"字段格式为"常规数字"。

（3）设置"出版日期"字段的输入掩码为"长日期(中文)"。

（4）将"售价"字段的"标题"属性设为"定价"。

（5）将"馆藏数量"字段的默认值设置为 3。

（6）设置"售价"字段的"有效性规则"和"有效性文本"属性，使得该字段不能出现负值，如果输入错误，则提示"请注意，价格不能为负数!"。

（7）将"ISBN 号"字段设置为必填字段。

（8）为"出版社编号"字段设置允许重复的索引。

任务分析

◆　方法：在表的设计视图中修改。

◆　操作对象：图书信息表各字段。

◆　操作动作：修改字段大小、格式、输入掩码、标题、默认值、有效性规则、有效性文本、必填字段、索引等字段属性。

任务解决过程

（1）打开表。打开图书信息表的设计视图。

（2）设置"字段大小"属性。在设计视图的上窗格选定"索书号"字段行,在下窗格"字段属性"栏的"字段大小"处将原来的50改为10,如图2.49所示。再选定"馆藏数量"字段行,在"字段大小"下拉列表中选择"整型"选项,如图2.50所示。

图2.49　设置"索书号"字段大小属性　　　　图2.50　设置"馆藏数量"字段大小属性

（3）设置"格式"属性。选择"出版日期"字段行,在"格式"属性下拉列表中选择"长日期",如图2.51所示。再选择"馆藏数量"字段行,在"格式"属性下拉列表中选择"常规数字"选项,如图2.52所示。

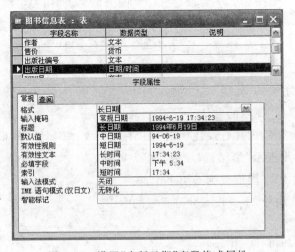

图2.51　设置"出版日期"字段格式属性

（4）设置"输入掩码"属性。选择"出版日期"字段行,单击其"输入掩码"处的向导按钮...,在出现的向导界面选择"长日期(中文)",单击"下一步"按钮选择"占位符",单击"完成"按钮,如图2.53～图2.56所示。

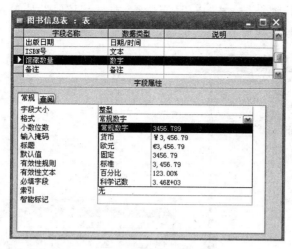

图 2.52 设置"馆藏数量"字段格式属性

图 2.53 选择"输入掩码"属性

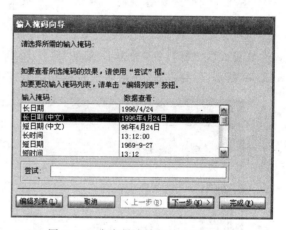

图 2.54 在向导中选择输入掩码形式

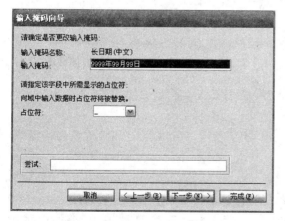

图 2.55 选择"输入掩码"占位符

图 2.56 生成的输入掩码

（5）设置"标题"属性。选择"售价"字段行，在"标题"属性处输入"定价"，如图 2.57 所示，保存设置，切换至数据表视图，标题效果如图 2.58 所示。

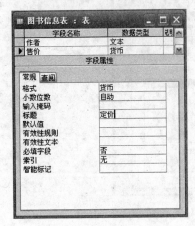

图 2.57　设置"标题"属性

图 2.58　设置"标题"属性后的数据表视图

（6）设置"有效性规则"和"有效性文本"属性。选定"售价"字段行，在"有效性规则"属性处输入"＞＝0"，在"有效性文本"属性处输入"请注意，价格不能为负数！"文字，如图 2.59 所示，保存设置，在记录中若输入信息有误，则提示如图 2.60 所示。

图 2.59　设置"有效性规则"和"有效性文本"属性

图 2.60　输入有误时的错误提示

（7）设置"必填字段"属性。选定"ISBN 号"字段行，将其"必填字段"属性由"否"改为"是"，如图 2.61 所示。

（8）设置"索引"属性。选定"出版社编号"字段行，在其"索引"属性的列表中选择"有（有重复）"选项，如图 2.62 所示。

相关知识点细述

（1）字段的数据类型决定着字段属性的组成，也决定着字段属性的表达。

（2）使用"字段大小"属性可以设置"文本"、"数字"或"自动编号"类型的字段中可保存数据的最大容量。文本型字段默认的"字段大小"属性值为 50，可设置的值范围为

图 2.61 设置"必填字段"属性

图 2.62 设置"索引"属性

0～255 的整数。数字型字段默认的"字段大小"属性值为"长整型",可选择类型为"字节"、"整型"、"长整型"、"单精度型"、"双精度型"、"同步复制 ID"和"小数"。如果在一个已包含数据的字段中,将"字段大小"设置值由大转换为小,可能会丢失数据。

(3)"格式"属性只定义数据的显示方式,不影响数据的存储方式。如果在表中设置了字段的"格式"属性,那么在窗体和报表上根据该字段创建的新控件也应用这个"格式"属性。

(4)通过"输入掩码"属性可以限定数据的输入格式。在 Access 中,文本、日期/时间、数字、货币等类型的字段都可以设置输入掩码,但是系统只为文本型和日期/时间型字段提供向导。如果为同一字段同时定义了"输入掩码"和"格式"属性,则"格式"属性优先于"输入掩码"。"输入掩码"也可以使用掩码字符编辑,如表 2-9 所示。

表 2-9　输入掩码字符

字　符	说　明
0	数字(0 到 9,必须输入)
9	数字或空格(非必须输入)
#	数字或空格(非必须输入)
L	字母(A 到 Z,必须输入)
?	字母(A 到 Z,可选输入)
A	字母或数字(必须输入)
a	字母或数字(可选输入)
&	任一字符或空格(必须输入)
C	任一字符或空格(可选输入)
. , ; ; - /	小数点占位符及千位、日期与时间的分隔符(实际的字符将根据 Windows 控制面板中"区域设置属性"对话框中的设置而定)
<	将所有字符转换为小写
>	将所有字符转换为大写
!	使输入掩码从右到左显示,而不是从左到右显示
\	使接下来的字符以字面字符显示(例如,\A 只显示为 A)

（5）使用"默认值"属性可以为新记录的某个字段指定一个初始值，从而提高用户输入效率。

（6）使用"有效性规则"属性可以指定对输入到记录、字段或控件中的数据的要求。当输入的数据违反了"有效性规则"的设置时，可以使用"有效性文本"属性指定显示给用户的提示消息。只能使用表达式描述"有效性规则"属性，在"有效性文本"属性中只能输入不超过 255 个字符的文本。

（7）"必填字段"属性可以设置为"是"或"否"，如果该属性设为"是"，则在记录中输入数据时，必须在该字段或绑定到该字段的任何控件中输入数值，而且该数值不能为空值 Null。作为主键的字段不用单独设置"必填字段"属性为"是"。

（8）索引可加速对索引字段的查询，还能加速排序及分组操作。通过索引能够迅速地找到某一条记录，而不必按顺序查找数据库中的每一条记录。"索引"属性有三种设置，如表 2-10 所示。

表 2-10　索引属性设置

设　置	说　明	设　置	说　明
否	（默认值）无索引	是（无重复）	该索引不允许重复
是（有重复）	该索引允许重复值		

不能对"备注"、"超链接"或"OLE 对象"等数据类型的字段编制索引。如果表的主键为单一字段，Microsoft Access 将自动把该字段的"索引"属性设为"是（无重复）"。

边学边练

请根据下列要求完成各表字段属性的设计。

（1）将所有表中"读者编号"字段大小设置为 10，"索书号"字段大小设置为 10。

（2）将读者信息表中"出生日期"字段格式设置为"长日期"，将"办证日期"字段格式设置为"短日期"。

（3）设置图书借阅表中"借出时间"和"归还时间"字段的输入掩码为"长日期（中文）"，设置"出版社信息表"中"邮政编码"字段的输入掩码为"邮政编码"。

（4）将读者信息表中"VIP"字段的标题设置为"是否 VIP"。

（5）将读者信息表中"性别"字段的"默认值"属性设置为"男"，将图书借阅表中"借出时间"字段默认值设置为系统当前日期（提示：系统当前日期可由函数"Date()"返回）。

（6）设置字段属性，使得读者信息表中"办证日期"字段的数据不能在系统当前日期之后，出现错误数据则提示"请注意，办证日期不能晚于当前日期！"。

（7）设置相应字段属性，使得出版社信息表中的"出版社名称"字段值不能为空。

（8）为读者信息表的"姓名"字段设置允许重复的索引。

请思考

（1）哪些数据类型的字段可以设置"字段大小"属性？

（2）若要限定出版社信息表的"出版社编号"字段的数据必须由 6 个字符构成，前 3 位是字母，后 3 位是数字，那么这个字段的输入掩码应该如何设置呢？

（3）如果只设置了"有效性规则"属性但没有设置"有效性文本"属性，当违反了有效性规则时会怎样？反之呢？

（4）对某一个数据表来说，创建的索引是否越多越好？

2.3.4 向表中输入数据

建立了数据表的结构并定义了字段属性之后，可以利用"数据表视图"向数据表中输入各条记录，输入过程要符合字段数据类型和字段属性的设置要求。

任务 2-8 向数据表中输入各种类型的数据

任务实例 2.8 请将表 2-11 的读者信息记录输入到"读者信息表"中，其中照片路径为 E:\Access DB\王天依.jpg。

表 2-11 读者信息记录

读者编号	姓名	性别	出生日期	办证日期	VIP	联系电话	照片	备注
2007001	王天依	女	1986-10-26	2007-9-3	☑	83668511	位图图像	义务馆员

任务分析

◆ 方法：使用数据表视图。

◆ 操作对象：读者信息表。

◆ 操作动作：输入记录数据。

任务解决过程

（1）打开读者信息表的数据表视图。在数据库窗口中双击要打开的表的表名，数据表视图如图 2.63 所示。

图 2.63 利用数据表视图输入数据

（2）输入记录。从第一个空记录的第一个字段开始，分别输入各字段的内容。

相关知识点细述

（1）不同的数据类型输入数据的方法不尽相同。

① 对于"文本"、"数字"、"货币"、"备注"、"超链接"等数据类型字段，直接输入内容即可。

② 对于"自动编号"型字段，无需用户输入任何内容，系统会自动添加信息。

③ 对于"查阅向导"型字段，数据可以输入也可以从列表中选择，例如输入"性别"字段内容，如图 2.64 所示。

④ 对于"日期/时间"型字段，数据输入时使用形如"1986-10-26"、"1986/10/26"或"1986 年 10 月 26 日"三种形式其中之一即可，如果设计了"输入掩码"属性，则按照掩码形式输入。

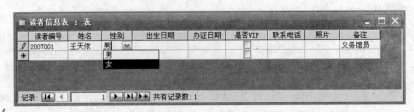

图 2.64　"查阅向导"类型字段数据输入

⑤ 对于"是/否"型字段,默认内容为复选框"□"表示"否",如果要表示数据"是",则需要在复选框"□"内单击,变为"☑"。

⑥ 对于"OLE 对象"型字段,以本例"照片"字段为例,输入需经过如下几个步骤。

✧ 在要输入"照片"内容的单元格单击鼠标右键,在快捷菜单中选择"插入对象"命令,如图 2.65 所示。

图 2.65　在快捷菜单中选择"插入对象"命令

✧ 选择"新建"→"画笔图片"选项,单击"确定"按钮,如图 2.66 所示。
✧ 在"画图"程序窗口中选择"编辑"菜单下的"粘贴来源"命令,如图 2.67 所示。

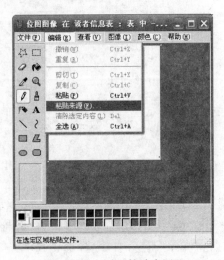

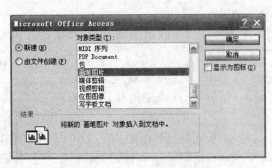

图 2.66　选择新建的对象类型　　　　图 2.67　选择"粘贴来源"

◇ 在"粘贴来源"对话框中选择图片,如图 2.68 所示,添加后效果如图 2.69 所示。

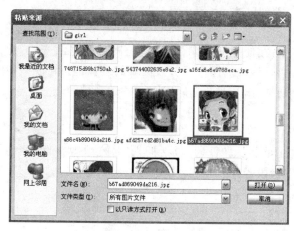

图 2.68　选择图片来源

图 2.69　添加照片效果

◇ 关闭"画图"程序窗口,记录添加完毕后的效果如图 2.70 所示。

图 2.70　添加记录后的读者信息表

(2) 行选定器是数据表视图最左边的列,其符号意义如下。

◇ 三角形▶：表示当前行。

◇ 星号＊：表示本行是表的末端,可以在此输入新记录。

◇ 铅笔形🖉：表示本行处于编辑状态。

边学边练

请按照图 2.71 所示将读者信息表其他记录填写完整。

读者编号	姓名	性别	出生日期	办证日期	是否VIP	联系电话	照片	备注
2007001	王天依	女	1986年10月26日	2007-9-3	☑	83668511	位图图像	义务馆员
2007002	裴志红	女	1986年4月30日	2007-9-3	☐	83668511	位图图像	
2007003	赵乐	女	1986年11月24日	2007-9-3	☐	83668511	位图图像	
2007004	杜超	男	1986年4月28日	2007-9-3	☐	83668631	位图图像	
2007005	张寅雪	女	1985年11月15日	2007-9-3	☐	83668511	位图图像	
2007006	苏秀	女	1985年9月20日	2007-9-3	☐	83668511	位图图像	
2007007	崔小乐	男	1987年12月15日	2007-9-3	☐	83668631	位图图像	
2007008	张询	男	1987年4月4日	2007-9-3	☐	83668631	位图图像	
2007009	张佳盛	男	1985年11月22日	2007-9-3	☐	83668631	位图图像	
2007010	宋明	女	1986年5月18日	2007-9-3	☐	83668511	位图图像	
2007011	李磊	女	1986年7月25日	2007-9-3	☐	83668512	位图图像	
2007012	陈叶	女	1986年8月15日	2007-9-3	☐	83668512	位图图像	
2007013	张海州	男	1986年5月25日	2007-9-3	☐	83668631	位图图像	
2007014	田鹤	女	1986年8月19日	2007-9-3	☐	83668512	位图图像	
2007015	葡金丰	男	1986年11月24日	2007-9-3	☐	83668631	位图图像	
2007016	李连柏	男	1985年4月19日	2007-9-3	☐	83668632	位图图像	
2007017	张凯	男	1987年6月6日	2007-9-3	☐	83668632	位图图像	
2007018	王新坡	男	1987年8月8日	2007-9-3	☑	83668632	位图图像	义务馆员
2007019	李雪	女	1986年7月7日	2007-9-3	☐	83668512	位图图像	
2007020	马振	男	1985年9月4日	2007-9-3	☐	83668632	位图图像	

记录：50　共有记录数：50

图 2.71　"读者信息表"中的记录

2.4 数据表的维护

数据表建成之后必然不会一成不变,在使用数据库的过程中,随着数据的变化,常常要对表的结构和数据进行增加、删除、修改等维护操作。对数据表的维护包括对表结构的维护,对表中数据的维护,对表外观的维护,以及对数据库中表对象的维护等。

2.4.1 修改表结构

对表结构常用的维护操作主要是针对字段进行的,包括插入字段、修改字段、移动字段、复制字段、删除字段,以及重设主键字段等。

任务 2-9 修改表结构

任务实例 2.9 请按照下述要求对"图书信息表"的结构进行调整。

(1) 插入字段:在"出版社编号"字段前添加一个新字段"版次",数据类型为"文本"。

(2) 修改字段:将"版次"字段的默认值设置为"第 1 版"。

(3) 移动字段:将"版次"字段移动到"ISBN 号"字段之前。

(4) 复制字段:复制"版次"字段,粘贴在表的最后,改名为"印次"。

(5) 删除字段:将"版次"和"印次"字段删除。

(6) 重设主键字段:将主键修改为"ISBN 号"字段。

任务分析

◆ 方法:使用表的设计视图。

◆ 操作对象:图书信息表。

◆ 操作动作:插入、修改、移动、复制、删除字段、重设主键。

任务解决过程

(1) 插入字段。打开"图书信息表"的设计视图,在"出版社编号"行单击右键,在快捷菜单中选择"插入行"命令,如图 2.72 所示。在空白行添加新字段"版次",字段类型设置为"文本",如图 2.73 所示。

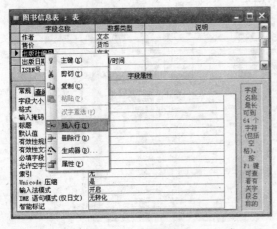

图 2.72　插入行

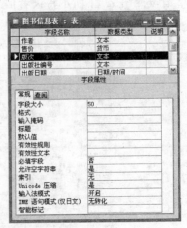

图 2.73　在新行处添加新字段

（2）修改字段。选定"版次"字段行,在字段属性"默认值"处输入"第1版"。

（3）移动字段。选定要移动的"版次"字段行,按住鼠标左键拖动至黑线标识的要移动到的位置,即"ISBN 号"字段之前,如图 2.74 所示。

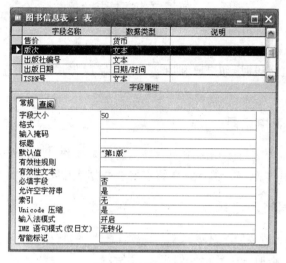

图 2.74　移动字段

（4）复制字段。选定要复制的"版次"字段行,选择"编辑"菜单或者快捷菜单中的"复制"命令,在表最后的空白行选择"编辑"菜单或者快捷菜单中的"粘贴"命令,如图 2.75 所示,然后修改字段名为"印次"。

图 2.75　复制字段

（5）删除字段。选择要删除的"版次"和"印次"字段行,选择"编辑"菜单的"删除"命令或者快捷菜单的"删除行"命令。

（6）重设主键字段。选定"ISBN"字段行,选择"编辑"菜单或者快捷菜单的"主键"命令即可更改主键。

相关知识点细述

(1) 在删除字段时,如果表中该字段有数据,则
会出现提示信息,如图 2.76 所示。如果单击"是"按
钮,则该字段和数据都被删除,同时利用该字段建立
的查询、窗体或者报表的相关内容都会被删除。

图 2.76　确认删除对话框

(2) 在更改主键字段时,如果已利用这个主键字段与其他表建立了联系,则不能执行
更改。

2.4.2　编辑表中记录

在数据表中经常要进行数据的添加、修改、删除等操作,即对记录的编辑,这些操作都
是数据库管理的最基本操作。本章只介绍直接在数据表中编辑的方法。

任务 2-10　编辑表记录

任务实例 2.10　请按照下述要求对"图书信息表"的数据进行编辑。

(1) 添加记录:添加一条新记录如表 2-12 所示。

表 2-12　添加记录

索书号	类别码	书名	作者	定价	出版社编号	出版日期	ISBN 号	馆藏数量	备注
H001	H	大学德语 1	赵仲	14.8	cbs007	2001-7-1	7-04-009649-8	3	

(2) 复制记录:将新添加的记录复制到新记录行。

(3) 修改记录:修改复制到新记录行的记录如表 2-13 所示。

表 2-13　修改记录

索书号	类别码	书名	作者	定价	出版社编号	出版日期	ISBN 号	馆藏数量	备注
H002	H	大学德语 2	赵仲	14	cbs007	2002-1-1	7-04-010230-7	3	

(4) 删除记录:将新添加的两条记录删除。

任务分析

◆ 方法:使用表的数据表视图。

◆ 操作对象:图书信息表。

◆ 操作动作:添加、复制、修改、删除记录。

任务解决过程

(1) 添加记录。打开"图书信息表"的数据表视图,在新字段行添加记录信息。

(2) 复制记录。选中步骤(1)所添加的记录行,选择"编辑"菜单或快捷菜单中的"复
制"命令,在新记录行处选择"编辑"菜单或快捷菜单中的"粘贴"命令。

(3) 修改记录。将光标确定到相应的数据项处修改记录。

(4) 删除记录。选中要删除的两条记录,选择"编辑"菜单或快捷菜单中的"删除记

录"命令,在确认删除对话框中单击"是"按钮。

相关知识点细述

(1)复制记录时,若粘贴记录到同一表中,注意主键字段值不能与已有值重复。

(2)选定记录时,如果选择连续的多条记录,可以配合 Shift 键选定。

2.4.3　调整表外观

数据表的显示格式可以在数据表视图中进行设置。Access 中支持的数据表外观操作包括设置字体、更改数据表格式、调整字段显示宽度和高度、改变字段次序、隐藏和显示列、冻结列和取消冻结列等。

任务 2-11　调整表外观

任务实例 2.11　请按照下述要求调整"读者信息表"的外观。

(1)设置字体:将数据的字体设置为幼圆,五号,蓝色。

(2)更改数据表格式:调整数据表背景色为"银白",网格线颜色为"白色",水平网格线为"点划线"。

(3)调整字段显示宽度和高度:设定行高为 17.5,所有列的列宽为"最佳匹配"。

(4)改变字段次序:将"照片"列移至"出生日期"列之前。

(5)隐藏列:将"备注"列隐藏。

(6)冻结列:将"读者编号"和"姓名"列冻结。

任务分析

◆ 方法:使用表的数据表视图。

◆ 操作对象:读者信息表。

◆ 操作动作:设置字体、数据表格式、列宽、行高、字段次序、隐藏列、冻结列。

任务解决过程

(1)设置字体。打开"读者信息表"数据表视图,选择"格式"菜单中的"字体"命令,在弹出的"字体"对话框中设置字体为"幼圆"、字形为"常规"、字号为"五号"等,设置动作及效果如图 2.77 和图 2.78 所示。

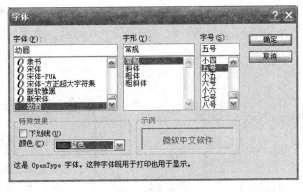

图 2.77　"字体"对话框

图 2.78　设置字体后效果

（2）更改数据表格式。选择"格式"菜单中的"数据表"命令，在"设置数据表格式"对话框中更改设置，如图 2.79 所示，表的外观效果如图 2.80 所示。

图 2.79　"设置数据表格式"对话框

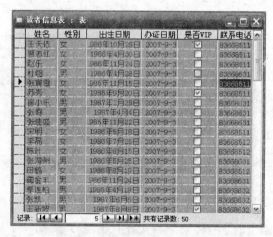

图 2.80　更改数据表格式后效果

（3）调整字段显示宽度和高度。在数据表视图中选择"格式"菜单下的"行高"命令，在"行高"对话框中设置行高值为 17.5，如图 2.81 所示。选择"读者信息表"的所有列，选择"格式"菜单下的"列宽"命令，在"列宽"对话框中单击"最佳匹配"按钮，如图 2.82 所示。

图 2.81　设置行高

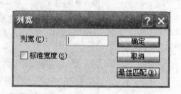

图 2.82　设置列宽

(4) 改变字段次序。选中"照片"列,按住鼠标左键拖动到"出生日期"列之前。

(5) 隐藏列。选中"备注"列,选择"格式"菜单下的"隐藏列"命令,如图 2.83 所示,在"读者信息表"中即可看到"备注"列被隐藏,效果如图 2.84 所示。

图 2.83 "隐藏列"命令

图 2.84 隐藏"备注"列效果

(6) 冻结列。选中"读者编号"和"姓名"列,选择"格式"菜单下的"冻结列"命令,如图 2.85 所示,效果如图 2.86 所示。

图 2.85 "冻结列"命令

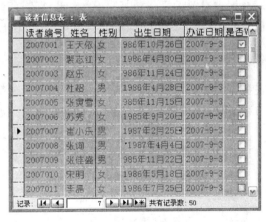

图 2.86 冻结列后效果

相关知识点细述

(1) 设置字体时,除了上例所述方法,还可以使用"格式"工具栏上相应的命令按钮。

(2) 调整数据表行高的方式有如下 3 种。

◇ 粗略调整行高:将鼠标放在表的"行选定器"分隔线上,在指针变为双箭头时按住鼠标左键上下拖动。

◇ 精确调整行高:在"行高"对话框中输入精确的行高值。

◇ 标准行高:在"行高"对话框中选定"标准行高",标准行高是 13.5。

(3) 调整数据表某列列宽的方式有如下 4 种。

◇ 粗略调整列宽:将鼠标放在要调整宽度的列的右侧分隔线上,在指针变为双箭头时按住鼠标左键左右拖动。

◇ 精确调整列宽：选中要调整的列，在"列宽"对话框中输入精确的列宽值。

◇ 标准列宽：在"列宽"对话框中选定"标准宽度"，标准宽度是 11.5583。

◇ 最佳匹配列宽：在"列宽"对话框中单击"最佳匹配"命令按钮，根据该列的内容调整宽度。

（4）设置隐藏列时，可以将多个列隐藏。需要恢复隐藏列时，可选择"格式"菜单下的"取消隐藏列"命令，在"取消隐藏列"对话框中选择要恢复的列，如图 2.87 所示。

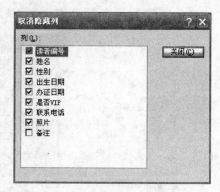

图 2.87 取消隐藏列

（5）设置冻结列后，拖动水平滚动条滚动数据表时，被冻结的列始终保留在窗口中不被移动，而且在被冻结列的右侧会出现黑色粗实线，如图 2.86 所示。如果需要恢复成未冻结状态，选择"格式"菜单下的"取消对所有列的冻结"命令即可。

2.4.4 操作表对象

对数据表对象的操作包括打开、关闭、复制、重命名、删除、导出等。如果需对整张数据表做复制、导出、修改名称、删除等操作时，可在数据库窗口中完成。

任务 2-12 操作表对象

任务实例 2.12 请按照下述要求对"图书管理系统"中的表对象完成如下的相应操作。

（1）复制表：复制"读者信息表"的结构到同一数据库中，新表名为"读者信息备份表"。

（2）重命名表：更改"雇员"表表名为"工作人员表"。

（3）删除表：将"读者信息备份表"和"工作人员表"删除。

（4）导出表：将"图书类别表"导出到 E:\Access DB 文件夹中，导出的文件名为"图书类别.xls"。

任务分析

◆ 方法：使用数据库窗口的命令。

◆ 操作对象：各个表对象。

◆ 操作动作：复制、重命名、删除、导出。

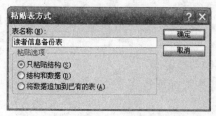

图 2.88 复制表时设置"粘贴表方式"

任务解决过程

（1）复制表。在"图书管理系统"数据库窗口中选中"读者信息表"，选择快捷菜单中的"复制"命令，然后选择快捷菜单中的"粘贴"命令，在"粘贴表方式"对话框中输入表名称"读者信息备份表"，并选择"粘贴选项"为"只粘贴结构"，如图 2.88 所示。单击"确定"按钮，可在数据库窗口中看到复制的新表,该表仅有结构没有数据,如图 2.89 所示。

图 2.89　读者信息备份表的数据表视图

（2）重命名表。在数据库窗口中选中"雇员"表,选择快捷菜单的"重命名"命令,填写新的表名称"工作人员表",如图 2.90 所示。

（3）删除表。选中要删除的"读者信息备份表",选择快捷菜单中的"删除"命令,在提示对话框中单击"是"按钮,如图 2.91 所示。删除"工作人员表"的操作类似。

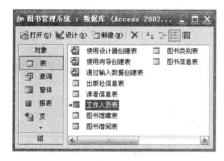

图 2.90　重命名表图

图 2.91　确认删除表

（4）导出表。选中"图书类别表",在快捷菜单中选择"导出"命令,选择导出路径和保存类型,填写文件名"图书类别",如图 2.92 所示,在 E:\Access DB 文件夹就能看到导出的"图书类别.xls"文件。

图 2.92　导出对话框

相关知识点细述

（1）复制表时，在"粘贴表方式"对话框中有如下 3 种粘贴方式。

✧ 只粘贴结构：只复制源表的字段到新表，新表中无记录。

✧ 结构和数据：复制源表的全部字段和记录到新表。

✧ 将数据追加到已有的表：把源表全部记录复制粘贴到已有的某个表中。

（2）删除表时可直接使用 Shift＋Del 组合键彻底删除。

（3）导出表时，可将表的结构及数据导出到另一个 Access 数据库中，也可导出为 Excel 文件、文本文档、HTML 文档等。

2.5　表中数据的操作

为了方便对数据的管理，Access 针对表对象提供了查找数据、替换数据、排序数据和筛选数据等功能。

2.5.1　查找和替换数据

在数据量较大的数据表中手动查找某个数据并非易事，可以利用 Access 的查找功能自动搜索，对搜索到的数据还可以自动替换成其他内容。

任务 2-13　在表中查找替换数据

任务实例 2.13　请按照下述要求完成对"读者信息表"的操作。

（1）查找数据：查找姓"王"的读者信息。

（2）替换数据：将以"836685"开头的电话号码替换成以"836687"开头的号码。

任务分析

◆ 方法：使用数据表视图。

◆ 操作对象：读者信息表。

◆ 操作动作：查找、替换。

任务解决过程

（1）查找数据。打开"读者信息表"的数据表视图，将光标确定在"姓名"列任一位置，选择"编辑"菜单下的"查找"命令，在"查找和替换"对话框的"查找"选项卡中设置"查找内容"为"王"，选择"匹配"项为"字段开头"，单击"查找下一个"按钮开始搜索下一个符合条件的数据项，如图 2.93 所示，查找的结果之一如图 2.94 所示。

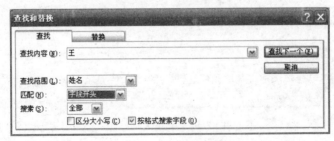

图 2.93　设置查找条件

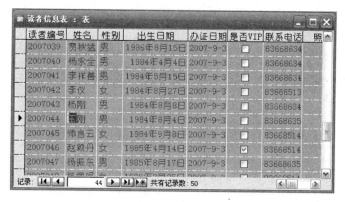

图 2.94　查找结果之一

（2）替换数据。在"读者信息表"的数据表视图中,将光标确定在"联系电话"列任一位置,选择"编辑"菜单下的"替换"命令,在"查找和替换"对话框的"替换"选项卡中设置"查找内容"项为"836685",设置"替换为"项为"836687",设置"匹配"项为"字段开头",单击"查找下一个"按钮开始搜索下一个符合条件的数据项,单击"替换"按钮可将当前查找到的内容替换,如图 2.95 所示,替换的结果之一如图 2.96 所示。

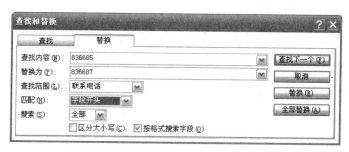

图 2.95　设置查找内容和替换内容

图 2.96　替换结果之一

相关知识点细述

（1）查找数据时,"查找内容"处可以使用通配符完成模糊搜索,常用的通配符及用法见表 2-14。

表 2-14 通配符用法

字符	说　明	示　例
*	与任何个数的字符匹配。在字符串中,它可以当作第一个或最后一个字符使用	wh＊可以找到 what、white 和 why
?	与任何单个字母的字符匹配	b?ll 可以找到 ball、bell 和 bill
[ ]	与方括号内任何单个字符匹配	b[ae]ll 可以找到 ball 和 bell 但找不到 bill
!	匹配任何不在方括号之内的字符	b[!ae]ll 可以找到 bill 和 bull 但找不到 ball 或 bell
—	与某个范围内的任一个字符匹配。必须按升序指定范围(A 到 Z,而不是 Z 到 A)	b[a—c]d 可以找到 bad、bbd 和 bcd
＃	与任何单个数字字符匹配	1＃3 可以找到 103、113、123

因此,步骤(1)中的"查找内容"项也可以写成"王＊",同时"匹配"项设置为"整个字段"即可。

(2) 查找数据时,在"查找和替换"对话框中也可以设置"查找范围"为整张表,但是为了提高查找的效率,推荐在查找前控制光标移到所要查找的字段上,限定"查找范围"为指定字段。

(3) 查找数据时,"匹配"项可设置以下 3 种形式。

◇ 整个字段:字段值必须与"查找内容"项完全相同。

◇ 字段开头:字段值的开头内容与"查找内容"项一致。

◇ 字段任何部分:"查找内容"项与字段值的任意连续部分一致均可。

(4) 替换数据时有以下两种替换方式。

◇ 单击"替换"按钮——单击一次,替换一个查找到的要替换的数据。

◇ 单击"全部替换"按钮——单击一次即可替换掉全部要替换的数据。

边学边练

将以"836687"开头的电话号码替换成以"836685"开头的数据。

2.5.2　排序数据

通常,用户在输入数据时不会刻意按顺序录入,但在使用数据时却常要求数据按照一定规则排列,Access 提供的排序功能能方便实现这样的需求。

任务 2-14　数据排序

任务实例 2.14　请按照下述要求完成对"读者信息表"的操作。

(1) 简单排序:按照"姓名"字段的降序排列记录。

(2) 高级排序:按照"性别"字段升序、"联系电话"字段升序以及"出生日期"字段降序排列记录。

任务分析

◆ 方法：使用数据表视图的排序命令。

◆ 操作对象：读者信息表。

◆ 操作动作：排序。

任务解决过程

（1）简单排序。打开"读者信息表"的数据表视图，选中要排序的列"姓名"列，单击工具栏上的"降序排序"按钮 ，排序结果如图2.97所示。

读者编号	姓名	性别	出生日期	办证日期	是否VIP	联系电话	照片	
2007032	郑君	女	1986年7月15日	2007-9-3	☐	83668513		
2007046	赵颖丹	女	1985年4月14日	2007-9-3	☑	83668514		义
2007023	赵倩	女	1986年8月2日	2007-9-3	☐	83668512	位图图像	
2007003	赵乐	女	986年11月24日	2007-9-3	☐	83668511	位图图像	
2007005	张寒雪	女	985年11月15日	2007-9-3	☐	83668511	位图图像	
2007008	张询	男	1987年4月4日	2007-9-3	☐	83668631	位图图像	
2007017	张凯	男	1987年6月6日	2007-9-3	☐	83668632	位图图像	
2007009	张佳盛	男	985年11月22日	2007-9-3	☐	83668631	位图图像	
2007013	张海州	男	1986年5月25日	2007-9-3	☐	83668631	位图图像	
2007038	张超	男	1986年5月4日	2007-9-3	☐	83668634		
2007047	杨振东	男	1985年8月17日	2007-9-3	☐	83668635		
2007025	杨玉慧	女	1986年9月14日	2007-9-3	☐	83668513		
2007040	杨永全	男	1984年4月4日	2007-9-3	☐	83668634		
2007048	杨丽娟	女	1985年3月25日	2007-9-3	☐	83668514		
2007037	杨海峰	男	1986年8月25日	2007-9-3	☐	83668634		
2007043	杨刚	男	1984年8月8日	2007-9-3	☐	83668634		

记录: 1 共有记录数: 50

图2.97　按姓名升序排序结果

（2）高级排序。在"读者信息表"的数据表视图中，选择"记录"菜单下"筛选"子菜单中的"高级筛选/排序"命令，在弹出的窗口中选择要排序的字段及排序方式，如图2.98所示。然后选择"筛选"菜单下的"应用筛选/排序"命令，数据排序结果如图2.99所示。

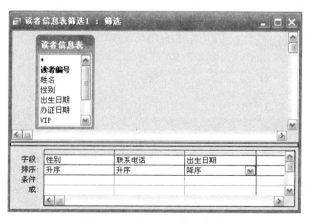

图2.98　设置高级排序条件

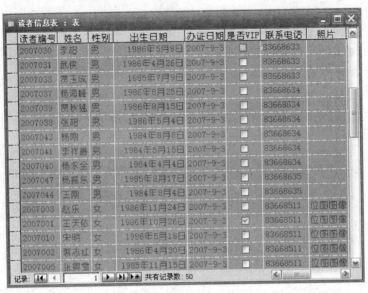

图 2.99　高级排序结果

相关知识点细述

（1）排序规则：根据数字型、文本型、日期/时间型、货币型字段数据的值可以进行"升序"或者"降序"排序，如下所示。

♦　文本型：英文字符按照字母顺序排序，升序时按照 A 到 Z 排列，降序时按照 Z 到 A 排列；中文字符按照拼音顺序排序，升序时按照 A 到 Z 排列，降序时按照 Z 到 A 排列。

♦　数字型：按照数值大小排序，升序时从小到大排列，降序时从大到小排列。

♦　日期/时间型：按照日期或时间发生顺序排序，升序时从前至后排列，降序时从后至前排列。

（2）高级排序窗口：窗口分为上下两栏，上栏显示表的字段构成，下栏显示排序条件，在"字段"行选择要进行排序的字段名，在"排序"行选择"升序"或"降序"，应用排序后将按照字段从左到右的顺序依次排序。

（3）取消排序：对已有的排序结果撤销可使用"记录"菜单下的"取消筛选/排序"命令。

（4）保存排序：排序结果可随数据表一起保存。

边学边练

将"图书借阅表"按照"读者编号"字段升序、"借出时间"字段升序、"归还时间"字段降序排序。

请思考

如果要排序的字段中有空数据，排序的结果会怎样？

2.5.3　筛选数据

使用数据表时，有时需要将用户感兴趣的部分记录单独显示出来，或者将不感兴趣的部分记录隐藏起来，Access 的筛选操作可以实现这些功能。

任务 2-15　数据筛选

1. 简单筛选

任务实例 2.15　请按照下述要求完成对“图书信息表”的操作。

(1) 按选定内容筛选：筛选出“I”类图书的记录。

(2) 按内容排除筛选：筛选出非“A”类图书的记录。

(3) 按窗体筛选：筛选出“cbs010”出版社在 2009 年 10 月 1 日出版的所有图书记录。

(4) 按筛选目标筛选：筛选出定价超过 30 元(包括 30 元)的图书记录。

任务分析

◆ 方法：使用数据表视图的筛选命令。

◆ 操作对象：图书信息表。

◆ 操作动作：筛选。

任务解决过程

(1) 按选定内容筛选。打开“图书信息表”的数据表视图，在“类别码”字段选中一个“I”数据，选择“记录”菜单下“筛选”子菜单中的“按选定内容筛选”命令，筛选结果如图 2.100 所示。

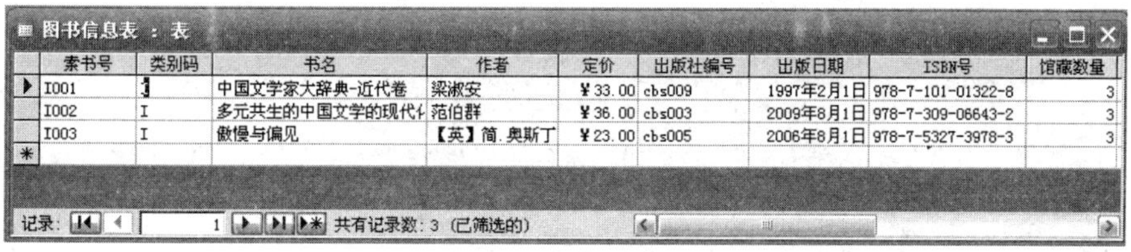

图书信息表 : 表

索书号	类别码	书名	作者	定价	出版社编号	出版日期	ISBN号	馆藏数量
I001	I	中国文学家大辞典-近代卷	梁淑安	¥33.00	cbs009	1997年2月1日	978-7-101-01322-8	3
I002	I	多元共生的中国文学的现代化	范伯群	¥36.00	cbs003	2009年8月1日	978-7-309-06643-2	3
I003	I	傲慢与偏见	【英】简.奥斯丁	¥23.00	cbs005	2006年8月1日	978-7-5327-3978-3	3

记录：1　共有记录数：3 (已筛选的)

图 2.100　筛选“I”类图书结果

(2) 按内容排除筛选。打开“图书信息表”数据表视图，选中“类别码”字段中一个“A”数据，选择“记录”菜单下“筛选”子菜单中的“内容排除筛选”命令，筛选结果如图 2.101 所示。

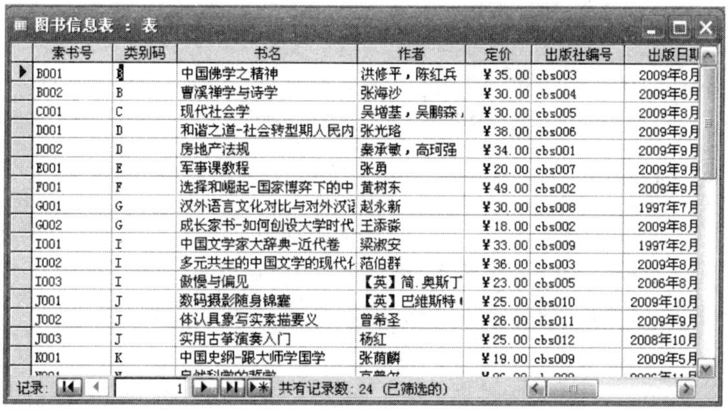

图书信息表 : 表

索书号	类别码	书名	作者	定价	出版社编号	出版日期
B001	B	中国佛学之精神	洪修平，陈红兵	¥35.00	cbs003	2009年8月
B002	B	曹溪禅学与诗学	张海沙	¥30.00	cbs004	2009年6月
C001	C	现代社会学	吴增基，吴鹏森，	¥30.00	cbs005	2009年8月
D001	D	和谐之道-社会转型期人民内	张光珞	¥38.00	cbs006	2009年9月
D002	D	房地产法规	秦承敏，高珂强	¥34.00	cbs001	2009年9月
E001	E	军事课教程	张勇	¥20.00	cbs007	2009年9月
F001	F	选择和崛起-国家博弈下的中	黄树东	¥49.00	cbs002	2009年9月
G001	G	汉外语言文化对比与对外汉i	赵永新	¥30.00	cbs008	1997年7月
G002	G	成长家书-如何创设大学时代	王添淼	¥18.00	cbs002	2009年8月
I001	I	中国文学家大辞典-近代卷	梁淑安	¥33.00	cbs009	1997年2月
I002	I	多元共生的中国文学的现代化	范伯群	¥36.00	cbs003	2009年8月
I003	I	傲慢与偏见	【英】简.奥斯丁	¥23.00	cbs005	2006年8月
J001	J	数码摄影随身锦囊	【英】巴維斯特	¥25.00	cbs010	2009年10月
J002	J	体认具象写实素描要义	曾希圣	¥26.00	cbs011	2009年9月
J003	J	实用古筝演奏入门	杨红	¥25.00	cbs012	2008年10月
K001	K	中国史纲-跟大师学国学	张荫麟	¥19.00	cbs009	2009年5月

记录：1　共有记录数：24 (已筛选的)

图 2.101　筛选非“A”类图书结果

（3）按窗体筛选。打开"图书信息表"数据表视图，选择"记录"菜单下"筛选"子菜单中的"按窗体筛选"命令，设置筛选条件，如图2.102所示。选择"记录"菜单下的"应用筛选/排序"命令，筛选结果如图2.103所示。

图2.102　"按窗体筛选"条件设置界面

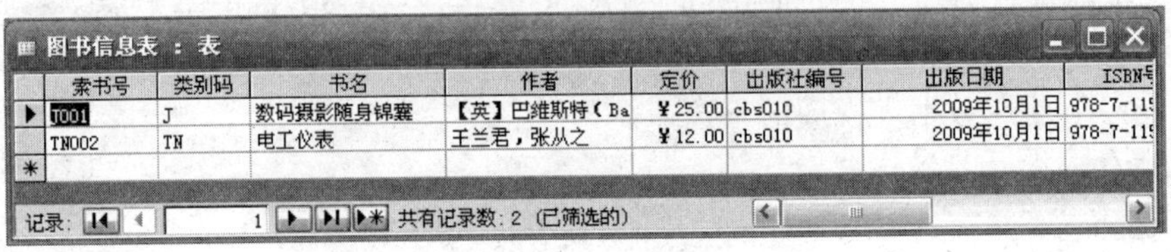

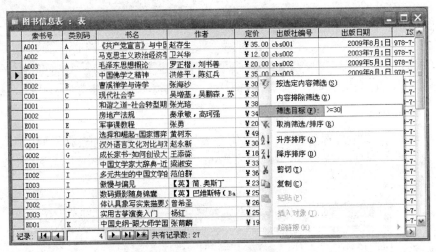

图2.103　按窗体筛选结果

（4）按筛选目标筛选。打开"图书信息表"数据表视图，在"定价"列任意数据项处单击鼠标右键，在快捷菜单中的"筛选目标"处填写筛选条件"＞＝30"，如图2.104所示，按回车键确认，筛选结果如图2.105所示。

图2.104　设置"筛选目标"

相关知识点细述

（1）取消筛选：单击工具栏的　按钮或者选择"记录"菜单中"取消筛选/排序"命令。

（2）与排序不同，筛选结果无法保存。

（3）若为日期/时间型数据设置筛选条件，则在数据前后加"♯"。

边学边练

用多种方法实现在"读者信息表"中筛选"女义务馆员"的读者记录信息。

图 2.105 筛选"定价在 30 元以上图书"结果

2. 高级筛选

任务实例 2.16 请在"图书信息表"中筛选出价格在 30～40 元(包括 30 元和 40 元)的"D"类图书记录,并将结果按价格从低到高的顺序排序。

任务分析

◆ 方法:使用数据表视图的高级筛选命令。

◆ 操作对象:图书信息表。

◆ 操作动作:筛选。

任务解决过程

(1) 打开高级筛选窗口。打开"图书信息表"的数据表视图,选择"记录"菜单中"筛选"子菜单下的"高级筛选/排序"命令。

(2) 设置高级筛选条件。在高级筛选窗口中设置筛选条件和排序方式,如图 2.106 所示。

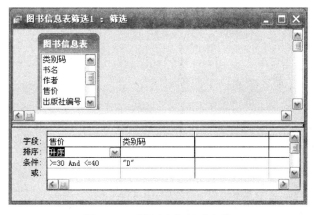

图 2.106 设置高级筛选条件

(3) 应用筛选。选择"记录"菜单下的"应用筛选/排序"命令,筛选结果如图 2.107 所示。

图 2.107　高级筛选结果

相关知识点细述

(1) 当筛选条件复杂,或者解决同时筛选排序的问题时,使用"高级筛选"非常方便。

(2) 高级筛选时,如果设置的两个字段筛选条件是"与"的关系,则所有条件都写在"条件"行;如果两个筛选条件是"或"的关系,则要将条件写在不同的"条件"及"或"行。

边学边练

在"读者信息表"中筛选 1986 年出生的 VIP 读者记录信息,并按"出生日期"字段的降序排序。

2.6　表间关系的建立

在 Microsoft Access 数据库中为每个主题都设置了不同的表后,必须告诉 Microsoft Access 如何再将这些信息组合到一起。该过程的第一步是定义表间的关系,然后可以创建查询、窗体及报表,以便同时显示来自多个表中的信息。

2.6.1　关系的基本概念

所谓关系,是指在两个表的公共字段(列)之间所建立的联系。关系类型可以为"一对一"、"一对多"或者"多对多"。Access 中可以直接建立前两种关系。

关系通过匹配键字段中的数据来建立,键字段通常是两个表中使用相同名称的字段。在大多数情况下,两个匹配的字段中一个是所在表的主键,而另一个是所在表的外键。

1. "一对一"关系

在"一对一"关系中,A 表中的每一记录仅能在 B 表中有一个匹配的记录,并且 B 表中的每一记录仅能在 A 表中有一个匹配记录。

2. "一对多"关系

在"一对多"关系中,A 表中的一个记录能与 B 表中的多个记录匹配,但是在 B 表中的一个记录仅能与 A 表中的一个记录匹配。

3. "多对多"关系

在"多对多"关系中,A 表中的记录能与 B 表中的许多记录匹配,并且在 B 表中的记录也能与 A 表中的许多记录匹配。在 Access 中,此类型的关系仅能通过定义第三个表(称作联结表)来达成,即将一个"多对多"关系转换成两个和第三个表的"一对多"关系。

2.6.2　建立表间关系

创建好各个数据表后,为了综合使用各数据表中的数据,必须先建立表间的关系。

任务 2-16 建立表间关系

任务实例 2.17 请按照表 2-1 所示的关系设计在"图书管理系统"数据库中建立表间关系,并实施参照完整性。

任务分析

◆ 方法：使用数据表窗口的关系命令。

◆ 操作对象：图书管理系统数据库。

◆ 操作动作：建立表间关系。

任务解决过程

(1)进入关系窗口。打开"图书管理系统"数据库,在数据库窗口中选择"工具"菜单下的"关系"命令。

(2)选择要建立关系的表。在"显示表"对话框中选择所有表,单击"添加"按钮,如图 2.108 所示。

(3)建立关系。以"关系 1"建立"图书类别表"和"图书信息表"间的"一对多"关系为例,选定"图书类别表"字段列表中的"类别码"字段,拖动到"图书信息表"相应"类别码"字段上释放鼠标左键,在"编辑关系"对话框中选定"实施参照完整性"选项,如图 2.109 所示。单击"创建"按钮,即可在"关系"窗口见到创建的关系,全部关系建立后效果如图 2.110 所示。

图 2.108 在"显示表"对话框中选择要
添加的表名

图 2.109 设置"编辑关系"对话框

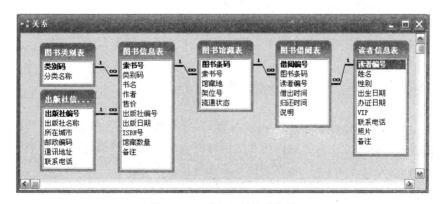

图 2.110 建立表间关系结果

相关知识点细述

(1) 在创建表间关系前,必须将要建立关系的表的所有视图全部关闭。

(2) 参照完整性是一个规则系统,Microsoft Access 使用这个系统来确保相关表中记录之间关系的有效性,并且不会意外地删除或更改相关数据。使用参照完整性时要遵循下列规则。

♦ 不能在相关表的外键字段中输入不存在于主表的主键中的值。例如,如果在"图书类别表"中没有定义"ABC"类图书的类别记录时,在"图书信息表"中就不能添加"ABC"类任何图书记录信息。

♦ 如果在相关表中存在匹配的记录,则不能从主表中删除这个记录。例如,如果在"图书信息表"中有"A"类图书记录,就不能在"图书类别表"中删除"A"类记录。

♦ 如果某个记录有相关的记录,则不能在主表中更改主键值。例如,如果在"图书信息表"表中有"A"类图书的记录,就不能在"图书类别表"中更改"A"类图书的"类别码"。

(3) 在"编辑关系"对话框中,三个选项的意义如下。

♦ 实施参照完整性:选择该选项后,在相关的两个表中添加、修改、删除数据时都要按照"参照完整性"的规则检查是否可操作。

♦ 级联更新相关字段:选择该选项后,则不管何时更改主表中记录的主键,Microsoft Access 都会自动在所有相关的记录中将主键更新为新值。

♦ 级联删除相关字段:选择该选项后,则不管何时删除主表中的记录,Microsoft Access 都会自动删除相关表中的相关记录。

(4) 修改关系:对已建立的关系重新修改编辑,只需双击表间关系的连线即可进入"编辑关系"对话框进行修改。

(5) 删除关系:单击要删除的关系的连线,按键盘的 Del 键或者在快捷菜单中选择"删除"命令,在确认对话框中单击"是"按钮即可,如图 2.111 所示。

图 2.111　确认删除关系对话框

边学边练

请试着在数据库中设计并添加一个"读者详细信息表",与"读者信息表"建立"一对一"的关系。

请思考

在"图书信息系统"数据库中存在"多对多"的关系吗？ 如果有,请指出。

本 章 小 结

本章主要介绍了设计数据库结构的过程,以及创建 Access 数据库文件及最基本对象——数据表的各种方法。详细阐述了如何针对表的结构和数据进行添加、修改、删除等操作,并为表的外观效果设计、数据的排序筛选等操作给出了具体实例。最后理论与实践结合扼要描述了表间关系构建的方法。

创建数据库可以根据数据库向导创建,也可以从空数据开始创建。

常用的创建数据表的方法有：使用设计视图、使用数据表向导、使用数据表视图、导入表、链接表、复制表、导出表等。

数据表字段的添加、修改、删除，设置字段属性，以及设置主键都要在表的设计视图中完成，而对表中数据的添加、修改、删除、查找、替换、排序、筛选，以及对表外观效果的设计需要在表的数据表视图中实现。

想要综合使用各表中的相关数据，一定要先在各个独立的表间建立关系。Access 中支持 $1:1$ 和 $1:n$ 的关系，必要时实施参照完整性。

习　题　2

1. 思考题

(1) 数据库应用系统的设计要经过哪些过程？请举例说明。

(2) 建立数据表的各种方法分别适用于何种情况？

(3) Access 中支持的数据类型有哪些？分别适用于表述什么样的数据？

(4) 如果需要多个字段共同做主键，在表中应该如何操作呢？

(5) 在"图书管理系统"中描述了哪些实体型以及实体间的联系？

2. 选择题

(1) 在数据表的设计视图中，不能完成的操作是(　　)。

　　A. 修改字段的类型　　　　　　　　B. 修改字段的名称

　　C. 删除一个字段　　　　　　　　　D. 删除一条记录

(2) Access 数据库表中的字段可以定义有效性规则，简单说有效性规则是(　　)。

　　A. 控制符　　　　B. 文本　　　　C. 条件　　　　D. 显示格式

(3) 输入数据时，如果希望输入的格式保持一致，或希望检查输入时的错误，可以(　　)。

　　A. 控制字段大小　　　　　　　　　B. 设置默认值

　　C. 定义有效性规则　　　　　　　　D. 设置输入掩码

(4) 以下关于主关键字的说法，错误的是(　　)。

　　A. 使用自动编号是创建主关键字最简单的方法

　　B. 作为主关键字的字段中允许出现 Null 值

　　C. 作为主关键字的字段中不允许出现重复值

　　D. 不能确定任何单字段的值的唯一性时，可以将两个或更多的字段组合成为主关键字

(5) 下面关于 Access 表的叙述中，错误的是(　　)。

　　A. 在 Access 表中，可以对数字型字段进行"格式"属性设置

　　B. 若删除表中含有自动编号型字段的一条记录后，这个编号不会再被使用

　　C. 创建表之间的关系时，应关闭所有表

　　D. 可在 Access 表的设计视图"说明"列中，对字段进行具体的说明

3. 填空题

(1) 利用 Access 2003 创建的数据库文件，共有_____种类型的对象。

（2）在 Access 2003 创建的数据表中可以使用 10 种数据类型,分别是文本、数字、备注、货币、_____、_____、_____、_____、超链接、查阅向导等。

（3）能够使用输入掩码向导创建输入掩码的字段类型是_____和_____。

（4）在 Access 2003 的数据表中,要想即时查看满足一定条件的部分记录,可以使用_____功能。

（5）Access 2003 中能够直接创建的关系类型有_____和_____两种。

实验 2　创建数据库和表

1. 实验目的与要求

实验目的

◇ 学会使用 Microsoft Access 数据库管理系统创建关系型数据库;

◇ 学会在 Access 数据库中创建、维护及操作数据表;

◇ 学会创建数据表间的关系。

实验要求

◇ 熟练使用 Access 数据库开发环境;

◇ 掌握创建 Access 数据库的方法;

◇ 掌握在 Access 数据库中建立数据表的各种方法;

◇ 掌握设置字段属性的方法;

◇ 掌握创建表间关系的方法;

◇ 掌握对数据表的维护与操作方法。

2. 实验示例

操作要求

例　打开"实验素材\实验 2\示例"文件夹,按照如下题目要求完成对 Example2.mdb 数据库的操作,参考效果如文件 Example2_R.mdb 所示。

（1）"Example2.mdb"文件中建立表 tTeacher,表结构如表 2-15 所示。

表 2-15　表 tTeacher 结构

字段名称	数据类型	字段大小	格式
编号	文本	6	
姓名	文本	10	
性别	文本	1	
工作时间	日期/时间		短日期
岗级	数字	整型	
在职否	是/否		是/否
照片	OLE 对象		

（2）设置 tTeacher 表"编号"字段为主键。

（3）设置 tTeacher 表"性别"字段的默认值属性为"男"。

（4）设置 tTeacher 表"工作时间"字段有效性规则,使得该字段值不早于 1968 年。

(5) 在 tTeacher 表中输入一条记录,如表 2-16 所示。

表 2-16 在表 tTeacher 中输入的记录

980416	刘晓智	男	1998-8-15	6	☑	位图图像

注意,教师刘晓智的"照片"字段数据,要求采用插入对象的方法,插入示例文件夹下的"刘晓智.jpg"图像文件。

(6) 将同一文件夹下"岗级.xls"文件中"岗级信息"工作表的数据导入到 Example2.mdb 中,将"岗级"字段设为主键,新表名为 tLevel。

(7) 修改 tLevel 表"岗级"字段的"字段大小"为"整型"。

(8) 隐藏 tLevel 表的"备注"字段内容。

(9) 建立 tLevel 表和 tTeacher 表的关系,实施参照完整性。

操作步骤

(1) 建表。打开素材文件夹下的 Example2.mdb 数据库文件,在数据库窗口中双击"使用设计器创建表"选项,然后在表的设计视图中分别设置各个字段的"字段名称"、"数据类型"、"字段大小"和"格式"属性,如图 2.112 所示。单击工具栏上的"保存"按钮,保存表名为 tTeacher,如图 2.113 所示,在弹出的对话框中单击"否"按钮,如图 2.114 所示。

图 2.112 设计表字段

图 2.113 保存表

图 2.114 定义主键对话框

(2) 设置主键。在图 2.112 所示的设计视图中的"编号"处单击鼠标右键,选择快捷菜单中的"主键"命令,结果如图 2.115 所示。

（3）设置默认值属性。选择"性别"字段,在下方"字段属性"窗格内将"默认值"属性设置为"男",如图 2.116 所示。

（4）设置有效性规则属性。选择"工作时间"字段,在"字段属性"窗格内设置有效性规则为">=♯1968-1-1♯",如图 2.117 所示。

（5）输入记录。切换到数据表视图,输入题目所要求的记录。输入照片字段数据时,在数据单元格内单击右键,在快捷菜单中选择"插入对象"命令,如图 2.118 所示。在出现的对话框中选择"画笔图片"命令,如图 2.119 所示。单击"确定"按钮后在画笔应用程序中选择"编辑"菜单中的"粘贴来源"命令,在"粘贴来源"对话框中选择照片文件"刘晓智.jpg",单击"打开"按钮,如图 2.120 所示,效果如图 2.121 所示,关闭画笔应用程序。整条记录输入后效果如图 2.122 所示。

图 2.115　设置主键

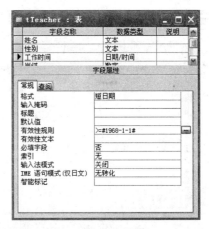

图 2.116　设置"默认值"属性　　　图 2.117　设置"有效性规则"属性

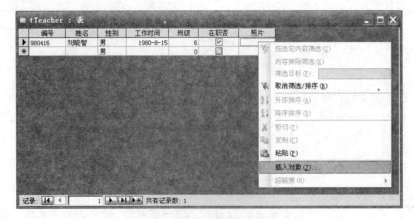

图 2.118　输入数据——插入对象

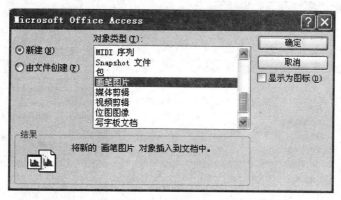

图 2.119　选择插入对象类型

图 2.120　选择要插入的照片文件

图 2.121　打开照片文件后效果

图 2.122　输入数据后数据表效果

（6）导入表。在数据库窗口中选择"导入"命令，如图 2.123 所示。在"导入"对话框中找到要导入的数据文件，单击"导入"按钮，如图 2.124 所示。然后按照向导各个步骤设置，如图 2.125～图 2.130 所示，完成后可在数据库窗口看到导入的表 tLevel。

（7）修改字段。打开 tLevel 表的设计视图，在"岗级"字段的"字段大小"属性处选择"整型"，效果如图 2.131 所示。

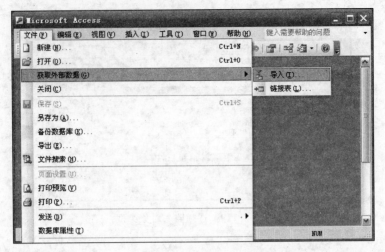

图 2.123　选择"导入"命令

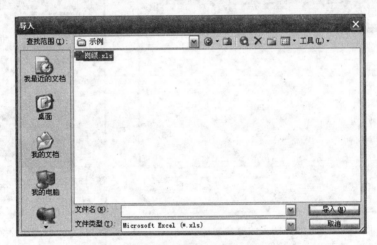

图 2.124　选择导入数据文件

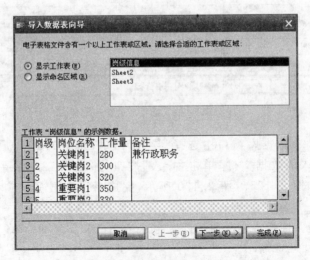

图 2.125　选择工作表区域

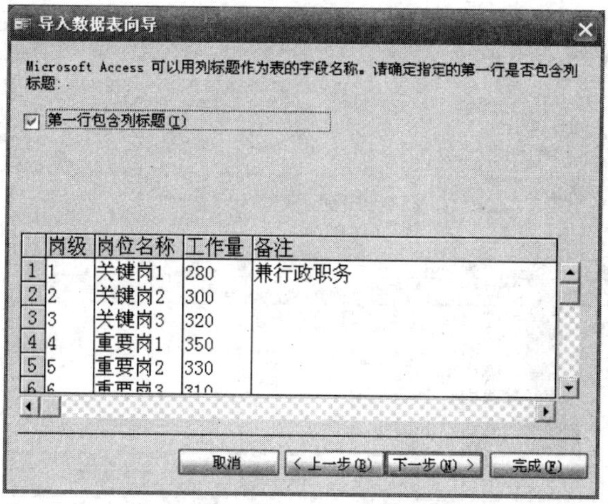

图 2.126　设置“第一行包含列标题”

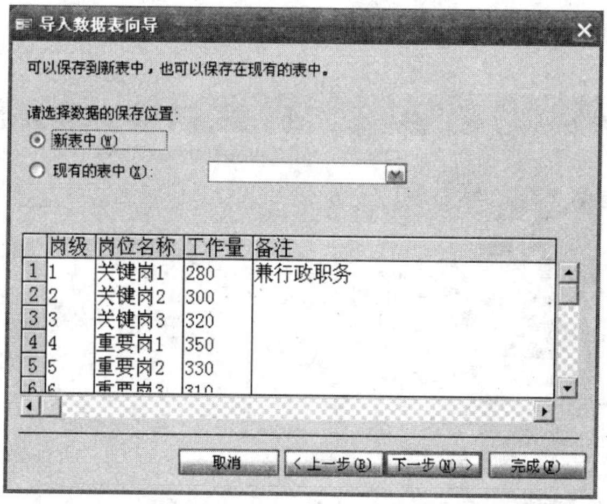

图 2.127　选择数据保存位置

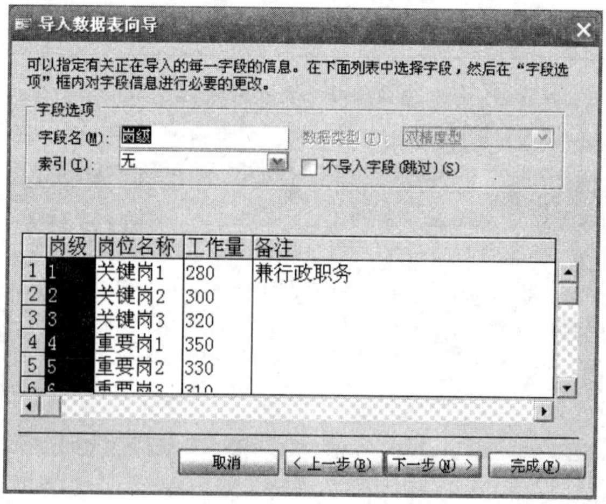

图 2.128　设置字段信息

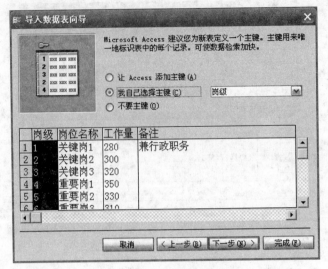

图 2.129　设置主键

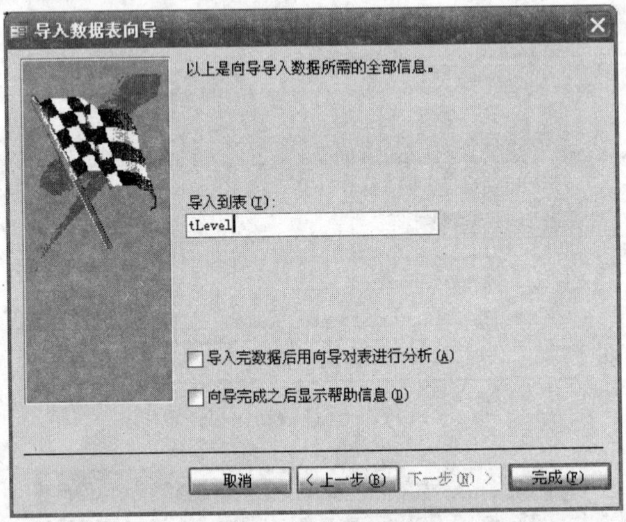

图 2.130　设置新表名

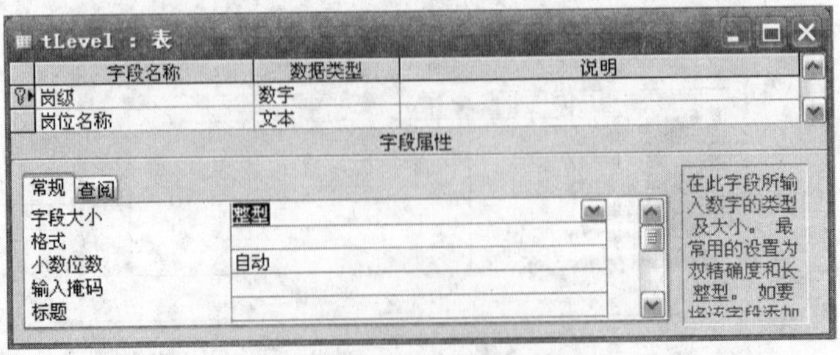

图 2.131　修改字段属性

（8）隐藏字段。打开 tLevel 表的数据表视图，选中"备注"列，选择"格式"菜单下的"隐藏列"命令，效果如图 2.132 所示。

（9）建立表间关系。在数据库窗口中选择"工具"菜单下的"关系"命令，在"显示表"对话框中选择所有表，如图 2.133 所示。然后在关系对话框中选中表 tLevel 的"岗级"字段，拖动至表 tTeacher 的"岗级"字段释放鼠标，在出现的"编辑关系"对话框中选择"实施参照完整性"选项，如图 2.134 所示。单击"创建"按钮，效果如图 2.135 所示。

图 2.132　隐藏列后效果

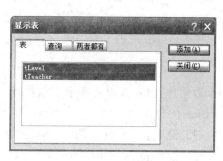

图 2.133　"显示表"对话框

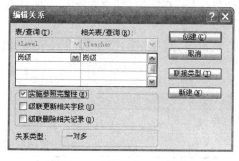

图 2.134　"编辑关系"对话框

图 2.135　建立的表间关系

3. 实验内容

实验 2-1

打开"实验素材\实验 2\实验 2-1"文件夹，在此文件夹下有 Ex2-1.mdb 数据库文件，按照如下题目要求完成对表的操作。

（1）在 Ex2-1.mdb 数据库文件中建立表 tStud，表结构如表 2-17 所示。

表 2-17　表 tStud 结构

字段名称	数据类型	字段大小	格式	字段名称	数据类型	字段大小	格式
学号	文本	6		入学日期	日期/时间		短日期
姓名	文本	20		团员否	是/否		是/否
性别	文本	1		籍贯	备注		
出生日期	日期/时间		中日期				

（2）设置"学号"字段为主键。

（3）设置"性别"字段的有效性规则，使得该字段值只能为"男"或"女"。

（4）设置"入学日期"字段的输入掩码为"长日期（中文）"。

（5）为"姓名"字段设置可重复索引。

（6）在 tStud 表中输入两条记录，如表 2-18 所示。

表 2-18　表 tStud 中输入的记录

学号	姓名	性别	出生日期	入校日期	团员否	籍贯
091010	张龙	男	1990-8-21	2009-9-1	☑	河南焦作
091011	吴菁	女	1991-5-16	2009-9-2	☑	福建厦门

实验 2-2

打开"实验素材\实验 2\实验 2-2"文件夹，在此文件夹下有 Ex2-2. mdb 和 exam. mdb 两个数据库文件，按以下要求在数据库 Ex2-2. mdb 内完成表对象 tVisitor 的编辑和表对象 tLine 的导入。

（1）设置表 tVisitor 的"游客 ID"字段为主键。

（2）设置表 tVisitor 的"姓名"字段为"必填"字段。

（3）设置表 tVisitor 的"年龄"字段的"有效性规则"属性为"大于 3 且小于等于 75"。

（4）设置表 tVisitor 的"年龄"字段的"有效性文本"属性为"注意：输入的年龄应在 3 岁到 75 岁之间"。

（5）在表 tVisitor 中输入如表 2-19 所示的新记录，其中"照片"字段输入采用对象文件插入的方法，照片文件名为"照片. jpg"。

表 2-19　表 tVisitor 中输入的记录

游客 ID	姓名	性别	年龄	电话	照片
1001	项晶晶	女	18	190886	位图图像

（6）在表 tVisitor 中隐藏"电话"字段。

（7）将 exam. mdb 数据库文件中的表 tLine 导入到 Ex2-2. mdb 数据库文件内，表名不变。

实验 2-3

打开"实验素材\实验 2\实验 2-3"文件夹，在此文件夹下已有 tTest. txt 文本文件和 Ex2-3. mdb 数据库文件，在 Ex2-3. mdb 中已经建立表对象 tStudent 和 tScore，按以下要求完成操作。

（1）将表 tScore 的"学号"和"课程号"两字段设置为复合主键。

（2）设置 tStudent 表中的"年龄"字段的有效性规则，要求年龄值大于 14 岁，有效性文本设置为"年龄值应大于 14"。

（3）删除 tStudent 表结构中的"照片"字段。

（4）设置表 tStudent 的记录行显示高度为 18。

（5）建立表 tStudent 和 tScore 的表间"一对多"关系，并实施参照完整性。

（6）将文件夹下文本文件 tTest. txt 中的数据链接到当前数据库中，要求数据中的第一行作为字段名,链接表对象命名为 tTemp。

实验 2-4

打开"实验素材\实验 2\实验 2-4"文件夹,在此文件夹下的 Ex2-4.mdb 数据库文件中已经设计好表对象 tStud。请按照以下要求完成对该表的编辑。

(1) 设置数据表显示的字体为"华文新魏",字号为 12,行高为 20。

(2) 设置"性别"列列宽为 10。

(3) 设置"简历"字段的设计说明为"高中毕业后简历信息"。

(4) 将"入校时间"字段的显示设置为"**月**日****年"的形式。

(注意,月、日用两位显示,年用四位显示,如"10 月 26 日 2009 年")

(5) 将学号为"20011002"学生的"照片"字段数据设置成文件夹下的 photo.jpg 文件。

(6) 将冻结的"姓名"字段解冻。

(7) 将"备注"字段删除。

实验 2-5

(1) 在"实验素材\实验 2\实验 2-5"文件夹中创建一个"人事管理系统.mdb"数据库。

(2) 将文件夹中"工资管理系统.mdb"文件中的"工资信息表"的结构与数据复制到"人事管理系统.mdb"数据库中。

(3) 将文件夹中"雇员信息.xls"文件的数据导入到"人事管理系统.mdb"数据库的新表"雇员信息表"中,第一行包含列标题,设置"雇员编号"为主键字段,各字段的数据类型如表 2-20 所示。

表 2-20 "雇员信息表"各字段的数据类型

字 段 名	数 据 类 型	字 段 名	数 据 类 型
雇员编号	数字	部门编号	文本
雇员姓名	文本	职位	文本
性别	文本	在职否	是/否
出生日期	日期/时间	照片	OLE 对象
学历	文本	备注	备注
入职时间	日期/时间		

(4) 使用设计视图的方法按照表 2-21 所示的结构建立表对象"部门信息表",并设置"部门编号"为主键。

表 2-21 "部门信息表"结构

字段名	数据类型	字段名	数据类型
部门编号	文本	负责人	文本
部门名称	文本	部门电话	文本
成立时间	日期/时间		

(5) 设置"部门信息表"的"成立时间"字段的有效性规则属性为"不能晚于当前日期"。

(6) 按照图 2.136 所示向"部门信息表"添加数据。

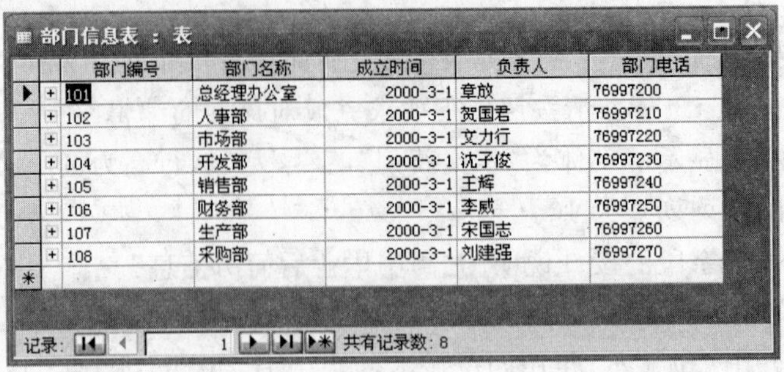

部门信息表 : 表

部门编号	部门名称	成立时间	负责人	部门电话
101	总经理办公室	2000-3-1	章放	76997200
102	人事部	2000-3-1	贺国君	76997210
103	市场部	2000-3-1	文力行	76997220
104	开发部	2000-3-1	沈子俊	76997230
105	销售部	2000-3-1	王辉	76997240
106	财务部	2000-3-1	李威	76997250
107	生产部	2000-3-1	宋国志	76997260
108	采购部	2000-3-1	刘建强	76997270

记录: 1 共有记录数: 8

图 2.136 "部门信息表"中的记录

(7) 建立三个表"部门信息表"、"雇员信息表"和"工资信息表"间的关系,并实施参照完整性。

实验 2-6

(1) 在"实验素材\实验 2\实验 2-6"文件夹中创建一个"十字绣销售管理系统.mdb"数据库。

(2) 将文件夹中"商品员工数据库.mdb"文件中的"十字绣基本信息表"、"十字绣类别表"和"员工基本信息表"的结构与数据复制到"十字绣销售管理系统.mdb"数据库中。

(3) 将文件夹中"十字绣销售信息.txt"文件的数据导入到"十字绣销售管理系统.mdb"数据库的新表"十字绣销售表"中,第一行包含列标题,设置"销售 ID"为主键字段,各字段的数据类型如表 2-22 所示。

表 2-22 "十字绣销售表"各字段数据类型

字段名	数据类型	字段名	数据类型
销售 ID	数字	数量	数字
货品编号	文本	售出时间	日期/时间
员工编号	文本		

(4) 设置"十字绣销售表"的"数量"字段的"字段大小"为"整型","售出时间"的"默认值"属性为"当前日期"。

(5) 建立 4 个表"十字绣基本信息表"、"十字绣类别表"、"十字绣销售表"和"员工基本信息表"间的关系,并实施参照完整性。

第3章 创建和使用查询

数据查询是数据库管理系统的主要功能之一。在 Access 中,可以利用各种类型的查询检索、排序、计算、分析或操作数据,进一步挖掘数据背后的信息。同时,也可以将查询结果作为其他查询、窗体或报表等对象的数据源。

尽管在数据表中也能够实现对数据的检索、筛选、排序等操作,但若需对原始数据进行计算或构造新的字段,数据表就力所不及了,而查询完全可以胜任。有时为了减少数据冗余,通常把数据分布在不同数据表中存储,查询则可以将这些数据集合在一起查看或者操作。

Access 中支持的查询类型包括 5 类:选择查询、参数查询、交叉表查询、操作查询以及 SQL 查询。

3.1 创建选择查询

所谓选择查询,是指从一个或多个数据源中检索或构造出符合条件的数据,并以结果集的形式显示结果的查询。选择查询的数据源可以是数据表,也可以是查询。创建查询的方法主要有查询向导和查询设计视图两种。

3.1.1 单数据源选择查询

在实际应用中,常常需要从特定表或已创建的查询结果中找出满足条件的部分信息,这样的问题可以通过创建单数据源选择查询实现。

任务 3-1 创建单数据源选择查询

任务实例 3.1 使用查询向导查询所有读者的"姓名"、"性别"及"是否 VIP"信息,查询名为"读者权限查询"。

任务分析

◆ 方法:查询向导。

◆ 数据源:读者信息表。

◆ 显示字段:"姓名"、"性别"、"是否 VIP"。

任务解决过程

(1) 确定方法。打开"图书管理系统"数据库,选择左侧"对象"栏中的"查询"选项,再双击右侧的"使用向导创建查询"选项(或者单击数据库窗口工具栏上的"新建"按钮,在"新建查询"对话框中选择"简单查询向导"选项),如图 3.1 所示。

(2) 选择数据源和字段。在"简单查询向导"对话框的"表/查询"处选择数据源"表:读者信息表",然后从"可用字段"栏中将"姓名"、"性别"和"VIP"字段添加到右侧的"选定的字段"栏中,如图 3.2 所示,单击"下一步"按钮。

图 3.1　选择"查询向导"

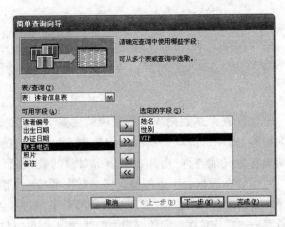

图 3.2　选择数据源和字段

（3）保存查询。为查询指定标题"读者权限查询"，如图 3.3 所示，单击"完成"按钮，查询结果集如图 3.4 所示，在数据库窗口可以看到建立的查询对象，如图 3.5 所示。

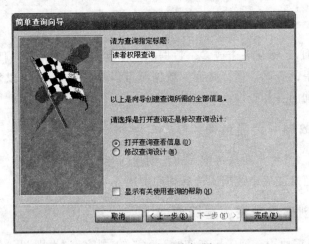

图 3.3　指定查询标题

图 3.4　查询结果集

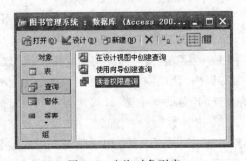

图 3.5　查询对象列表

相关知识点细述

(1) 查询是一个动态的数据集合,也可以看作是一个"表"。与数据表不同的是,查询的记录集并不是真实存在的,而是每次运行查询时,实时从数据源中提取相关数据创建出来的记录集。因此,查询的结果总是与当时数据源的数据保持一致,即最新的数据结果。

(2) 查询的常用视图有三种:数据表视图、设计视图和 SQL 视图。图 3.4 所示的显示查询结果集是查询的"数据表视图",查询的后两种视图可以通过选择"视图"菜单的相应命令得到,如图 3.6 和图 3.7 所示。

图 3.6　查询的设计视图

图 3.7　查询的 SQL 视图

边学边练

使用查询向导查询每位读者的出生日期。

请思考

数据表的筛选与查询有何异同?

任务实例 3.2　使用"查询设计视图"查询图书出版日期信息,显示"书名"和"出版日期"两个字段,并按照出版日期的前后顺序将查询结果排序,查询名为"图书出版日期查询"。

任务分析

◆　方法:使用查询的设计视图。

◆　数据源:图书信息表。

◆　显示字段:书名、出版日期。

◆　排序方式:出版日期、升序。

◆　查询名:图书出版日期查询。

任务解决过程

(1) 确定方法。在数据库窗口中选择"查询"对象,双击右栏中的"在设计视图中创建查询"选项(或者在"新建查询"对话框中选择"设计视图"选项),如图 3.8 所示。

(2) 选择数据源。在"显示表"对话框中选择数据源"图书信息表",单击"添加"按钮,如图 3.9 所示,进入查询设计视图。

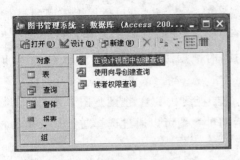

图 3.8 选择"设计视图"命令

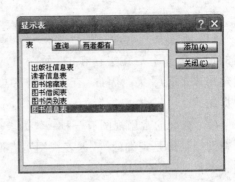

图 3.9 选择数据源

（3）设置查询设计视图。在设计视图中双击字段名"书名"、"出版日期"，设置"出版日期"字段排序方式为"升序"，如图 3.10 所示。单击工具栏中的运行按钮 ，查询结果如图 3.11 所示。

图 3.10 选择字段

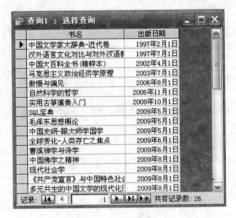

图 3.11 查询结果

（4）保存查询。选择"文件"菜单下的"保存"命令，在出现的"另存为"对话框输入查询名称"图书出版日期查询"，如图 3.12 所示。

相关知识点细述

（1）查询的设计视图窗口分为上下两部分，上部分窗格是数据源结构及数据源间关系的显示区域；下部分窗格是查询的设计区域，指定查询所用字段、排序方式、是否显示、汇总计算和条件等，作用如下。

图 3.12 保存查询名

◇ 字段：列出查询需要使用的所有字段，选择方法可以双击上窗格字段列表中的字段名，也可以在字段下拉列表中选择字段名，如果要使用所有字段，也可以选择"＊"。

◇ 表：对应各字段所属的数据源名称，可以是表名或查询名，一般由系统自动填入。

◇ 排序：对结果集按照对应字段的升序或降序排序。

◇ 显示：确定对应字段是否在查询结果集中显示，如果需要显示，则标记"☑"，如果不显示,则标记"□"。

◇ 条件:设定查询要满足的条件表达式,如果多条件是并列关系,则在同一行书写;如果多条件是或者关系,则需要使用"条件"、"或"及其下面若干行书写条件。

(2) 在"显示表"对话框中有 3 个选项卡,可选择已经创建的"表"或"查询"作为数据源。

(3) 对已创建的查询进行修改,只需在数据库窗口中选择查询名称,单击"设计"按钮,重新进入设计视图即可修改。

(4) 查看选择查询的结果有如下两种方式。

方法 1:单击工具栏中的运行按钮 ,或选择"查询"菜单下的"运行"命令。

方法 2:单击工具栏中的视图按钮 ,或选择"视图"菜单下的"数据表视图"命令。

边学边练

使用两种查询方法分别实现检索"出版社名称"、"所在城市"、"通讯地址"及"联系电话"信息,并将结果按照"所在城市"字段降序排序,查询名称为"出版社基本信息查询"。

请思考

在设计视图中怎样修改或删除字段?

任务实例 3.3 查询所有姓张的 1986 年出生的非 VIP 读者信息,显示"读者编号"、"姓名"、"出生日期"和"联系电话"信息,查询名为"1986 年出生的姓张的普通读者信息查询"。

任务分析

◆ 方法:使用查询的设计视图。

◆ 数据源:读者信息表。

◆ 显示字段:读者编号、姓名、出生日期、联系电话。

◆ 使用但不显示的字段:VIP。

◆ 条件:姓名——姓张,入职时间——1986 年,VIP——否。

◆ 查询名:1986 年出生的姓张的普通读者信息查询。

任务解决过程

(1) 确定方法。在数据库窗口"查询"栏中双击"在设计视图中创建查询"选项。

(2) 选择数据源。在"显示表"对话框中选择数据源"读者信息表"。

(3) 设置设计视图。双击字段名"读者编号"、"姓名"、"出生日期"、"VIP"和"联系电话",单击"VIP"字段的"显示"栏,去掉√。设置"读者编号"字段条件:Like "张 * "。设置"出生日期"字段条件:Between ♯1986-1-1♯ And ♯1986-12-31♯。设置"VIP"字段条件:False。设置如图 3.13 所示。

(4) 保存及运行。保存查询为"1986 年出生的姓张的普通读者信息查询",运行结果如图 3.14 所示。

相关知识点细述

(1) 带条件查询只能用设计视图实现,而向导方法适用于不带条件查询。

(2) 设计查询时,有些字段仅仅用来设置条件或排序,但不显示在结果集中,需要将其"显示"行设置为"□"。

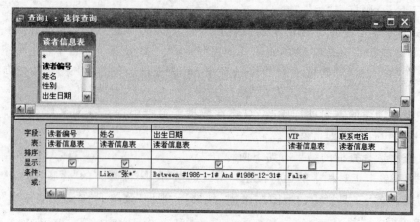

图 3.13　设置查询设计视图

图 3.14　查询运行结果

（3）条件表达式的设计是查询设计的重点。所谓条件表达式，是由各种运算符连接常量、对象标识符（如字段名、表名等）、函数等数据元素形成的可计算出结果的表达式。下面分别介绍各个元素的写法。

① 表达式中的常量。常量是指固定不变的数据。Access 中常用的常量如表 3-1 所示。

表 3-1　常量

类型	数字型	文本型	日期时间型	是/否型
示例	678	"刘洋学"	♯2008-8-8♯	True,Yes,On,−1
	334.34	"A1003"	♯1946-12-30♯	False,No,Off,0

② 表达式中的对象标识符。如果在查询的条件表达式中引入对象标识符，需要使用"［对象名］"的形式，如"［雇员编号］"；如果需要指明该字段所属的数据源名称，则要写成"［雇员信息表］！［雇员编号］"，应注意，中间的"！"必须是英文半角格式。

③ 表达式中的函数。Access 中提供了很多标准函数，可以将它们应用到表达式中。表 3-2～表 3-5 分别描述了常用的数学函数、字符函数、日期时间函数及统计函数的格式及用法，其他函数可查阅 Access 帮助文件。这些函数在 VBA 编程代码中也同样适用。

表 3-2　数学函数

函数格式	功 能 说 明	示　例	结　果
Abs(number)	绝对值函数返回参数的绝对值	Abs(4.16) Abs(−4.16)	4.16 4.16
Int(number)	取整函数返回参数的整数部分	Int(9.8) Int(−9.8)	9 −10
Fix(number)	取整函数返回参数的整数部分	Fix(9.8) Fix(−9.8)	9 −9
Sgn(number)	符号函数返回参数的符号值	Sgn(−6) Sgn(0) Sgn(9)	−1 0 1
Sqr(number)	平方根函数返回参数的平方根	Sqr(9)	3
Rnd	产生一个大于 0 小于 1 的单精度随机数	Int(Rnd * 100)+1	产生[1,100]的随机数

表 3-3　字符函数

函 数 格 式	功 能 说 明	示　例	结果
Len(string)	字符串长度函数返回字符串包含的字符数	Len("Hello China")	11
Left(string，length)	截取左子串函数返回 string 字符串最左端的 length 个字符	Left("Hello",1) Left("Hello",10)	"H" "Hello"
Right(string，length)	截取右子串函数返回 string 字符串最右端的 length 个字符	Right("Hello",1) Right("Hello",10)	"o" "Hello"
Mid(string，start[,length])	截取子串函数返回从 string 字符串第 start 个字符开始连续的 length 个字符	Mid("Hello",2,3) Mid("Hello",2,7) Mid("Hello",2)	"ell" "Hello" "Hello"
String(number, character)	重复字符函数返回包含 number 个重复字符的字符串	String(5," * ") String(3, "ABCD")	"*****" "AAA"
LTrim()	删除前导空格函数返回从 string 中去掉前导空格后的字符串	LTrim(" Hello China ")	"Hello China "
RTrim(string)	删除尾随空格函数返回从 string 中去掉尾随空格后的字符串	RTrim(" Hello China ")	" Hello China"
Trim(string)	删除前导尾随空格函数返回从 string 中去掉前导、尾随空格后的字符串	Trim(" Hello China ")	"Hello China"

表 3-4　日期时间函数

函数格式	功能说明	示　例	结　果
Date()	系统日期函数返回当前系统日期	Date()	（返回操作系统时间）2009-6-16
Now()	系统日期时间函数返回当前系统日期和时间	Now()	（返回操作系统时间）2009-6-16 6:16:10
Year(date)	年函数返回参数的年份分量	Year(#2009-6-16#)　Year([出生日期])	2009　"出生日期"字段的出生年份信息
Month(date)	月函数返回参数的月份分量	Month(#2009-6-16#)　Month([出生日期])	6　"出生日期"字段的出生月份信息
Day(date)	日函数返回参数的日分量	Day(#2009-6-16#)　Day([出生日期])	16　"出生日期"字段的出生日信息

表 3-5　统计函数

函数格式	功能说明	示　例
Sum(x)	求和函数返回参数字段数据的和	Sum([基本工资])
Avg(x)	平均值函数返回参数字段数据的平均值	Avg([雇员年龄查询]![年龄])
Count(x)	计数函数返回参数字段数据的个数	Count([雇员信息表]![雇员编号])
Max(x)	最大值函数返回参数字段数据的最大值	Max([成绩表]![成绩])
Min(x)	最小值函数返回参数字段数据的最小值	Min([人数])

④ 表达式中的运算符。运算符能将各个数据元素连接成一个整体,即表达式。条件表达式中常用的运算符包括算术运算符、连接运算符、关系运算符、逻辑运算符以及一些特殊的运算符,表 3-6～表 3-10 分别介绍了这几类运算符的用法。

表 3-6　算术运算符

运算符	功能说明	示　例	结　果
＋，－	正、负号	－8.14	－8.14
＋	加法运算	2＋3　#2009-6-16#＋5	5　#2009-6-21#
－	减法运算	2－3　#2009-6-16#－5　#2010-3-20#-#2010-3-18#	－1　#2009-6-11#　2
*	乘法运算	4*2　[基本工资]*5	8　"基本工资"字段每个数据值*5
/	除法运算	34/4	8.25
\	整除运算	15\6　3.7\2.1	2　2
Mod	求模(取余数)运算	19 Mod 7　3.7 mod 2　3.1 mod 2.7	5　0　0
^	指数运算	3^4	81

表 3-7　连接运算符

运算符	功能说明	示　例	结　果
+	连接运算只有两个字符串才能连接	"Hello" + "China"	"HelloChina"
&	强制连接运算参与运算的数据被强制转换成字符串后连接	10 & "是一个偶数" 7+8 & "<>10"	"10 是一个偶数" "15<>10"

表 3-8　关系运算符

运算符	功能说明	示　例	结　果
>	大于	5>9 Year([出生日期])>1980	False 在 1980 年之后出生的
>=	大于等于	2>=2	True
<	小于	3<6	True
<=	小于等于	9<=10+6	True
=	等于	12=12 9+13=19	True False
<>	不等于	23 Mod 7<>2	False

表 3-9　逻辑运算符

运算符	功能说明	示　例	结　果
And	逻辑与运算	7+8>20 And True	False
Or	逻辑或运算	7+8>20 Or True	True
Not	逻辑非运算	Not 7+8>20	True

表 3-10　特殊运算符

运算符	功能说明	示　例	结　果
Between A And B	检索一个数值是否在 [A,B] 区间内	在[人数]字段的条件栏设定 Between 20 And 30	查找出人数在 20～30 范围内的记录
In(A₁, A₂, …, Aₙ)	检索一个数值是否在 { A₁, A₂, …, Aₙ} 集合里	在[学历]字段的条件栏设定 In("大学本科","硕士研究生")	查找学历为"大学本科"或"硕士研究生"的记录
Like A	检索形如 A 的数据常与通配符配合使用	Like "H * " Like "H?"	查找出以字符 H 开头的所有记录 查找出以字符 H 开头的且后面仅有一个字符的所有记录
Is	常与 Null 或者 Not Null 连用,确定是否为空值	在[雇员姓名]字段的条件栏设定 Is Null	查找出雇员姓名字段为空值的所有记录

【说明】　各种常用的算术运算符、连接运算符、关系运算符和逻辑运算符,在计算时具有不同的优先级,优先级高的先进行运算,优先级低的后进行运算,上述四类运算符优

先级次序为：

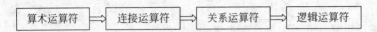

◇ 在算术运算符中的各个符号，计算时也有先后次序，即

◇ 在连接运算符和关系运算符中，所有符号运算优先等级相同。

◇ 在逻辑运算符中，各符号的优先级次序为：

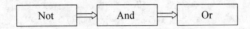

边学边练

查询 2000 年以前出版的并且价格在 20 元及以下的图书信息，显示图书信息表中的所有字段，查询名称为"上世纪和低价位特殊图书查询"。

请思考

在第 1 章中我们学习了关系运算，其中的选择运算、投影运算和连接运算在 Access 数据库的查询中是怎样体现的呢？

3.1.2 多数据源查询

在设计数据表结构时，由于数据库性能的需求会将有关系的数据安放在不同的表对象中，但是在解决具体问题时，又需要将它们放在同一结果集中显示出来，因此，创建多数据源查询是 Access 中的重要技术。

任务 3-2 创建多数据源查询

任务实例 3.4 使用查询向导检索图书的类别信息，显示"索书号"、"书名"、"作者"、"ISBN 号"和"分类名称"等字段，查询名为"图书类别信息查询"。

任务分析

◆ 方法：使用查询向导。

◆ 数据源：图书信息表、图书类别表。

◆ 显示字段：图书信息表——索书号、书名、作者、ISBN 号。

图书类别表——分类名称。

◆ 查询名：图书类别信息查询。

任务解决过程

(1) 确定方法。在数据库窗口"查询"栏中双击"使用向导创建查询"选项。

(2) 选择数据源及字段。从"表/查询"处选择数据源"图书信息表"，从"可用字段"处选择"索书号"、"书名"、"作者"和"ISBN 号"字段。同样的方法从"表：图书类别表"中选择"分类名称"字段，如图 3.15 所示，单击"下一步"按钮。

(3) 保存查询。查询名为"图书类别信息查询"，如图 3.16 所示，单击"完成"按钮。

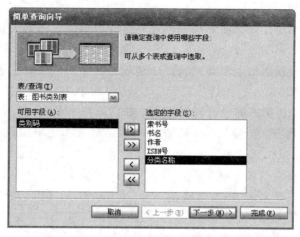

图 3.15 在查询向导中选择数据源和字段

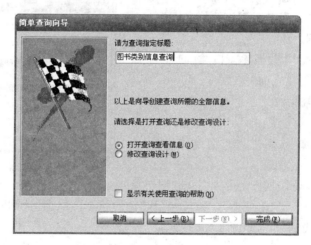

图 3.16 保存查询

（4）查看结果。查询结果如图 3.17 所示。

索书号	书名	作者	ISBN号	分类名称
A001	《共产党宣言》与中国特色社会	赵存生	978-7-301-15008-5	马克思主义、列宁主义、
A002	马克思主义政治经济学原理	卫兴华	978-7-300-04465-4	马克思主义、列宁主义、
A003	毛泽东思想概论	罗正楷，刘书善	978-7-300-10506-2	马克思主义、列宁主义、
B001	中国佛学之精神	洪修平，陈红兵	978-7-309-06767-5	哲学、宗教
B002	曹溪禅学与诗学	张海沙	978-7-5004-7950-5	哲学、宗教
C001	现代社会学	吴增基，吴鹏森	978-7-208-08547-3	社会科学总论
D001	和谐之道-社会转型期人民内部	张光路	978-7-01-008049-9	政治、法律
D002	房地产法规	秦承敏，高珂强	978-7-301-15303-1	政治、法律
E001	军事课教程	张勇	978-7-04-026838-6	军事
F001	选择和崛起-国家博弈下的中国	黄树东	978-7-300-11122-3	经济
G001	汉外语言文化对比与对外汉语	赵永新	978-7-5619-0575-0	文化、科学、教育、体
G002	成长家书-如何创设大学时代的	王添荣	978-7-300-10911-4	文化、科学、教育、体
I001	中国文学家大辞典-近代卷	梁淑安	978-7-101-01322-8	文学
I002	多元共生的中国文学的现代化	范伯群	978-7-309-06643-2	文学
I003	傲慢与偏见	【英】简.奥斯丁	978-7-5327-3978-3	文学
J001	数码摄影随身锦囊	【英】巴维斯特	978-7-115-21113-2	艺术

记录：I◀ ◀ 1 ▶ ▶I ▶* 共有记录数：26

图 3.17 查询结果

相关知识点细述

(1) 创建多数据源查询之前必须先创建好这些数据源之间的关系，否则可能会造成查询结果不正确。

(2) 可以在设计视图的上半部列表区创建数据源之间的关联关系，特别是在表与查询或查询与查询之间。

任务实例 3.5 使用查询设计视图检索在馆库本图书信息，显示"图书条码"、"索书号"、"书名"、"馆藏地"和"架位号"字段，查询名为"在馆库本图书馆藏信息查询"。

任务分析

◆ 方法：使用查询的设计视图。

◆ 数据源：图书信息表、图书馆藏表。

◆ 显示字段：图书条码、索书号、书名、馆藏地、架位号。

◆ 使用但不显示的字段：流通状态。

◆ 条件：流通状态——在馆库本。

◆ 查询名：在馆库本图书馆藏信息查询。

任务解决过程

(1) 确定方法。在数据库窗口"查询"栏中双击"在设计视图中创建查询"选项。

(2) 选择数据源。在"显示表"对话框中选择数据源"图书信息表"，按住 Ctrl 键再选择"图书馆藏表"，单击"添加"按钮进入查询设计视图，如图 3.18 所示。

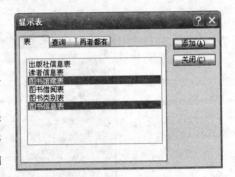

图 3.18 选择数据源

(3) 设置查询设计视图。添加字段"图书条码"、"索书号"、"书名"、"馆藏地"、"架位号"和"流通状态"，取消"流通状态"字段的显示，设置其条件为"在馆库本"，如图 3.19 所示。

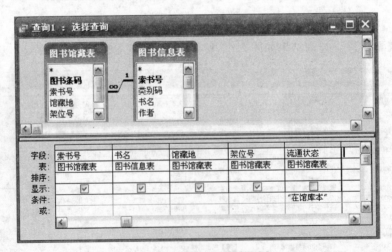

图 3.19 设置查询设计视图

（4）保存及运行。查询名为"在馆库本图书馆藏信息查询"，运行查询，结果如图 3.20 所示。

图 3.20　查询结果

相关知识点细述

（1）在"显示表"对话框中添加多个数据源时，可以配合 Ctrl 键或 Shift 键同时选择不连续的或者连续的多个对象。

（2）有些情况下，如果包含所用字段的数据源之间没有直接关联，则需要将二者之间关系链上的所有表或查询全部添加进查询的设计视图。但是，与所用字段无关的表不要显示在设计视图中。

边学边练

查询 2009 年 9 月至 10 月的 VIP 读者的借阅情况，显示"读者编号"、"姓名"、"书名"、"借出时间"、"归还时间"等字段内容，查询名称为"2009 年 9～10 月 VIP 读者借阅情况查询"。

3.2　在查询中进行计算

使用数据库一个很重要的目标是对符合要求的数据信息进行深入地分析、计算，从而挖掘数据背后的信息。在 Access 中，利用总计查询可以对数据进行各种统计计算，利用添加计算字段可以实现自定义的计算。

3.2.1　总计查询

查询中经常会对一些数据进行汇总显示，尤其是对数值类型的数据，如统计公司人数，汇总各部门平均年龄，查询某门课程最高分等，需要使用总计查询及分组总计查询实现，它们也属于选择查询范畴。

任务 3-3　创建总计查询

1. 创建总计查询

任务实例 3.6　使用设计视图统计 A 类图书的均价，查询结果只显示"均价"字段名，查询名为"统计 A 类图书均价的查询"。

任务分析

◆ 方法：使用设计视图。

◆ 数据源：图书信息表。

◆ 使用字段：类别码、售价。

◆ 显示字段：均价。

◆ 总计函数：平均值（Avg）。

◆ 查询名：统计 A 类图书均价的查询。

任务解决过程

（1）确定方法。在数据库窗口的"查询"栏中双击"在设计视图中创建查询"选项。

（2）选择数据源。在"显示表"对话框中选择"图书信息表"。

（3）设置查询设计视图。添加字段"类别码"和"售价"，取消"类别码"字段的显示，在其"条件"行输入"A"，如图 3.21 所示。

图 3.21　设置查询设计视图

（4）添加并设置总计行。选择"视图"菜单下的"总计"命令，添加"总计"行，在"类别码"的"总计"行选择"条件"选项，在"售价"字段"总计"行选择"平均值"选项，如图 3.22 所示，此时查询结果如图 3.23 所示。

图 3.22　设置总计行

图 3.23　查询中间结果

（5）修改字段名。在查询的设计视图中修改"售价"字段名为"均价：售价"，如图 3.24 所示，形如"新字段名：原字段名"。

（6）保存及运行。保存查询为"统计 A 类图书均价的查询"，运行结果如图 3.25 所示。

相关知识点细述

（1）常用的统计函数请参见表 3-5。

（2）如果某字段是条件字段，则不能在结果中集中显示，而且该字段的总计栏必须设置为"条件"，英文形式为"Where"。

图 3.24　修改字段名

图 3.25　查询结果

（3）在查询设计视图中修改字段名称时，可以在该字段名称前写新的字段名，中间必须使用英文半角冒号"："隔开，格式为：新字段名：原字段名。

边学边练

查询年龄最大的男读者的出生日期。

请思考

使用总计查询能否对一个字段的值进行多项汇总计算？

2. 创建分组总计查询

任务实例 3.7　统计各类图书的数目，查询结果显示"分类名称"和"馆藏数量 之 总计"两个字段，查询名为"统计各类图书数目查询"。

任务分析

◆　方法：使用查询向导。

◆　数据源：图书类别表、图书信息表。

◆　使用字段：分类名称、馆藏数量。

◆　显示字段：分类名称、馆藏数量 之 总计。

◆　总计函数：总和（Sum）。

◆　查询名：统计各类图书数目查询。

任务解决过程

（1）确定方法。在数据库窗口的"查询"栏中双击"使用向导创建查询"选项。

（2）选择数据源和字段。选择"图书类别表"的"分类名称"字段后，再次选择表"图书信息表"下的"馆藏数量"字段，如图 3.26 所示，单击"下一步"按钮。

（3）设置汇总信息。在对话框中选中"汇总"单选按钮，单击"汇总选项"按钮，如图 3.27 所示，在"汇总选项"对话框中选择"汇总"选项，如图 3.28 所示，单击"下一步"按钮。

（4）保存查询。查询名为"统计各类图书数目查询"，如图 3.29 所示，单击"完成"按钮。

（5）查询结果。运行分组总计查询，结果如图 3.30 所示。

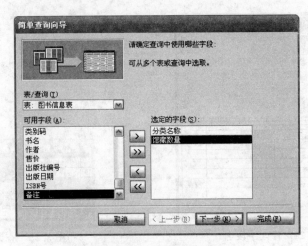

图 3.26 选择数据源

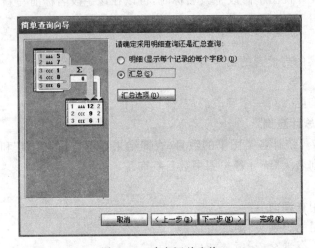

图 3.27 确定汇总查询

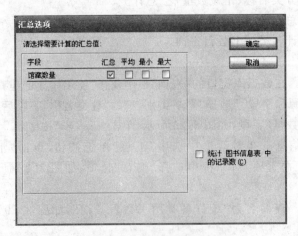

图 3.28 设置汇总选项

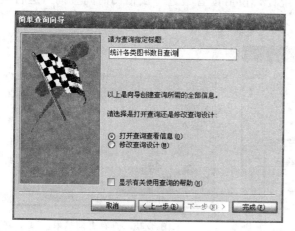

图 3.29 保存查询

图 3.30 分组总计结果

任务实例 3.8 使用设计视图统计每位男读者最近一次借阅的时间,查询结果显示"读者编号"、"姓名"和"最近借阅时间"三个字段,查询名为"统计每位男读者最近一次借阅时间查询"。

任务分析

◆ 方法:使用查询设计视图。

◆ 数据源:读者信息表、图书借阅表。

◆ 使用字段:读者编号、姓名、借出时间、性别。

◆ 显示字段:读者编号、姓名、最近借阅时间。

◆ 条件:性别——男。

◆ 总计函数:最大值(Max)。

◆ 查询名:统计每位男读者最近一次借阅时间查询。

任务解决过程

(1)确定方法。在数据库窗口的"查询"栏中双击"在设计视图中创建查询"选项。

(2)选择数据源。在"显示表"对话框中选择数据源"读者信息表"和"图书借阅表",如图 3.31 所示,单击"添加"按钮,进入查询的设计视图。

(3)添加并修改字段。添加字段"读者编号"、"姓名"、"借出时间"和"性别",修改"借出时间"字段名为"最近借阅时间:借出时间"。

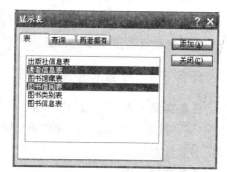

图 3.31 选择数据源图

(4)添加并设计"总计"行。添加"总计"行,设置"读者编号"和"姓名"的"总计"行为"分组","最近借阅时间:借出时间"的"总计"行为"最大值","性别"的"总计"行为"条件",设置"性别"字段的条件为"男",如图 3.32 所示。

（5）保存及运行。保存查询名为"统计每位男读者最近一次借阅时间查询"，运行查询，结果如图 3.33 所示。

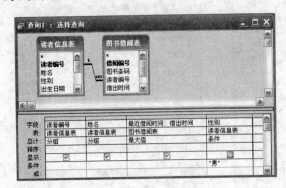

图 3.32　设置设计视图

图 3.33　查看查询结果

相关知识点细述

（1）总计查询是对符合条件的所有记录进行汇总，而分组总计查询是先将符合条件的记录按某一字段分成若干组，再分别对每组记录进行汇总。

（2）使用查询向导创建的分组总计查询时不能设置查询条件，也不能更改字段的显示名称，而使用设计视图创建时都可以实现。

（3）要按某个字段进行分组，就将该字段的"总计"行设置为"分组"，对应英文形式为"Group By"。

边学边练

创建查询统计男女普通读者人数，显示"性别"和"普通读者人数"两个字段，查询名为"统计男女普通读者人数查询"。

请思考

如果按照多个字段分组该如何操作？

3.2.2　添加计算字段的查询

当需要使用的数据项在各表中没有相应字段时，可以通过构造新字段来获取。新字段一般是对已有若干字段进行计算所得，因此常常要在查询中添加计算字段。

任务 3-4　在查询中添加计算字段

任务实例 3.9　统计每位普通读者（即非 VIP）各年借阅图书数目，查询结果显示"读者编号"、"姓名"、"年龄"、"年份"和"借阅总量"字段，查询名为"统计每位普通读者每年借阅图书数目查询"。

任务分析

◆　方法：使用查询设计视图。

◆　数据源：读者信息表、图书借阅表。

◆　使用字段：读者编号、姓名、出生日期、借出时间、图书条码、VIP。

◆ 显示字段：读者编号、姓名、年龄、年份、借阅总量。

◆ 总计函数：总和（Sum）。

◆ 查询名：统计每位普通读者每年借阅图书数目查询。

任务解决过程

（1）确定方法。在数据库窗口的"查询"栏中双击"在设计视图中创建查询"选项。

（2）选择数据源。在"显示表"对话框中选择"读者信息表"和"图书借阅表"，如图 3.34 所示。

（3）添加并修改字段。选择字段"读者编号"、"姓名"、"出生日期"、"借出时间"、"图书条码"和"VIP"，使用"出生日期"字段构造新字段"年龄：Year(Date())-Year([出生日期])"，使用"借出时间"字段构造新字段"年份：Year([借出时间])"，修改"借阅编号"字段为"借阅总量：借阅编号"。

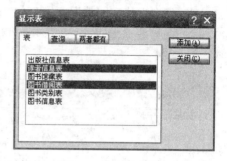

图 3.34　选择数据源

（4）添加并设计总计行。添加"总计"行，设置前 4 个字段"总计"行为"分组"，"借阅总量：借阅编号"字段的"分组"行为"计数"，"VIP"字段的"总计"行为"条件"，并设置"VIP"字段的条件为 False，如图 3.35 所示。

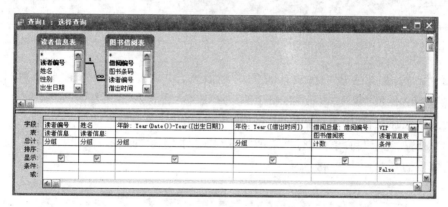

图 3.35　设置查询设计视图

（5）保存及运行。保存查询名为"统计每位普通读者每年借阅图书数目查询"，运行查询，结果如图 3.36 所示。

任务实例 3.10　创建查询统计中国人民大学出版社图书折后价格，查询结果显示"书名"、"作者"、"ISBN 号"、"原价"和"折后价格"等字段。其中，"原价"字段显示"售价"字段值，"折后价格"字段值为"原价"字段值的 9 折，数据格式为货币，查询名为"中国人民大学出版社图书折后价格查询"。

任务分析

◆ 方法：使用查询设计视图。

◆ 数据源：图书信息表、出版社信息表。

◆ 使用字段：书名、作者、ISBN 号、售价、出版社名称。

◆ 新字段：原价、折后价格（原价＝售价，折后价格＝售价＊0.9）。

◆ 条件：出版社名称——中国人民大学出版社。

◆ 查询名：中国人民大学出版社图书折后价格查询。

任务解决过程

（1）确定方法。在数据库窗口的"查询"栏中双击"在设计视图中创建查询"选项。

（2）选择数据源。在"显示表"对话框中选择"图书信息表"和"出版社信息表"，如图 3.37 所示。

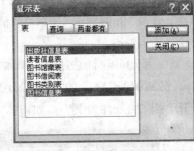

图 3.36　查询结果　　　　　　　　　　图 3.37　选择数据源

（3）添加并修改字段。在设计视图中添加来自"图书信息表"的"书名"、"作者"、"ISBN 号"和"售价"字段，修改"售价"字段为"原价：售价"，添加新字段"折后价格：［售价］＊0.9"，添加来自"出版社信息表"的"出版社名称"字段。

（4）设置"显示"和"条件"行。取消"出版社名称"字段的显示，设置其"条件"为"中国人民大学出版社"，如图 3.38 所示。

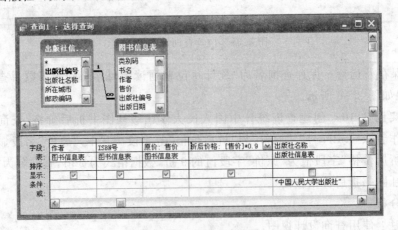

图 3.38　设置设计视图

（5）保存及运行。保存查询名为"中国人民大学出版社图书折后价格查询：选择查询"，运行查询，结果如图3.39所示。

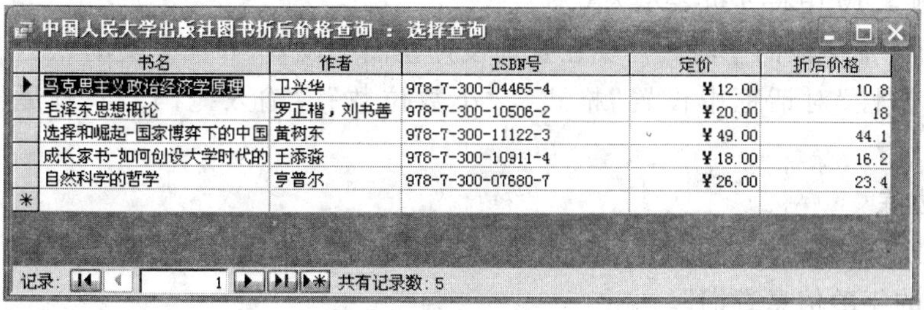

图 3.39　查询结果

（6）修改新字段属性。再次进入查询的设计视图，选中"折后价格"列，单击鼠标右键，在快捷菜单中选择"属性"命令，在"字段属性"对话框中，设置"格式"项为"货币"，如图3.40所示。保存修改，查询结果如图3.41所示。

图 3.40　修改新字段属性

图 3.41　修改后查询结果

相关知识点细述

（1）添加的新字段要写在设计视图下窗格"字段"行的新列中，格式如下：

　新字段名:计算表达式

其中，"："为英文半角格式，"计算表达式"为计算新字段值的表达式，如果在表达式中使用数据表中某个字段，必须写成"[字段名]"的形式，为了避免混淆，也可以写成"[表名/

查询名]![字段名]"的完整格式,如图 3.35 和图 3.38 所示。

(2) Access 中不支持百分数的表达形式,要描述百分数时需将其转换为等值的小数,如任务实例 3.10 中将 9 折表示为 0.9。

(3) 新添加字段的字段属性要在查询设计视图中设置,如任务实例 3.10 的步骤(6),可在"字段属性"对话框中设置"格式"、"小数位数"、"输入掩码"和"标题"等属性,如图 3.40 所示。

边学边练

查询姓李的每位读者的年龄信息,显示"读者编号"、"姓名"、"年龄"等字段,查询名为"李姓读者的年龄信息查询"。

请思考

如果在任务实例 3.10 中再添加一个"折扣金额"字段,应该如何表达?

3.3 创建参数查询

参数查询是一种在查询条件中包含参数项的查询方式,分为单参数查询和多参数查询。使用参数查询往往能将相似的一类查询归结为一个查询,数据处理的效率很高。参数查询利用对话框提示用户输入参数值,从而在数据源中检索与参数值匹配的记录。

3.3.1 单参数查询

如果需要经常应用某个查询,但是每次应用只需要改变某一字段条件的具体值,那么就可以考虑使用"单参数查询"。

任务 3-5 创建单参数查询

任务实例 3.11 创建一个参数查询,按地域检索出版社信息,参数提示"请输入出版社所在城市",结果显示"出版社信息表"的所有字段,查询名为"按地域查询出版社"。

任务分析

◆ 方法:使用查询设计视图。

◆ 数据源:出版社信息表。

◆ 使用及显示字段:全部。

◆ 参数字段:所在城市。

◆ 查询名:按地域查询出版社。

任务解决过程

(1) 确定方法。在数据库窗口的"查询"栏中双击"在设计视图中创建查询"选项。

(2) 选择数据源。在"显示表"对话框中选择"出版社信息表",如图 3.42 所示,单击"添加"按钮。

(3) 设置查询设计视图。添加全部字段,在

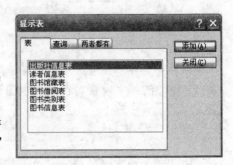

图 3.42　选择数据源

"所在城市"字段的"条件"行设置参数"[请输入出版社所在城市]",如图3.43所示。

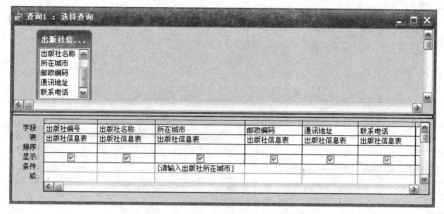

图3.43 设置查询设计视图

(4) 保存查询。查询名为"按地域查询出版社"。

(5) 运行查询。单击运行按钮 ，出现"输入参数值"对话框,如图3.44所示。若在对话框中输入"北京",则查询结果如图3.45所示。

图3.44 "输入参数值"
对话框

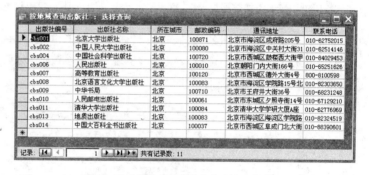

图3.45 参数值为"北京"时的查询结果

任务实例3.12 创建一个参数查询,按书目名称模糊搜索图书馆藏信息,参数提示"请输入书名包含的内容",结果显示"书名"、"图书条码"、"索书号"、"馆藏地"、"架位号"和"流通状态"等字段,查询名为"按书目名称查询图书馆藏信息"。

任务分析

◆ 方法:使用查询设计视图。

◆ 数据源:图书信息表、图书馆藏表。

◆ 使用及显示字段:书名、图书条码、索书号、馆藏地、架位号、流通状态。

◆ 参数字段:书名。

◆ 查询名:按书目名称查询图书馆藏信息。

任务解决过程

(1) 确定方法。在数据库窗口的"查询"栏中双击"在设计视图中创建查询"选项。

（2）选择数据源。在"显示表"对话框中选择"图书信息表"和"图书馆藏表"，如图 3.46 所示。

（3）设置查询设计视图。添加"图书信息表"的"书名"字段和"图书馆藏表"的全部字段，设置"书名"字段的条件为：

```
like "*" & [请输入书名包含的内容] & "*"
```

设置如图 3.47 所示。

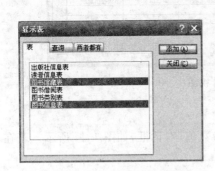

图 3.46　添加数据源

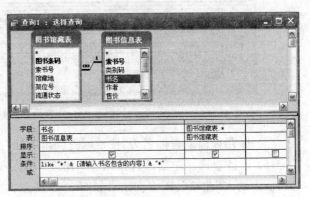

图 3.47　设置查询设计视图

（4）保存查询。查询名为"按书目名称查询图书馆藏信息：选择查询"。

（5）运行查询。单击运行按钮，出现"输入参数值"对话框，若在对话框中输入"中国"，如图 3.48 所示，则查询结果如图 3.49 所示。

图 3.48　"输入参数值"
　　　　　对话框

图 3.49　参数值为"中国"时的查询结果

相关知识点细述

（1）参数查询只能用查询设计视图创建，不能使用查询向导。

（2）参数要填写在"条件"行，形如"［提示信息］"，此处"提示信息"的内容将显示在"输入参数值"对话框中提示用户输入。

（3）参数可以单独作为查询条件，也可以作为条件表达式的一部分，如图 3.47 所示。

（4）运行参数查询时，在"输入参数值"对话框中输入的参数值的数据类型必须与参数所在字段的数据类型一致。

边学边练

创建一个参数查询,按照姓氏查询读者信息,参数提示"请输入读者姓氏",结果显示"读者信息表"的所有字段,查询名为"按姓氏查询读者信息"。

请思考

参数查询中的参数与选择查询中的条件有何联系和区别?

3.3.2 多参数查询

当查询中条件涉及的参数不止一个时,可以创建多参数查询。

任务 3-6 创建多参数查询

任务实例 3.13 创建一个参数查询,按价格范围检索图书信息,参数提示"最低价格"和"最高价格",结果显示"索书号"、"书名"、"作者"、"定价"、"出版社名称"、"ISBN号"和"出版日期"等内容,查询名为"按价格范围查询图书信息"。

任务分析

◆ 方法:使用查询设计视图。

◆ 数据源:出版社信息表、图书信息表。

◆ 使用字段:索书号、书名、作者、售价、出版社名称、出版日期、ISBN号。

◆ 显示不同名称字段:售价→定价。

◆ 参数字段:售价。

◆ 查询名:按价格范围查询图书信息。

任务解决过程

(1)确定方法。在数据库窗口的"查询"栏中双击"在设计视图中创建查询"选项。

(2)选择数据源。在"显示表"对话框中选择"出版社信息表"和"图书信息表",单击"添加"按钮,如图 3.50 所示。

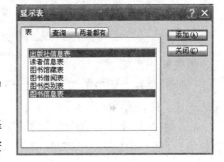

图 3.50 添加数据源

(3)设置查询设计视图。添加字段"索书号"、"书名"、"作者"、"售价"、"出版社名称"、"出版日期"和"ISBN号",设置"售价"字段"条件"为"Between [最低价格] And [最高价格]"。设置如图 3.51 所示。

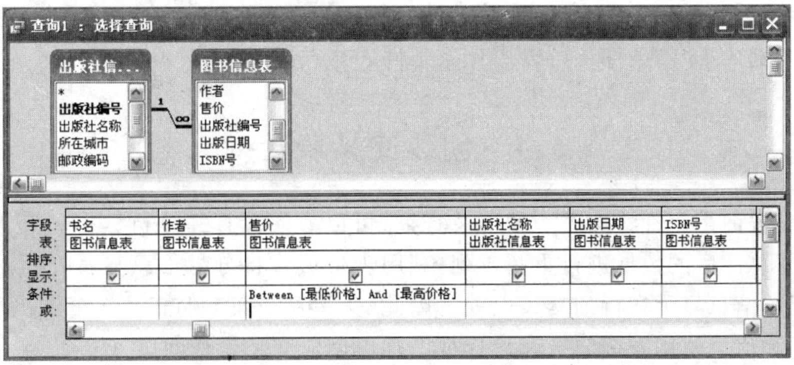

图 3.51 设置查询设计视图

（4）保存查询。查询名为"按价格范围查询图书信息"。

（5）运行查询。运行后在先后两个"输入参数值"对话框中输入参数值，如图 3.52 和图 3.53 所示。查询结果如图 3.54 所示。

图 3.52　输入"最低价格"参数值

图 3.53　输入"最高价格"参数值

索书号	书名	作者	定价	出版社名称	出版日期	ISBN号
A003	毛泽东思想概论	罗正楷,刘书善	￥20.00	中国人民大学出版社	2009年5月1日	978-7-300-10506-2
B002	曹溪禅学与诗学	张海沙	￥30.00	中国社会科学出版社	2009年6月1日	978-7-5004-7950-5
C001	现代社会学	吴增基,吴鹏森,	￥30.00	上海人民出版社	2009年8月1日	978-7-208-08547-3
E001	军事课教程	张勇	￥20.00	高等教育出版社	2009年9月1日	978-7-04-026838-6
G001	汉外语言文化对比与对外	赵永新	￥30.00	北京语言文化大学出版社	1997年7月1日	978-7-5619-0575-0
I003	傲慢与偏见	【英】简.奥斯丁	￥23.00	上海人民出版社	2006年8月1日	978-7-5327-3978-3
J001	数码摄影随身锦囊	【英】巴维斯特（I	￥25.00	人民邮电出版社	2009年10月1日	978-7-115-21113-2
J002	体认具象写实素描要义	曾希圣	￥26.00	清华大学出版社	2009年9月1日	978-7-302-20565-4
J003	实用古筝演奏入门	杨红	￥25.00	合肥九歌文化书社	2008年10月1日	978-7-5396-3018-2
N001	自然科学的哲学	亨普尔	￥26.00	中国人民大学出版社	2006年11月1日	978-7-300-07680-7
TN001	液压与气动技术	王美娇	￥28.00	清华大学出版社	2009年8月1日	978-7-302-20265-3
TP001	数据结构实验教程	胡学钢	￥20.00	高等教育出版社	2009年9月1日	978-7-04-026470-8

记录: ⏮ ◀ 1 ▶ ▶▶ ▶* 共有记录数: 12

图 3.54　价格范围为 20～30 元的查询结果

相关知识点细述

（1）多参数查询中的参数可以出现在不同的查询条件中，也可以出现在同一个条件表达式中，视情况而定。

（2）在查询设计视图中设置了多少个参数，在运行多参数查询时就要在多少个"输入参数值"对话框中输入相应参数值。

边学边练

创建一个参数查询，检索某位读者某个时间段内图书借阅情况，结果显示"读者编号"、"姓名"、"性别"、"图书条码"、"借出时间"等字段，查询名为"某位读者某个时间段内图书借阅情况查询"。

请思考

任务实例 3.13 的条件还可以用什么条件表达式描述？

3.4　创建交叉表查询

交叉表查询是一种特殊类型的汇总查询，可以方便计算并分析数据。交叉表查询对多项分组并总计后的数据进行重新排列，利用表格形式将分组信息显示在行标题和列标题处，将汇总信息显示在行列交叉点处。因此，交叉表查询至少需要三个输出字段：行标题、列标题和值。使用查询向导和设计视图均可创建交叉表查询。

为了紧凑显示表或查询数据的分类汇总信息，便于分析数据间的关系，可以使用交叉表查询。

任务 3-7　创建交叉表查询

任务实例 3.14　使用查询向导根据"读者权限查询"结果创建一个交叉表查询,查看 VIP 读者和普通读者男女人数的汇总信息,查询名为"各权限男女读者人数交叉表查询"。

任务分析

◆ 方法:使用交叉表查询向导。

◆ 数据源:读者权限查询。

◆ 使用字段:行标题——VIP,列标题——性别,值——姓名。

◆ 总计函数:计数(Count)。

◆ 查询名:各权限男女读者人数交叉表查询。

任务解决过程

(1)确定方法。在数据库窗口的"查询"栏中单击"新建"按钮,在"新建查询"对话框中选择"交叉表查询向导"命令,如图 3.55 所示,单击"确定"按钮。

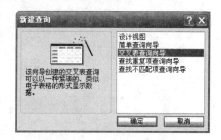

图 3.55　选择"交叉表查询向导"

(2)选择数据源。选择"读者权限查询",如图 3.56 所示,单击"下一步"按钮。

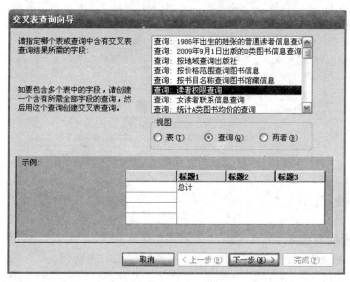

图 3.56　选择数据源

(3)设计行标题。将作为行标题的"VIP"字段移至"选定字段"栏,如图 3.57 所示,单击"下一步"按钮。

(4)设计列标题。选定作为列标题的字段"性别",如图 3.58 所示,单击"下一步"按钮。

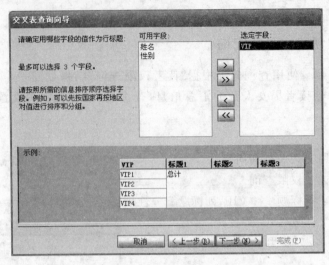

图 3.57　确定"行标题"字段

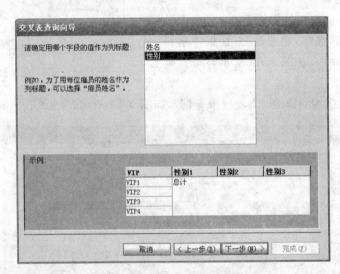

图 3.58　确定"列标题"字段

　　(5) 设计值。在"字段"栏中选定作为值的字段"姓名",在"函数"栏中选定"计数"选项,选中"是,包括各行小计"项,如图 3.59 所示,单击"下一步"按钮。

　　(6) 保存查询及查看结果。输入查询名"各权限男女读者人数交叉表查询",如图 3.60 所示。单击"完成"按钮,交叉表查询结果如图 3.61 所示。

　　任务实例 3.15　使用设计视图创建一个交叉表查询,查看图书馆藏的北京各出版社每年出版图书数目,查询名为"北京各出版社每年出版的图书馆藏数目交叉表查询",行标题为"出版社名称",列标题为"出版年份",值为"馆藏数量"总和。

　　任务分析

　　◆ 方法:使用设计视图。

　　◆ 数据源:出版社信息表、图书信息表。

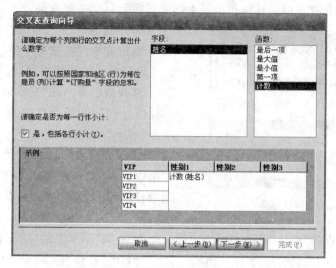

图 3.59　确定"值"所用字段及总计函数

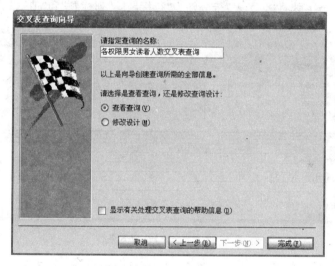

图 3.60　保存查询

图 3.61　交叉表查询结果

◆ 使用字段：行标题——出版社名称，列标题——出版年份，值——馆藏数量，条
件——所在城市。

◆ 总计函数：总计(Sum)。

◆ 查询名：北京各出版社每年出版的图书馆藏数目交叉表查询。

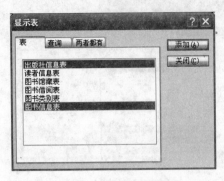

图 3.62 选择数据源

任务解决过程

(1) 确定方法。在数据库窗口的"查询"栏中双击"在设计视图中创建查询"选项。

(2) 选择数据源。在"显示表"对话框中选择"出版社信息表"和"图书信息表"，如图 3.62 所示，单击"添加"按钮。

(3) 添加并修改字段。选择字段"出版社名称"、"出版日期"、"馆藏数量"和"所在城市"，使用"出版日期"构造新字段"出版年份：Year([出版日期])"。

(4) 添加并设计"总计"行和"交叉表"行。选择"查询"菜单下的"交叉表查询"命令，设置"出版社名称"和"出版年份：Year([出版日期])"字段的"总计"行为"分组"，"馆藏数量"字段的"总计"行为"总计"，"所在城市"字段的"总计"行为"条件"，设置"所在城市"的"条件"为"北京"，设置前三个字段的"交叉表"行分别为"行标题"、"列标题"和"值"，如图 3.63 所示。

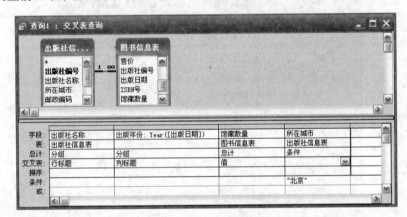

图 3.63 选择字段、设置条件

(5) 保存及运行。保存查询名为"北京各出版社每年出版的图书馆藏数目交叉表查询：交叉表查询"，运行查询，结果如图 3.64 所示。

出版社名称	1997	2002	2003	2006	2009
北京大学出版社					6
北京语言文化大学出版社	3				
地质出版社					3
高等教育出版社					6
清华大学出版社					6
人民出版社					3
人民邮电出版社					9
中国大百科全书出版社		3			
中国人民大学出版社			3	3	9
中国社会科学出版社					3
中华书局	3				3

图 3.64 交叉表查询结果

相关知识点细述

(1) 使用交叉表查询向导创建的交叉表查询,数据源只能是一个表或者一个查询,且不能设置查询条件,也不能添加新字段;而使用设计视图创建的交叉表查询则可满足上述要求。

(2) 在创建交叉表查询过程中,设置为"行标题"的字段至少有一个,至多不超过三个,设置为"列标题"和值的字段有且只能有一个。

(3) 在交叉表查询的设计视图中,"行标题"和"列标题"字段的"总计"行必须设置为"分组"(英文形式为"Group By"),而"值"字段的"总计"行必须选择一个总计函数。

边学边练

创建一个交叉表查询,统计各馆藏地各类在馆图书的数量,行标题为"馆藏地"、列标题为"类别码",查询名为"各馆藏地各类在馆图书数量交叉表查询"。

请思考

如何使用交叉表查询向导创建基于多个数据源的交叉表查询?

3.5 创建操作查询

前面介绍的选择查询、参数查询和交叉表查询都是用于检索数据,查询时不更改源表中的数据。而操作查询与前几种查询不同,运行操作查询时会对原有数据库的对象或数据进行增加、修改或者删除。操作查询常用于管理和维护数据库。

操作查询分为 4 种类型:生成表查询、更新查询、追加查询和删除查询。

3.5.1 生成表查询

生成表查询能够从一个或多个数据源选择满足要求的数据添加到一个新表中,这个新表是在运行查询时产生的。当需要在数据库中添加一个类似的新表时可以采用生成表查询。

任务 3-8 创建生成表查询

任务实例 3.16 创建一个生成表查询,从"图书信息表"中选择 2009 年 7 月 1 日及以后出版的图书记录添加到新表"新书表"中,"新书表"的字段与"图书信息表"一致,查询名为"2009 年 7 月 1 日后的新书表生成表查询"。

任务分析

◆ 方法:使用查询设计视图。

◆ 数据源:图书信息表。

◆ 使用字段:全部。

◆ 条件:出版日期在 2009 年 7 月 1 日及以后。

◆ 生成表名:新书表。

◆ 查询名:2009 年 7 月 1 日后的新书表生成表查询。

任务解决过程

（1）确定方法。在数据库窗口的"查询"栏中双击"在设计视图中创建查询"选项。

（2）选择数据源。在"显示表"对话框中选择"图书信息表"，如图 3.65 所示。

（3）选择数据。选择全部字段，设置"出版日期"字段"条件"为：＞＝♯2009-7-1♯。设置如图 3.66 所示。

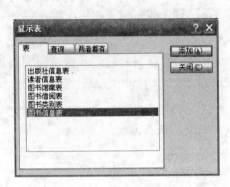

图 3.65　选择数据源

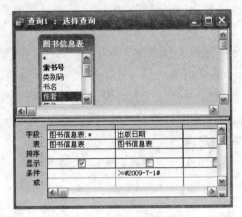

图 3.66　设定选择条件

（4）设置生成表查询。在"查询"菜单中选择"生成表查询"命令，在"生成表"对话框中输入新表名称"新书表"，并选择新表所在数据库，如图 3.67 所示。

（5）保存查询。查询名为"2009 年 7 月 1 日后的新书表生成表查询"。

（6）运行生成表查询。单击工具栏中的"运行"按钮 ，在出现的确认对话框中单击"是"按钮，如图 3.68 所示。

图 3.67　设置"生成表"对话框

图 3.68　运行生成表查询时的确认对话框

（7）查看结果。在数据库窗口的"表"列表中可见生成的新表，如图 3.69 所示。新表的数据表视图如图 3.70 所示。

相关知识点细述

（1）操作查询必须运行后才能完成相应的生成、增加、修改、删除等任务。运行操作查询可以单击"运行"按钮 ，或者在数据库窗口中直接双击查询对象。

（2）在运行操作查询前，应先查看要操作的满足条件的数据是否检索正确，可采用切换到数据表视图的方法查看。

（3）利用"生成表查询"创建的表只继承相应字段的"数据类型"和"字段大小"属性，其他属性及主键都需在新表中重新设置。

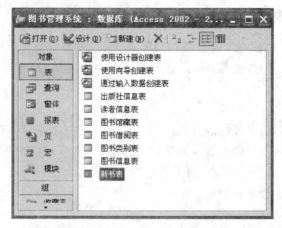

图 3.69　表对象列表

索书号	类别码	书名	作者	售价	出版社编号	出版日期	ISBN号
A001	A	《共产党宣言》	赵存生	￥35.00	cbs001	2009-8-1	978-7-301-15
B001	B	中国佛学之精神	洪修平，陈红兵	￥35.00	cbs003	2009-8-1	978-7-309-06
C001	C	现代社会学	吴增基，吴鹏森	￥30.00	cbs005	2009-9-1	978-7-208-08
D001	D	和谐之道-社会转	张光珞	￥38.00	cbs006	2009-9-1	978-7-01-008
D002	D	房地产法规	秦承敏，高珂强	￥34.00	cbs001	2009-9-1	978-7-301-15
E001	E	军事课教程	张勇	￥20.00	cbs007	2009-9-1	978-7-04-026
F001	F	选择和崛起-国家	黄树东	￥49.00	cbs002	2009-9-1	978-7-300-11
G002	G	成长家书-如何创	王添淼	￥18.00	cbs002	2009-8-1	978-7-300-10
I002	I	多元共生的中国	范伯群	￥36.00	cbs003	2009-9-1	978-7-309-06
J001	J	数码摄影随身锦囊	【英】巴维斯特	￥25.00	cbs010	2009-10-1	978-7-115-21
J002	J	体认具象写实素	曾希圣	￥26.00	cbs011	2009-9-1	978-7-302-20
TN001	TN	液压与气动技术	王美娇	￥28.00	cbs011	2009-9-1	978-7-302-20
TN002	TN	电工仪表	王兰君，张从之	￥12.00	cbs010	2009-10-1	978-7-115-20
TP001	TP	数据结构实验教程	胡学钢	￥20.00	cbs007	2009-8-1	978-7-04-026

记录：⎢◀ ◀　　1　▶ ▶⎮ ▶＊　共有记录数：14

图 3.70　生成的"新书表"

边学边练

创建一个生成表查询，从"读者信息表"中选择 1986 年出生的读者记录，添加到新表"1986 年出生的读者表"中，新表的字段包括"读者编号"、"姓名"、"性别"、"出生日期"、"VIP"和"联系电话"，查询名为"创建"1986 年出生的读者表"生成表查询"。

请思考

在选择查询、参数查询和交叉表查询的设计视图中，单击　按钮和单击　按钮效果一样吗？在操作查询中单击这两个按钮效果一样吗？

3.5.2　更新查询

应用更新查询可以对一个或多个表中满足要求的一组记录作全局的更改。当用户对某个数据源的多条记录都进行更新时，使用"更新查询"比在数据表视图中手动修改更高效、更简便。

任务 3-9 创建更新查询

任务实例 3.17 创建一个更新查询,将"新书表"中高等教育出版社的图书的"馆藏数量"增加 2 本,查询名为"新书表更新查询"。

任务分析

◆ 方法:使用查询设计视图。

◆ 数据源:新书表、出版社信息表。

◆ 使用字段:出版社名称、馆藏数量。

◆ 条件:出版社名称——高等教育出版社。

◆ 更新到:[馆藏数量]+2。

◆ 查询名:新书表更新查询。

任务解决过程

(1)确定方法。在数据库窗口的"查询"栏中双击"在设计视图中创建查询"选项。

(2)选择数据源。在"显示表"对话框中选择"新书表"和"出版社信息表",如图 3.71 所示,单击"添加"按钮。

(3)设置查询设计视图。选择"查询"菜单下的"更新查询"命令,添加字段"出版社名称"和"馆藏数量",设置"出版社名称"的"条件"为"高等教育出版社",设置"馆藏数量"字段的"更新到"为"[馆藏数量]+2",如图 3.72 所示。

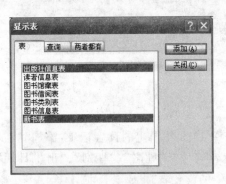

图 3.71 选择数据源

图 3.72 设置更新查询设计视图

(4)保存查询。查询名为"新书表更新查询"。

(5)运行查询。单击工具栏的"运行"按钮   ,在确认对话框中单击"是"按钮,如图 3.73 所示。

(6)查看结果。打开"新书表"的数据表视图,出版社编号为"cbs007"的记录的"馆藏数量"已全部更新为 5,如图 3.74 所示。

相关知识点细述

(1)运行操作查询前应做好数据备份,对于

图 3.73 运行更新查询时的确认对话框

图 3.74 更新的"新书表"

更新查询和删除查询尤为重要,因为所有操作查询一旦运行就无法撤销。

(2) 设置更新查询的"更新到"内容时常要使用表达式进行描述。

(3) 使用更新查询可以更新一个字段,也可以同时更新多个字段的数据。

边学边练

创建一个更新查询,将"1986 年出生的读者表"中电话号码为"83668631"的读者更改为 VIP,查询名为"'1986 年出生的读者表'读者权限更新查询"。

请思考

如果在编辑关系时设置了两个表的级联更新,在使用更新查询更新其中一个表的数据时,另一个表的相关数据会有变化吗?

3.5.3 追加查询

应用追加查询能将一个或多个表中的一组记录添加到其他表的末尾。当用户获得了一些新的信息,可以使用追加查询续添到相关表中,无须在数据表中手动添加。

任务 3-10 创建追加查询

任务实例 3.18 创建一个追加查询,将"图书信息表"中 2009 年 6 月出版的图书记录追加到"新书表"中,查询名为"2009 年 6 月图书追加到新书表的追加查询"。

任务分析

◆ 方法:使用查询设计视图。

◆ 数据源:图书信息表。

◆ 使用字段:全部。

◆ 条件:出版日期在 2009 年 6 月。

◆ 追加到的表:新书表。

◆ 查询名:2009 年 6 月图书追加到新书表的追加查询。

任务解决过程

(1) 确定方法。在数据库窗口的"查询"栏中双击"在设计视图中创建查询"选项。

(2) 选择数据源。在"显示表"对话框中选择"图书信息表",如图 3.75 所示。

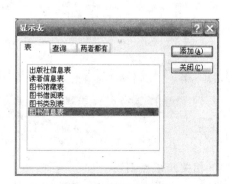

图 3.75 选择数据源

（3）选择数据。添加全部字段，设置"出版日期"的"条件"为＞＝＃2009-6-1＃ And ＜＝＃2009-6-30＃。设置如图3.76所示。

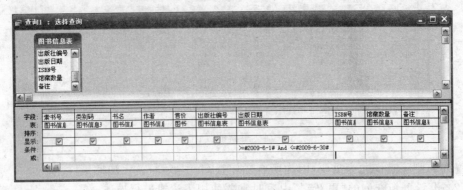

图 3.76　设定选择条件

（4）设置追加查询。在"查询"菜单中选择"追加查询"命令，在"追加"对话框中选择追加到的表名称"新书表"和所在数据库，如图3.77所示。

（5）保存查询。查询名为"2009年6月图书追加到新书表的追加查询"。

（6）运行查询。单击工具栏的"运行"按钮　，在确认对话框中单击"是"按钮，如图3.78所示。

图 3.77　设置"追加"对话框　　　　图 3.78　运行追加查询时的确认对话框

（7）查看结果。打开"新书表"的数据表视图，追加结果如图3.79所示。

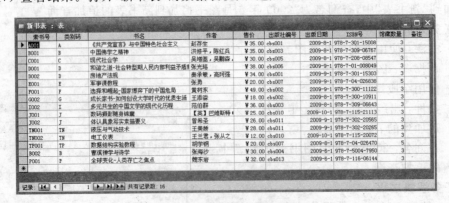

图 3.79　追加数据后的"新书表"

相关知识点细述

（1）创建追加查询时，首先确定追加的字段，然后选择目标表，并确认目标表中有与源表中要追加的字段相对应的字段。

（2）目标表与源表的字段组成不必完全相同,字段名称也可以不同,但是对应字段必须具有相匹配的数据类型。

边学边练

创建一个追加查询,从"读者信息表"中选择 1987 年出生的读者记录追加到"1986 年出生的读者表"中,查询名为"1987 年出生的读者信息追加查询"。

请思考

操作任务实例 3.18 的步骤（3）中,如果采用与图 3.66 类似的形式选取数据是否可以?

3.5.4　删除查询

应用删除查询可以从一个或多个表中删除一组满足条件的记录。

任务 3-11　创建删除查询

任务实例 3.19　创建一个删除查询,将"新书表"中 B 类图书记录删除,查询名为"删除新书表中 B 类图书的删除查询"。

任务分析

◆　方法：使用查询设计视图。

◆　数据源：新书表。

◆　删除条件：类别码——B。

◆　查询名：删除新书表中 B 类图书的删除查询。

任务解决过程

（1）确定方法。在数据库窗口的"查询"栏中双击"在设计视图中创建查询"选项。

（2）选择数据源。在"显示表"对话框中选择"新书表",如图 3.80 所示。

（3）设置查询设计视图。选择"查询"菜单中的"删除查询"命令,在设计视图中添加" * "和"类别码"字段,设置"类别码"的"条件"为"B",如图 3.81 所示。

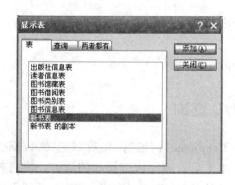

图 3.80　选择数据源

图 3.81　设置更新查询设计视图

（4）保存查询。查询名为"删除新书表中 B 类图书的删除查询"。

（5）运行查询。单击工具栏中的"运行"按钮，在出现的确认对话框中单击"是"按钮，如图 3.82 所示。

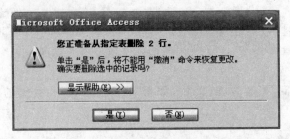

图 3.82　运行删除查询时的确认对话框

（6）查看结果。打开"新书表"的数据表视图，所有 B 类图书已删除，如图 3.83 所示。

索书号	类别码	书名	作者	售价	出版社编号	出版日期	ISBN号	馆藏数量	备注
A001	A	《共产党宣言》与中国特色社会主义	赵存生	￥35.00	cbs001	2009-8-1	978-7-301-15008	3	
C001	C	现代社会学	吴增基，吴鹏森...	￥30.00	cbs005	2009-8-1	978-7-208-08547	3	
D001	D	和谐之道-社会转型期人民内部利益矛盾解	张光路	￥38.00	cbs006	2009-9-1	978-7-01-008049	3	
D002	D	房地产法规	秦承敏，高珂强	￥34.00	cbs001	2009-8-1	978-7-301-15303	3	
E001	E	军事课教程	张勇	￥20.00	cbs007	2009-8-1	978-7-04-026838	5	
F001	F	选择和崛起-国家博弈下的中国危局	黄树东	￥49.00	cbs002	2009-8-1	978-7-300-11122	3	
G002	G	成长家书-如何创设大学时代的优质生活	王添源	￥18.00	cbs002	2009-8-1	978-7-300-10911	3	
I002	I	多元共生的中国文字的现代化历程	范伯群	￥36.00	cbs003	2009-8-1	978-7-309-06643	3	
J001	J	数码摄影随身锦囊	【英】巴维斯特...	￥25.00	cbs010	2009-10-1	978-7-115-21113	3	
J002	J	体认具象写实素描要义	曹勇圣	￥26.00	cbs011	2009-9-1	978-7-302-20565	3	
TN001	TN	液压与气动技术	王美娇	￥28.00	cbs011	2009-9-1	978-7-302-20265	3	
TN002	TN	电工仪表	王王君，张从之	￥12.00	cbs010	2009-10-1	978-7-115-20072	3	
TP001	TP	数据结构实验教程	胡学钢	￥20.00	cbs007	2009-8-1	978-7-04-026470	5	
P001	P	全球变化-人类存亡之焦点	魏东岩	￥32.00	cbs013	2009-6-1	978-7-116-06144	3	

记录：◄◄　◄　　1　►　►►　►＊　共有记录数：14

图 3.83　删除 B 类图书后的"新书表"

相关知识点细述

（1）删除查询通常会删除整个记录，而不只是记录中所选择的字段。

（2）使用删除查询可以删除一个表中的记录，也可以删除多个表的记录。要从多个表中删除记录必须保证这些表已经建立了相关的表间关系，并且应用了"实施参照完整性"和"级联删除相关记录"。

边学边练

创建一个删除查询，从"1986 年出生的读者表"中删除所有姓王的读者记录。

请思考

某个删除查询运行成功后，如果再次运行会出现什么情况？

3.6　创建 SQL 查询

SQL 是结构化查询语言（Structured Query Language）的缩写，集数据定义、数据查询、数据操纵和数据控制功能为一体，是 Access 用于后台编写查询操作的语言。使用查询设计视图创建查询时，Access 将在后台构造等效的 SQL 语句，在查询的 SQL 视图中就可见到。虽然所有基本查询都能用设计视图方法或者 SQL 语句实现，但是有些高级查询却只能使用 SQL 语句创建,即创建 SQL 特定查询。

3.6.1 SQL 语言概述

SQL 语言在 1986 年被美国国家标准协会(ANSI)批准为关系型数据库管理系统的标准语言,广泛应用于各种数据库管理系统产品上。

SQL 语言是一种非过程化语言,与上下文无关,大多数语句都能独立执行并完成特定功能。SQL 语言的功能包括以下 5 个方面,其中最主要的是查询功能。

 ◇ 数据定义功能:创建、修改、删除基本表;建立、删除索引。
 ◇ 数据操纵功能:插入数据、修改数据、删除数据。
 ◇ 数据查询功能:单表查询、多表查询、总计查询、集合查询。
 ◇ 数据控制功能:数据保护、事务管理。
 ◇ 视图管理功能:建立、查询、更新、删除视图。

SQL 语言简洁,每个语句是由命令、子句和运算符等元素组成的,分别实现创建、更新、查询和操作数据库等功能。

3.6.2 数据定义

SQL 语言的数据定义功能包括建立、修改或删除数据表,建立或删除索引等,Access 提供的 SQL 特定查询的数据定义查询能够实现这些功能。

任务 3-12 使用 SQL 语句进行数据定义

任务实例 3.20 使用 SQL 语句实现下述数据定义查询。

(1) 创建"图书馆职员表",结构如表 3-11 所示,查询名为"创建图书馆职员表数据定义查询"。

表 3-11 图书馆职员表结构

字段名	数据类型	字段大小	主键
职员编号	数字	长整型	是
职员姓名	文本	20	
职员性别	文本	2	
民族	文本	2	
出生日期	日期时间		
是否正式	是/否		
联系电话	文本	20	
备注	备注		

(2) 在"图书馆职员表"中添加货币型字段"基本工资",查询名为"添加基本工资字段数据定义查询"。

(3) 修改"图书馆职员表"中的"联系电话"字段大小为 30,查询名为"修改联系电话字段数据定义查询"。

(4) 删除"图书馆职员表"中的"民族"字段,查询名为"删除民族字段数据定义查询"。

（5）删除"图书馆职员表"，查询名为"删除图书馆职员表数据定义查询"。

任务分析

◆ 方法：使用 SQL 数据定义查询。

◆ 目的：创建新表、修改表结构、删除表。

◆ 相关 SQL 语句：Create Table、Alter Table、Drop Table。

◆ 查询名：①创建图书馆职员表数据定义查询，②添加基本工资字段数据定义查询，③修改联系电话字段数据定义查询，④ 删除民族字段数据定义查询，⑤删除图书馆职员表数据定义查询。

任务解决过程

（1）创建新表。

① 确定方法。使用"在设计视图中创建查询"命令，关闭"显示表"对话框，选择"查询"菜单下"SQL 特定查询"子菜单中的"数据定义"命令。

② 编写 SQL 语句。在查询中输入 SQL 语句，如图 3.84 所示。

图 3.84 输入创建表的 SQL 语句

③ 保存及运行。保存查询名为"创建图书馆职员表数据定义查询"，单击工具栏中的"运行"按钮，在数据库窗口中可以看到新表。

（2）添加新字段。

① 确定方法。在设计视图中创建查询，选择"查询"菜单下"SQL 特定查询"中的"数据定义"命令。

② 编写 SQL 语句。在查询中输入 SQL 语句，如图 3.85 所示。

图 3.85 添加"基本工资"字段的 SQL 语句

③ 保存及运行。保存查询名为"添加基本工资字段数据定义查询"。

（3）修改字段。

① 确定方法。打开新建数据定义查询的 SQL 视图。

② 编写 SQL 语句。在查询中输入 SQL 语句，如图 3.86 所示。

图 3.86 修改"联系电话"字段的 SQL 语句

③ 保存及运行。保存查询名为"修改联系电话字段数据定义查询"。

（4）删除字段。

① 确定方法。打开新建数据定义查询的 SQL 视图。

② 编写 SQL 语句。在查询中输入 SQL 语句，如图 3.87 所示。

③ 保存及运行。保存查询名为"删除民族字段数据定义查询"，运行查询后结果如图 3.92 所示。

（5）删除表。

① 确定方法。打开新建数据定义查询的 SQL 视图。

② 编写 SQL 语句。在查询中输入 SQL 语句，如图 3.88 所示。

图 3.87　删除"民族"字段的 SQL 语句

图 3.88　输入创建表的 SQL 语句

③ 保存及运行。保存查询名为"删除图书馆职员表数据定义查询"，运行查询后，在数据库窗口中不再有"图书馆职员表"。

相关知识点细述

（1）在 SQL 语言中可以使用 Create Table 语句定义表。其语句格式如下：

```
Create Table <表名>
            (<列名 1><数据类型 1>[<列级完整性约束 1>]
            [,<列名 2><数据类型 2>[<列级完整性约束 2>][,…]
            [,<列名 n><数据类型 n>[<列级完整性约束 2>]
            [<表级完整性约束>]]);
```

① 语句格式中，<>的内容为必选项，不能为空，[]的内容为可选项，可以选也可以不选。

② 列名即为字段名，数据类型必须用字符表示，如 Text（文本）、Byte（字节）、Integer（长整型数）、Single（单精度数）、Float（双精度数）、Currency（货币）、Memo（备注）、Date（日期）、Logical（是/否）、OLEObject（OLE 对象）等。

③ 建表的同时还可定义与表相关的完整性约束条件，如本例对主键的设定 Primary Key（职员编号），对主键的约束还可直接在定义列时在<列级完整性约束>处描述。

（2）使用 SQL 语言的 Alter Table 语句可以修改表结构，如添加字段、修改字段或删除字段等。语句格式分别为：

```
Alter Table<表名>Add<新列名><数据类型>[<列级完整性约束>][,…];
Alter Table<表名>Alter<列名><数据类型>[,…];
Alter Table<表名>Drop<列名>[,…];
```

（3）可用 SQL 语言的 Drop Table 语句删除表，格式为：Drop Table <表名>；

（4）需要在表中创建或删除索引时，也可使用 SQL 语言实现，创建索引的语句格式为：

```
Create Index<索引名>On<表名> (列名 1 [ASC|DESC] [,列名 2 [ASC|DESC],…]);
```
删除索引的语句格式为：

```
Drop Index<索引名>On<表名>;
```

边学边练

(1) 应用 SQL 数据定义查询创建"系别表"，结构如表 3-12 所示，查询名为"创建系别表数据定义查询"。

表 3-12 "系别表"结构

字段名	数据类型	字段大小	主键
系别编号	数字	长整型	是
系别名称	文本	30	
是否统招	是/否		
成立时间	日期时间		
联系电话	文本	20	
备注	备注		

(2) 在"系别表"中添加"系主任"字段，数据类型为字符型，字段大小为 20，查询名为"添加系主任字段数据定义查询"。

(3) 修改"系别表"的"系别名称"字段，字段大小由"30"改为"50"，查询名为"修改系别名称字段数据定义查询"。

(4) 删除"备注"字段，查询名为"删除备注字段数据定义查询"。

(5) 从数据库中删除"系别表"。

3.6.3 数据操纵

SQL 语言的数据操纵能实现在表中添加记录、修改记录或者删除记录等操作。

任务 3-13 使用 SQL 语句进行数据操纵

任务实例 3.21 按下述要求设计查询。

(1) 使用 SQL 语言创建"添加记录追加查询"，向任务实例 3.20 建立的"图书馆职员表"添加一条新记录，数据如表 3-13 所示。

表 3-13 新记录

职员编号	职员姓名	职员性别	民族	出生日期	是否正式	联系电话	备注
532001	郑美茹	女	汉	1962-10-10	True		

(2) 使用 SQL 语言创建"修改郑美茹记录更新查询"，将"图书馆职员表"中职员"郑美茹"的"联系电话"修改为"38362599"。

(3) 使用 SQL 语言创建"删除 1963 年前出生职员的删除查询"，将"图书馆职员表"中 1963 年之前出生的职员记录删除。

任务分析

◆ 方法：使用 SQL 数据操纵查询。

◆ 目的：添加新记录、修改记录、删除记录。

◆ 相关 SQL 语句：Insert Into、Update、Delete。

◆ 查询名：①添加记录追加查询，②修改郑美茹记录更新查询，③删除 1963 年前出生职员的删除查询。

任务解决过程

（1）添加新记录。打开新建查询的 SQL 视图，输入添加记录的 SQL 语句，保存查询为"添加记录追加查询"，如图 3.89 所示。运行查询，结果如图 3.90 所示。

图 3.89　添加记录的 SQL 语句

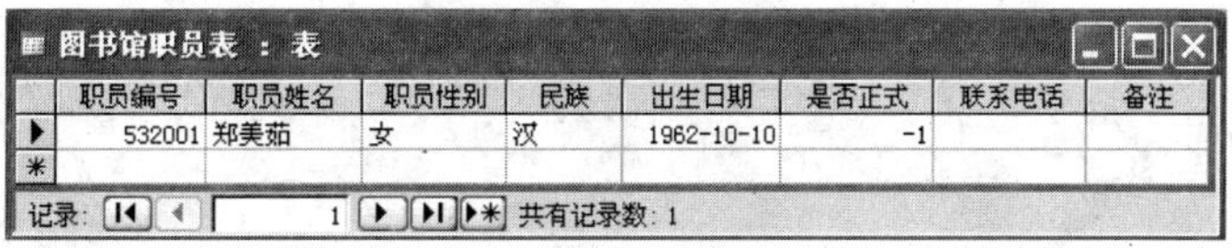

图 3.90　使用 SQL 查询添加记录后结果

（2）修改记录。打开新建查询的 SQL 视图，输入更新记录 SQL 语句，如图 3.91 所示。保存查询为"修改郑美茹记录更新查询"，运行查询，结果如图 3.92 所示。

图 3.91　更新记录的 SQL 语句

图 3.92　使用 SQL 查询修改记录后结果

（3）删除记录。打开新建查询的 SQL 视图，输入删除记录的 SQL 语句，如图 3.93 所示。保存查询为"删除 1963 年前出生职员的删除查询"，运行查询，结果如图 3.94 所示。

图 3.93　删除记录的 SQL 语句

图 3.94 使用 SQL 查询删除记录后结果

相关知识点细述

(1) 向某个数据表添加记录是数据库中常用的操作，SQL 语言的 Insert 语句能将新记录插入到表的末尾。其语句格式为：

```
Insert Into<表名>[(<列名 1>[,<列名 2>,…])]
    Values (<值 1>[,<值 2>,…]);
```

表名后括号里的字段列表可以省略，但在 Values 子句中必须每个字段都给出对应值，字段列表如果不省略，<列名>和<值>必须在个数和数据类型上匹配。

(2) 用 SQL 语言的 Update 语句可以修改满足条件的记录。其语句格式为：

```
Update <表名> Set <列名 1>=<表达式 1>[,<列名 2>=<表达式 2>][,…]
[Where<条件>];
```

(3) 删除记录的 SQL 语句能将表中满足条件的记录删除。其语句格式为：

```
Delete From<表名>[ Where<条件>];
```

3.6.4 数据查询

SQL 语言的数据查询功能非常强大，使用 Select 语句能够查询满足各种条件的数据，还能对查询结果进行计算、汇总等操作。另外，使用 Access 设计视图无法一步完成的查询也能使用一条 SQL 的数据查询语句实现，如联合查询、子查询等。

任务 3-14　使用 SQL 语句进行数据查询

1. 使用 Select 语句实现基本查询

任务实例 3.22　请按下述要求完成操作。

(1) 使用 SQL 语句创建选择查询"2009 年 9 月 1 日出版的 D 类图书信息查询"。

(2) 打开任务实例 3.8"统计每位男读者最近一次借阅时间查询"的 SQL 视图，查看总计查询的 SQL 语句。

任务分析

◆ 方法：使用 SQL 视图。

◆ 目的：设计或查看数据查询。

◆ 相关 SQL 语句：Select。

◆ 查询名：2009 年 9 月 1 日出版的 D 类图书信息查询。

任务解决过程

(1) 打开新建查询的 SQL 视图，输入 SQL 查询语句，如图 3.95 所示。保存查询，名为“2009 年 9 月 1 日出版的 D 类图书信息查询”，运行查询，结果如图 3.96 所示。

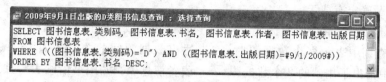

2009年9月1日出版的D类图书信息查询 ： 选择查询

```
SELECT 图书信息表.类别码, 图书信息表.书名, 图书信息表.作者, 图书信息表.出版日期
FROM 图书信息表
WHERE (((图书信息表.类别码)="D") AND ((图书信息表.出版日期)=#9/1/2009#))
ORDER BY 图书信息表.书名 DESC;
```

图 3.95　数据查询的 SQL 语句

2009年9月1日出版的D类图书信息查询 ： 选择查询

类别码	书名	作者	出版日期
D	和谐之道-社会转型期人民内部	张光珞	2009年9月1日
D	房地产法规	秦承敏，高珂强	2009年9月1日

记录：1　共有记录数：2

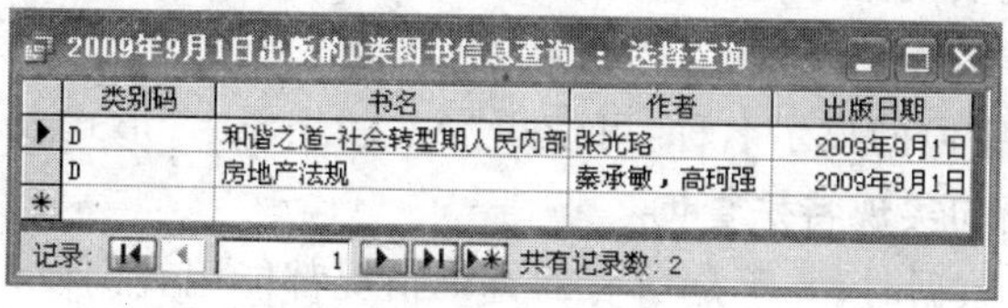

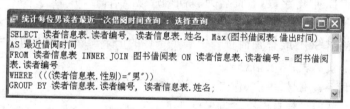

图 3.96　使用 SQL 语句查询的结果

(2) 打开“统计每位男读者最近一次借阅时间查询”的设计视图或数据表视图，选择“视图”菜单下的“SQL 视图”命令，结果如图 3.97 所示。

统计每位男读者最近一次借阅时间查询 ： 选择查询

```
SELECT 读者信息表.读者编号, 读者信息表.姓名, Max(图书借阅表.借出时间)
AS 最近借阅时间
FROM 读者信息表 INNER JOIN 图书借阅表 ON 读者信息表.读者编号 = 图书借阅
表.读者编号
WHERE (((读者信息表.性别)="男"))
GROUP BY 读者信息表.读者编号, 读者信息表.姓名;
```

图 3.97　“统计每位男读者最近一次借阅时间查询”的 SQL 视图

相关知识点细述

(1) Select 语句的格式及含义如下。语句格式：

```
Select [All|Distinct] * |<列名>[As 别名]|<目标列表达式>|<函数>[, …]
From<表名或视图名>[, …]
[Where<条件表达式>]
[Group By<列名>[Having<条件表达式>][, …]]
[Order By<列名>[Asc]|[Desc][, …]];
```

Select 语句含义：从 From 分句指定的表或者视图中，检索出满足 Where 分句指定的条件的记录，将这个结果集按照 Group By 分句指定的字段分组，选择出满足 Having 语句指定条件的某些组，再将这些组的记录按照 Select 分句指定的列的顺序排列，并按照 Order By 分句指定的排序规则调整记录顺序，得到最终的查询结果。

(2) Select 语句中几个参数的含义如下。

✧ All ——查询结果是满足条件的全部记录。

✧ Distinct ——查询结果是不包含重复行的记录集。

◇ Asc ——查询结果按指定字段的升序排序。

◇ Desc ——查询结果按指定字段的降序排序。

（3）任何一个 SQL 查询的 Select 语句至少要有 Select 分句和 From 分句，其他分句根据具体问题确定有或无。

（4）在不会造成混淆的前提下，每个字段前的表名或者查询名可省略。

（5）当查询中表示多个数据源时，需表达出数据源间的关系。如图 3.99 所示，在 From 分句中指出了用到的 2 个数据源——"读者信息表"和"图书借阅表"，并且用"Inner Join … On"指明两表间关系是通过"读者编号"字段等值连接的。

（6）用 SQL 语句实现总计查询时，直接在 Select 分句字段列表中对相应字段使用总计函数。

（7）要更改某个字段的显示名称，可使用"AS 新字段名"形式表示。

2. 使用 Select 语句实现特殊查询

应用数据库处理数据时，并不是所有的查询情况都能用查询设计视图解决，如下面要介绍的联合查询和带有子查询的查询都只能用 SQL 语句来实现。

任务实例 3.23 创建一个 SQL 联合查询，检索"新书表"的新书记录与"图书信息表"中 2000 年以前出版的旧书记录联合显示，结果包括"索书号"、"书名"、"作者"、"出版社编号"和"出版日期"等字段，查询名为"新旧书信息联合查询"。

任务分析

◆ 方法：使用 SQL 联合查询。

◆ 数据源：新书表、图书信息表。

◆ 显示字段：索书号、书名、作者、出版社编号、出版日期。

◆ 查询名：新旧书信息联合查询。

任务解决过程

（1）确定方法。在数据库窗口的"查询"栏中双击"在设计视图中创建查询"选项，在弹出的"显示表"对话框中单击"关闭"按钮，然后选择"查询"菜单下"SQL 特定查询"子菜单中的"联合"命令。

（2）编写 SQL 语句。在 SQL 联合查询视图中输入 SQL 联合查询语句，如图 3.98 所示。

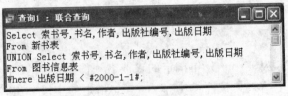

图 3.98　输入联合查询的 SQL 语句

（3）保存查询。查询名为"新旧书信息联合查询"。

（4）运行查询。单击工具栏中的"运行"按钮 ，SQL 联合查询结果如图 3.99 所示。

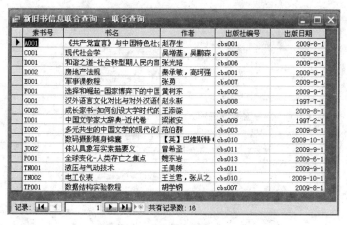

图 3.99　SQL 联合查询结果

相关知识点细述

（1）如果需要将来自于没有任何关系的两个或多个数据源的记录集合到一个查询中显示，可以应用 SQL 特定查询的联合查询。

（2）SQL 语言中标识联合查询的关键字是 Union，将前后两部分 Select 查询语句连接起来，应注意，两部分 Select 查询语句的字段列表必须一致。

（3）如果两部分 Select 查询结果有重复数据，使用 Union All 代替 Union 可将所有记录返回。

（4）如果要将结果排序，可在最后一个 Select 语句后添加一个 Order By 分句。

边学边练

创建一个联合查询，将来自"女读者联系信息查询"和"1986 年出生的姓张的普通读者信息查询"数据源的"读者编号"、"姓名"及"联系电话"等信息联合显示，查询名为"特殊读者联合查询"。

任务实例 3.24　检索"图书信息表"中价格高于所有图书均价的图书信息，查询名为"应用 SQL 子查询的高于均价图书信息查询"。

任务分析

◆　方法：使用 SQL 子查询。

◆　数据源：图书信息表。

◆　显示字段：全部。

◆　条件：价格高于均价。

◆　查询名：应用 SQL 子查询的高于均价图书信息查询。

任务解决过程

（1）确定方法。在数据库窗口的"查询"栏中双击"在设计视图中创建查询"选项，在弹出的"显示表"对话框中选择"图书信息表"。

（2）设置查询设计视图。选择全部字段，设置"售价"字段的"条件"为＞（select avg（［售价］）from 图书信息表）。设置如图 3.100 所示。

（3）保存查询。查询名为"应用 SQL 子查询的高于均价图书信息查询"。

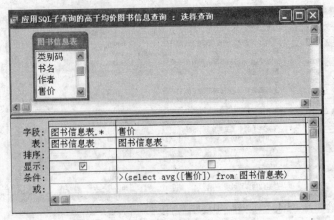

图 3.100 设置 SQL 子查询

(4) 运行查询。结果如图 3.101 所示。

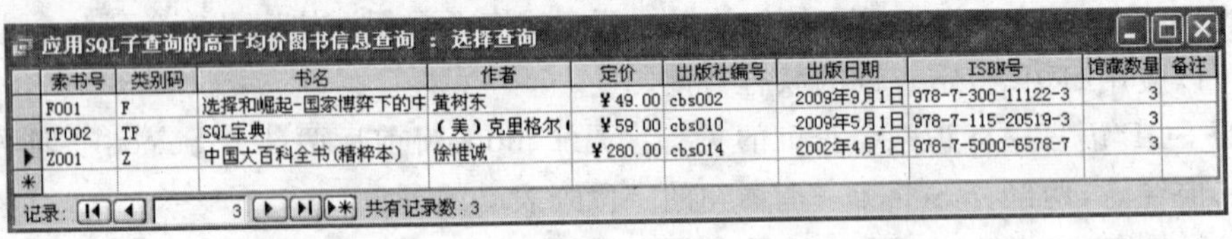

图 3.101 运行查询结果

相关知识点细述

(1) 子查询不能作为独立的查询，只能与其他查询结合，可以利用子查询的结果做进一步的查询。

(2) 构成子查询的 SELECT 语句通常出现在查询设计视图的"字段"行或"条件"行。

边学边练

检索小于平均年龄的读者信息，显示"读者编号"、"姓名"、"性别"和"年龄"等字段，查询名为"应用 SQL 子查询的小于平均年龄读者信息查询"。

本 章 小 结

查询是实现数据库检索和统计数据的重要工具。本章以丰富的实例介绍了各类查询的应用背景、作用及创建方法。

选择查询能从一个或多个数据源中检索或构造出符合条件要求的数据，还可以进一步对查询结果进行总计、分组总计或者自定义的计算。

参数查询能将相似的一类查询归结为一个查询。参数查询利用对话框提示用户输入参数值，从而在数据源中检索与参数值匹配的记录。

交叉表查询则是通过类似表格的行列及交叉点三要素的方式显示分类总计的结果。

与前几类查询不同，操作查询能在运行查询时修改数据源的数据，因此，在运行操作查询之前必须做好备份工作，以防数据丢失。操作查询包括生成表查询、更新查询、追加查询和删除查询四种类型。

SQL 查询是用户使用 SQL 语句创建的查询。SQL 语句有数据定义、数据操纵和数据查询等功能。使用设计视图创建的查询都可以用 SQL 查询实现,但有一些 SQL 查询无法在设计网格中进行创建,必须直接在 SQL 视图中设计,这样的查询称为"SQL 特定查询",如联合查询和数据定义查询。对于 SQL 子查询,可以在查询设计网格的"字段"行或"条件"行输入 SQL 语句。

习　题　3

1. 思考题

(1) Access 中的查询包括哪些类型? 分别适用于什么情形的查询操作?

(2) 分组总计查询与交叉表查询的功能有何异同?

(3) 操作查询还可细分为哪些类型? 每种查询有何作用?

(4) 请写出各种操作查询对应的 SQL 语句的基本形式。

(5) 在查询中添加新的计算字段的格式是什么样的?

2. 选择题

(1) SQL 的含义是(　　)。

    A. 结构化查询语言　　　　　　　　　B. 数据定义语言

    C. 数据库查询语言　　　　　　　　　D. 数据库操纵与控制语言

(2) 创建交叉表查询,在"交叉表"行上有且只能有一个的是(　　)。

    A. 行标题和列标题　　　　　　　　　B. 行标题和值

    C. 行标题、列标题和值　　　　　　　D. 列标题和值

(3) 利用对话框提示用户输入值的查询过程称为(　　)。

    A. 选择查询　　　　B. 参数查询　　　　C. 操作查询　　　　D. SQL 查询

(4) 如果已知"消费"表中有"吃"、"穿"、"住"、"用"、"行"5 个字段,需要在查询中计算这 5 个字段的和,放在新字段"消费总额"中显示,则新字段应写为(　　)。

    A. 吃＋穿＋住＋用＋行

    B. 消费总额＝吃＋穿＋住＋用＋行

    C. [消费总额]＝[吃]＋[穿]＋[住]＋[用]＋[行]

    D. 消费总额:[吃]＋[穿]＋[住]＋[用]＋[行]

(5) 下列逻辑表达式中,能正确表示条件"x 和 y 都是奇数"的是(　　)。

    A. x Mod 2＝1 Or y Mod 2＝1　　　　B. x Mod 2＝0 Or y Mod 2＝0

    C. x Mod 2＝1 And y Mod 2＝1　　　D. x Mod 2＝0 And y Mod 2＝0

3. 填空题

(1) Access 2003 中的查询分为选择查询、_____、_____、_____和_____5 种类型。

(2) Access 2003 中,操作查询包括生成表查询、删除查询、_____、_____。

(3) 书写查询条件表达式时,日期值应该用_____括起来。

（4）要删除表中某个字段的内容,可使用_____查询实现。

（5）若"＊＊＊公司人事系统"的"职员"表中有"职员编号"字段,那么使用"职员"表统计职员总人数的 SQL 查询语句应为_____。

实验 3　创建和使用查询

1. 实验目的与要求

实验目的

◇ 熟识各种查询,包括选择查询、参数查询、交叉表查询、操作查询和 SQL 查询;

◇ 学会设计各类查询的查询条件;

◇ 学会使用各种向导创建相应查询;

◇ 学会使用查询设计视图创建各类查询。

实验要求

◇ 创建简单选择查询;

◇ 综合使用运算符、表达式、函数等设计各种查询准则;

◇ 创建带有计算功能的查询;

◇ 创建交叉表查询;

◇ 创建单参数或多参数查询;

◇ 创建生成表查询、删除查询、更新查询、追加查询等各种操作查询;

◇ 创建各种类型的 SQL 查询。

2. 实验示例

操作要求

例　打开"实验素材\实验 3\示例"文件夹,此文件夹下存在一个数据库"Example3. mdb",已经设计好表对象"tTeacher"、"tCourse"、"tStud"和"tGrade",按以下要求完成设计,参考效果如文件"Example3_R. mdb"所示。

（1）创建一个选择查询"qT1",查找课程成绩在 75 分到 85 分之间(包括 75 分和 85 分)的学生信息,显示"学生 ID"、"学生姓名"、"课程名称"和"成绩"四个字段的内容。

（2）创建一个参数查询"qT2",按照"教师姓名"字段查找某教师的授课情况,并按"上课日期"字段降序显示"教师姓名"、"课程名称"、"上课日期"三个字段的内容,当运行该查询时,提示框中应显示"请输入教师姓名"。

（3）创建一个分组总计查询"qT3",假设"学生 ID"字段的前 4 位代表年级,统计各个年级不同课程的平均成绩,显示"年级"、"课程名称"和"平均成绩"等字段,并按"年级"降序排序。

（4）创建一个交叉表查询"qT4",显示各职称男女教师人数。

（5）创建一个生成表查询"qT5",查询 1961 年及之后出生的上课教师信息,显示"教师 ID"、"教师姓名"和"课程名称"三个字段,生成的新表名为"tTeacher1"。

（6）创建一个数据定义查询"qT6",通过运行该查询能够实现向表"tTeacher"中添加"文本"类型新字段"籍贯"。

操作步骤

（1）创建选择查询。打开"Example3.mdb"数据库,在"查询"对象列表中选择"在设计视图中创建查询"命令,在"显示表"对话框中选择查询数据源"tCourse"、"tGrade"和"tStud",如图 3.102 所示。然后单击"添加"按钮,在查询设计视图中设置各行,如图 3.103 所示。保存查询名为"qT1",查询结果如图 3.104 所示。

图 3.102　选择数据源

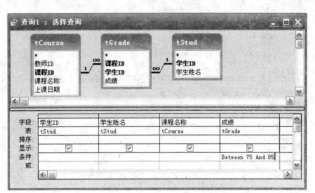

图 3.103　设计查询

图 3.104　查询 qT1 的查询结果

（2）创建参数查询。在查询列表中选择"在设计视图中创建查询"命令,在"显示表"对话框中选择数据源"tCourse"和"tTeacher",进入查询的设计视图设置各行内容,如图 3.105 所示。保存查询为"qT2",当输入参数值为"张容光"时,查询结果如图 3.106 所示。

图 3.105　设置参数和条件

图 3.106　查询 qT2 的查询结果

（3）创建分组总计查询。在查询列表中选择"在设计视图中创建查询"命令,选择查询数据源"tCourse"和"tGrade",在查询的设计视图中添加"总计"行,设置各行内容,如图 3.107 所示。保存查询为"qT3",查询结果如图 3.108 所示。

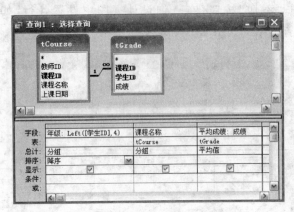

图 3.107　设置查询设计视图　　　　　　　图 3.108　分组总计查询 qT3 结果

（4）创建交叉表查询。在查询列表中选择"在设计视图中创建查询"命令,选择查询数据源"tTeacher",在查询的设计视图中选择"查询"菜单下的"交叉表查询"命令,然后设置设计视图的各项内容,如图 3.109 所示。保存查询为"qT4",查询结果如图 3.110 所示。

图 3.109　设置查询设计视图　　　　　　　图 3.110　交叉表查询效果

（5）创建生成表查询。在查询列表中,选择"在设计视图中创建查询"命令,选择查询数据源"tCourse"和"tTeacher",设置查询设计视图,如图 3.111 所示。然后选择"查询"菜单下的"生成表查询"命令,设置"生成表"对话框,如图 3.112 所示。保存查询名为"qT5",单击工具栏上的"运行"按钮,在出现的对话框中单击"是"按钮,如图 3.113 所示。运行查询后可以在"表"对象列表中看到生成的新表"tTeacher1",如图 3.114 所示。

（6）创建数据定义查询。在查询列表中,选择"在设计视图中创建查询"命令,关闭"显示表"对话框,进入查询的设计视图,选择"查询"菜单中"SQL 特定查询"下的"数据定

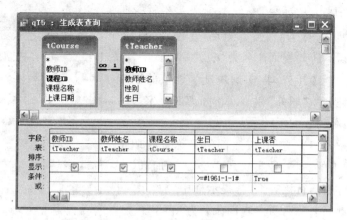

图 3.111　设置查询设计视图

图 3.112　设定生成表查询的生成新表名

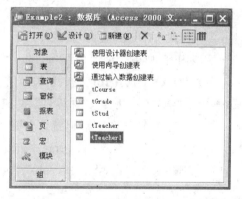

图 3.114　运行生成表查询后生成的新表

图 3.113　确认通过生成表查询创建新表

义"命令,在窗口中输入 SQL 语句,如图 3.115 所示。保存查询并运行,然后可在表"tTeacher"的设计视图查看添加字段效果,如图 3.116 所示。

图 3.115　数据定义查询对话框

3. 实验内容

实验 3-1

打开"实验素材\实验 3\实验 3-1"文件夹,此文件夹下存在一个数据库文件"Ex3-1. mdb",已经设计好两个表对象"tEmployee"和"tGroup"。试按以下要求完成设计。

(1) 以表"tEmployee"为数据源创建一个选择查询,查找并显示职工的"职工号"、"姓名"、"性别"和"职务"四个字段内容,所建查询命名为"qT1"。

(2) 创建一个选择查询,查找并显示姓董的职工的"职工号"、"姓名"、"职务"和"入职时间"四个字段内容,所建查询命名为"qT2"。

(3) 创建一个参数查询,按照部门名称查找职工信息,显示出职工的"职工号"、"姓名"及"入职时间"三个字段的内容。当运行该查询时,提示框中应提示"请输入职工所属部门名称",所建查询命名为"qT3"。

(4) 以表"tEmployee"为数据源创建一个选择查询,检索职务为"经理"或"主管"的职工的"职工号"和"姓名"信息,将两列信息合二为一输出(比如,编号为"000017"、姓名为"李英才"的数据输出形式为"000017李英才"),并命名字段标题为"管理人员",所建查询命名为"qT4"。

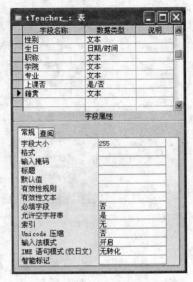

图 3.116　运行数据定义查询后的 tTeacher 结构

实验 3-2

打开"实验素材\实验 3\实验 3-2"文件夹,此文件夹下存在一个数据库文件"Ex3-2.mdb",已经设计好 4 个关联表对象"tStud"、"tCourse"、"tScore"和"tTemp"。试按以下要求完成设计。

(1) 创建一个选择查询,查找并显示"先修课程"为空的"课程号"、"课程名"和"学分"三个字段内容,所建查询命名为"qT1"。

(2) 创建一个选择查询,查找 2000 年以前(不包括 2000 年)入校的男学生各门课程成绩,显示"学号"、"姓名"、"课程名"和"成绩"四个字段内容,所建查询命名为"qT2"。

(3) 创建一个交叉表查询,统计各院系男女学生的平均年龄,行标题为"学生性别"字段,列标题为"所属院系"字段,所建查询命名为"qT3"。

(4) 创建一个查询,将表"tTemp"中年龄为偶数的人员的"简历"字段清空,所建查询命名为"qT4"。

实验 3-3

打开"实验素材\实验 3\实验 3-3"文件夹,此文件夹下存在一个数据库文件"Ex3-3.mdb",已经设计好表对象"tBook"和"tBook_Bak"。试按以下要求完成设计。

(1) 创建一个选择查询,查找表"tBook"中单价在 15～20 元(不包括两端)范围的图书八折优惠信息,显示"书名"、"作者名"、"出版社名称"、"单价"和"优惠后价格"五个字段内容,其中,"优惠后价格"为计算字段,所建查询名为"qT1"。

(2) 创建一个参数查询,在表"tBook"中按出版社名称查找该出版社的图书信息,显示"书名"、"类别"和"出版社名称"等字段,运行时显示的参数提示为"请输入出版社名称：",所建查询名为"qT2"。

（3）创建一个总计查询，在表"tBook"中查找各类图书的最高价信息，显示"类别"和"最高单价"两个字段，"最高单价"为计算字段，所建查询名为"qT3"。

（4）创建一个删除查询，删除表"tBook_Bak"中书名包含"成本"两个字的相关记录，所建查询命名为"qT4"。

实验 3-4

打开"实验素材\实验 3\实验 3-4"文件夹，此文件夹下存在一个数据库文件"Ex3-4.mdb"，已经设计好表对象"tStaff"、"tSalary"和"tTemp"。试按以下要求完成设计。

（1）以表"tStaff"为数据源创建一个选择查询，查找并显示职务为"经理"的员工的"工号"、"姓名"、"年龄"和"性别"四个字段内容，所建查询命名为"qT1"。

（2）以表"tSalary"为数据源创建一个总计查询，查找各位员工在 2005 年的工资信息，并显示"工号"、"工资合计"和"水电房租费合计"三列内容。其中，"工资合计"和"水电房租费合计"两列数据通过统计计算得到，所建查询命名为"qT2"。

（3）以表"tStaff"和"tSalary"为数据源创建一个生成表查询，查找员工的"姓名"、"年月"、"工资"、"水电房租费"及"应发工资"（应发工资＝工资－水电房租费）四列内容，将查询结果生成到新表"tSC"中，所建查询命名为"qT3"。

（4）创建一个 SQL 特定查询，删除表"tTemp"，所建查询命名为"qT4"。

实验 3-5

将实验 2-5 建立的"人事管理系统.mdb"的数据库文件复制到"实验素材\实验 3\实验 3-5"文件夹中，并按下述要求创建查询。

（1）使用"雇员信息表"创建一个选择查询，查找 2000 年 3 月 1 日入职的经理级雇员信息，显示"雇员姓名"、"性别"、"职位"和"入职时间"等字段信息，查询名称为"2000 年 3 月 1 日入职的经理级雇员信息查询"。

（2）创建一个分组总计查询，统计各部门在职人数，显示"部门名称"和"在职人数"两个字段，查询名为"各部门在职人数统计查询"。

（3）创建一个参数查询，按照雇员名称查询雇员基本信息，显示"雇员编号"、"雇员姓名"、"性别"、"入职时间"、"部门名称"、"职位"和"在职否"等字段，参数为"请输入要查找的雇员姓名"，查询名为"按姓名查询员工基本信息"。

（4）创建一个生成表查询，检索"研究生"学历在职雇员信息，显示"雇员编号"、"雇员姓名"、"学历"、"职位"和"部门名称"等字段，生成的新表名为"研究生学历在职雇员表"，查询名为"研究生学历在职雇员生成表查询"。

（5）创建一个带有 SQL 子查询的查询，检索"2009 年 4 月"的工资信息中"基本工资"低于平均水平的"工资记录 ID"、"雇员编号"和"基本工资"等字段，查询名为"2009 年 4 月基本工资低于平均水平的工资信息查询"。

实验 3-6

将实验 2-6 建立的“十字绣销售管理系统. mdb”数据库文件复制到“实验素材\实验 3\实验 3-6”文件夹中，并按下述要求创建查询。

(1) 使用“雇员信息表”创建一个选择查询，查找 1980 年之前出生的姓王的员工信息，显示“员工编号”、“姓名”、“性别”、“出生日期”、“职务”和“联系电话”等字段信息，查询名称为“1980 年前出生的王姓员工信息查询”。

(2) 创建一个参数查询，按照十字绣类别编号查询十字绣基本信息，显示“类别编号”、“类别名称”、“货品名称”、“厂商”和“售价”等字段，参数为“请输入十字绣类别编号”，查询名为“按类别编号查询十字绣基本信息”。

(3) 创建一个交叉表查询，统计每位员工销售各类十字绣的数量，查询名为“统计各位员工销售各类十字绣数量交叉表查询”，查询结果如图 3.117 所示。

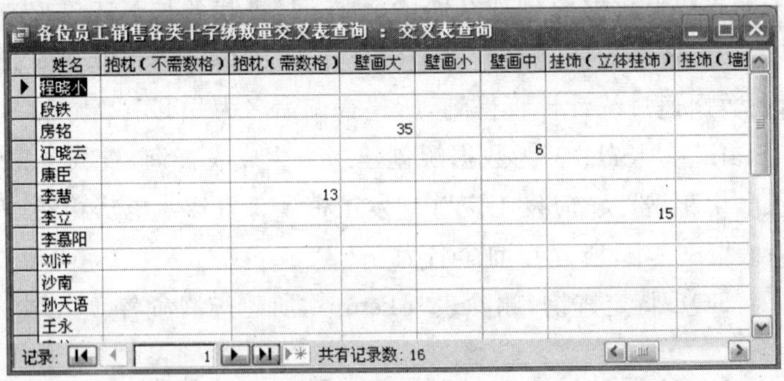

姓名	抱枕（不需数格）	抱枕（需数格）	壁画大	壁画小	壁画中	挂饰（立体挂饰）	挂饰（墙
程晓小							
段铁							
房铭			35				
江晓云					6		
康臣							
李慧		13					
李立						15	
李慕阳							
刘洋							
沙南							
孙天语							
王永							

图 3.117 “统计各位员工销售各类十字绣数量交叉表查询”结果

(4) 创建一个更新查询，将“员工基本信息表”中“聘用时间”在 2010 年前“临时员工”的“职务”更新为“员工”，查询名为“员工职务更新查询”。

(5) 创建一个带有 SQL 子查询的查询，检索售价高于平均价格的十字绣信息，显示“十字绣基本信息表”的所有字段，查询名为“高于平均售价的十字绣信息查询”。

(6) 创建一个分组总计查询，检索各类十字绣销售总量，显示“类别名称”和“销售总量”两个字段，查询名为“各类十字绣销售量统计”。

第4章 创建和使用窗体

窗体是 Access 数据库中的对象之一,它是用户和数据库实现人机交互的界面。通过窗体可以实现数据的输入、编辑、显示和数据库表中数据的查询。利用窗体可以将数据库的对象组织起来,形成一个完整的数据库应用系统。

4.1 使用向导创建窗体

对于一个数据库应用系统,不仅仅限于创建者使用,而是为更多的使用者提供方便。因此数据库应用系统的设计,不仅需要表和查询设计得有效、合理,还需要方便实用,窗体界面的设计就更显得非常重要。

窗体与数据表不同,窗体本身不存储数据,数据存储在数据表中。窗体的数据源是数据表或查询。窗体可以显示数据和信息,在窗体上可以显示各种提示信息,可以浏览、添加、修改、删除数据;窗体可以通过窗体中的控件来控制程序的流向;窗体也可以打印指定的数据。本节需要完成下面的任务。

任务 4-1 使用向导创建窗体

在 Access 中可以采用窗体向导或设计视图的方式来创建窗体。不同的方法有各自不同的操作过程和特点。而使用窗体向导创建不同类型的窗体是比较快速、简便的方法。

4.1.1 使用自动创建方法创建窗体

任务实例 4.1 在"图书管理系统"数据库中,使用"读者表"创建表格式窗体。

任务分析

◆ 方法:使用"自动创建窗体:表格式"。

◆ 数据源:读者信息表。

◆ 窗体名称:读者信息表格式窗体。

任务解决过程

(1) 新建窗体。打开"图书管理系统"数据库窗口,单击"对象"下的"窗体"。单击"新建"按钮,显示"新建窗体"对话框。

(2) 确定窗体显示方式和数据源。在对话框中选择"自动创建窗体:表格式"选项。在"请选择该对象数据的来源表或查询"处,选择"读者信息表"选项。设置如图 4.1 所示。

(3) 单击"确定"按钮,显示新建的以学生表

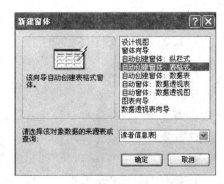

图 4.1 新建自动窗体对话框

· 135 ·

为数据源的自动创建的表格式窗体，如图 4.2 所示。

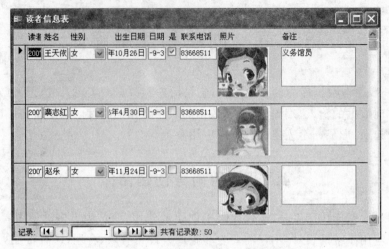

图 4.2　"读者信息表"格式窗体

（4）保存窗体。单击工具栏上的"保存"按钮，在"另存为"对话框中输入窗体名称"读者信息表格式窗体"，如图 4.3 所示，单击"确定"按钮，这样就建立了窗体。

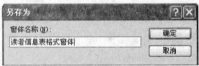

图 4.3　"另存为"对话框

相关知识点细述

（1）使用自动创建的方式创建窗体是非常快捷的方法。

（2）使用自动创建方式可以创建 5 种不同显示方式的窗体："自动创建窗体：纵栏式"、"自动创建窗体：表格式"、"自动创建窗体：数据表"、"自动窗体：数据透视表"、"自动窗体：数据透视图"。读者可以根据具体情况选择使用。

边学边练

创建一个"图书信息表"纵栏式窗体。

请思考

利用自动创建的方法虽然快捷，但有什么不足吗？是否可以在窗体中显示表中的部分信息？

4.1.2　使用窗体向导创建窗体

1. 创建基于单表的窗体

任务实例 4.2　在"图书管理系统"数据库中，使用"读者信息表"创建表格式窗体，显示读者编号、姓名、办证日期和联系电话。

任务分析

◆　方法：使用"窗体向导"创建窗体。

◆　数据源：读者信息表。

◆　窗体名称：单表单个窗体。

任务解决过程

（1）在数据库窗口中，单击"对象"下的"窗体"。双击"使用向导创建窗体"选项，显示"窗体向导"对话框。

（2）确定窗体字段。在"表/查询"下拉列表中选择"表：读者信息表"作为数据源。在"可用字段"列表框中，选择"读者编号"、"姓名"、"办证日期"和"联系电话"字段并添加到"选定的字段"框中，设置如图 4.4 所示。然后单击"下一步"按钮。

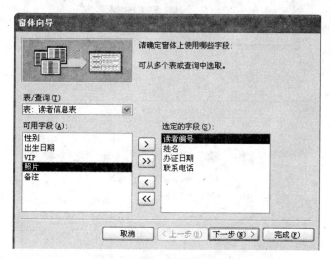

图 4.4　"窗体向导"对话框

（3）确定窗体布局。选择"表格"，如图 4.5 所示，单击"下一步"按钮。

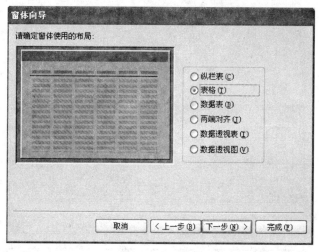

图 4.5　确定窗体布局

（4）确定窗体所用样式。选择"蓝图"选项，如图 4.6 所示，单击"下一步"按钮。

（5）为窗体指定标题。在窗体栏中输入"单表单个窗体"文字，如图 4.7 所示。

（6）单击"完成"按钮，结果如图 4.8 所示。

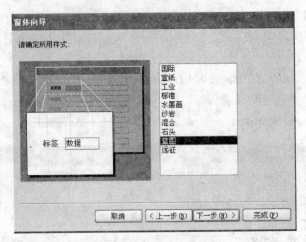

窗体向导
请确定所用样式:
XXX
标签
数据
国际
宣纸
工业
标准
水墨画
沙岩
混合
石头
蓝图
远征
取消
< 上一步(B)
下一步(N) >
完成(F)

图 4.6　确定样式

窗体向导
请为窗体指定标题:
单表单个窗体
以上是向导创建窗体所需的全部信息。
请确定是要打开窗体还是要修改窗体设计:
打开窗体查看或输入信息(O)
修改窗体设计(M)
显示有关使用窗体的帮助(H)
取消
< 上一步(B)
下一步(N) >
完成(F)

图 4.7　确定窗体标题

单表单个窗体
读者编号 姓名
办证日期 联系电话
2007001 王天依 2007年9月3日 83668511
2007002 裴志红 2007年9月3日 83668511
2007003 赵乐 2007年9月3日 83668511
2007004 杜超 2007年9月3日 83668631
2007005 张寅雪 2007年9月3日 83668511
2007006 苏秀 2007年9月3日 83668511
记录:
1
共有记录数: 50

图 4.8　由读者信息表创建的窗体

相关知识点细述

(1) 使用窗体向导创建的窗体,可以选取表中的部分字段创建窗体。

(2) 使用向导可以创建多种类型的窗体。Access 提供了 6 种类型的窗体:纵栏式窗

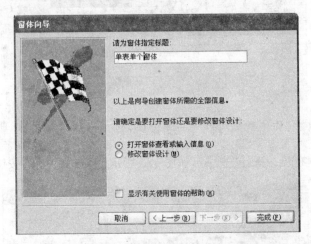

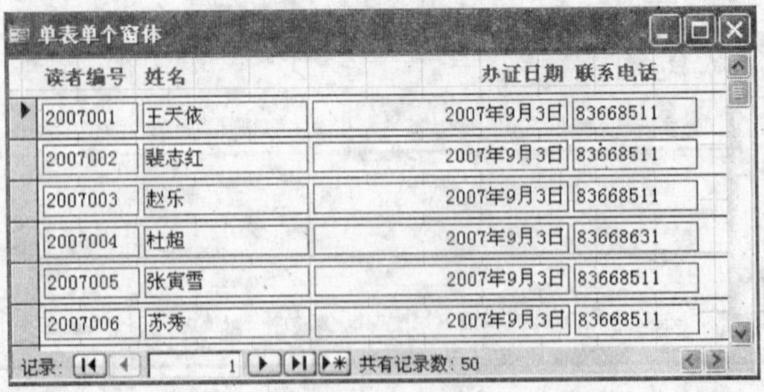

体、表格式窗体、数据表窗体、主/子窗体、图表窗体和数据透视表窗体。各种类型的窗体特点如下。

❖ 纵栏式窗体：常用于输入数据，每次只显示一条记录，记录中各字段纵向排列。一般每个字段的标签放在左边，显示字段名，字段内容放在右边。

❖ 表格式窗体：每个字段的名称放在窗体页眉，横向排列，记录纵向排列。在一个窗体中显示多条记录内容。可通过滚动条来查看和浏览其他记录。

❖ 数据表窗体：从外观上看与数据表和查询显示数据界面相同，一般将这种形式的窗体作为一个窗体的子窗体。

❖ 主/子窗体：窗体中的窗体称为子窗体，包含子窗体的窗体被称为主窗体。主窗体只能显示为纵栏式的窗体，子窗体可以显示为表格式窗体，也可以显示为数据表窗体。子窗体中还可以创建子窗体。主窗体显示某一条记录，在子窗体中就会显示与主窗体当前记录相关的信息。

❖ 图表窗体：Access 2003 提供了多种图表可供选择，包括折线图、柱形图、饼图、面积图等。图表窗体可以单独使用，也可以将它嵌入到其他窗体中作为子窗体。

❖ 数据透视表窗体：数据透视表是一种交互式表，可改变表格内的数据，也可动态改变透视表的布局。数据在数据透视表中的排列的不同，会影响计算结果。数据透视表窗体对数据进行的处理是 Access 中其他工具无法完成的。

边学边练

将"出版社信息表"作为数据源创建一个窗体，显示出版社的名称、邮政编码、通讯地址和联系电话。

请思考

如果我们要显示的数据在不同表中，还能够使用窗体向导创建窗体吗？

2. 创建基于多表的窗体

任务实例 4.3　在"图书管理系统"数据库中，使用"图书信息表"和"出版社信息表"创建多表纵栏式窗体，显示书名、作者、售价、出版社名称、通讯地址和联系电话。

任务分析

◆ 方法：使用"窗体向导"创建窗体。

◆ 数据源：图书信息表和出版社信息表。

◆ 窗体名称：多表单个窗体。

任务解决过程

(1) 在数据库窗口中，单击"对象"下的"窗体"。双击"使用向导创建窗体"选项，显示"窗体向导"对话框。

(2) 确定窗体的字段。选择"图书信息表"作为数据源，选择"书名"、"作者"、"售价"字段并添加到"选定的字段"框中；然后再选择"出版社信息表"作为数据源，并选择"出版社名称"、"通讯地址"和"联系电话"字段并添加到"选定的字段"框中，设置如图 4.9 所示。然后单击"下一步"按钮。

(3) 确定查看数据的方式。选择"通过图书信息表"选项，如图 4.10 所示，然后单击"下一步"按钮。

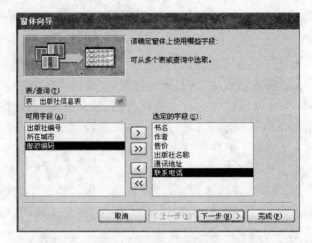

图 4.9　确定窗体的字段

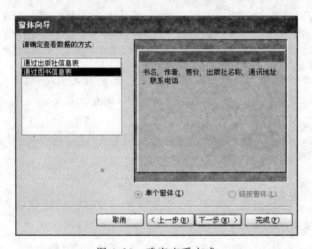

图 4.10　确定查看方式

（4）确定窗体布局。选择"纵栏表"，如图 4.11 所示，然后单击"下一步"按钮。

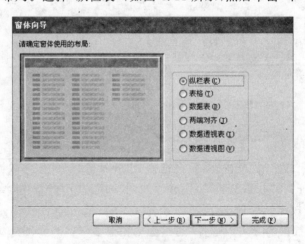

图 4.11　确定窗体布局

（5）确定窗体所用样式。选择"工业"选项，如图 4.12 所示，然后单击"下一步"按钮。

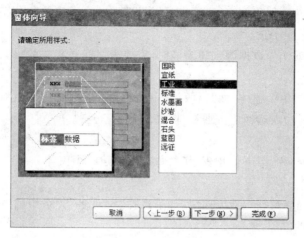

图 4.12　确定所用样式

（6）为窗体指定标题。在窗体栏中输入"多表单个窗体"文字，如图 4.13 所示。

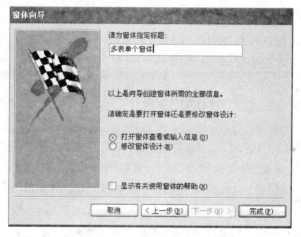

图 4.13　确定窗体标题

（7）单击"完成"按钮，显示如图 4.14 所示的窗体。

图 4.14　由图书信息表和出版社信息表创建的窗体

相关知识点细述

（1）使用窗体向导创建的窗体，不仅可以只选取一个表中的部分字段，也可以选取多个表中的部分字段。

（2）使用多个表作为数据源创建窗体时，需要表之间是相关的，即首先建立好表之间的关系。

（3）由于要创建单个窗体，而"出版社信息表"和"图书信息表"具有一对多的关系，在确定查看数据方式时，需选择多方通过"图书信息表"查看。

边学边练

将"图书馆藏表"和"图书信息表"作为数据源创建一个窗体。

请思考

本实例中，在选择数据查看方式时，如果选择"一对多"关系中的"一"方"出版社信息表"，窗体会如何显示？

3. 创建基于多表的主/子窗体

任务实例4.4 使用"读者信息表"和"图书借阅表"创建主/子窗体。

任务分析

◆ 方法：使用"窗体向导"创建窗体。

◆ 数据源：读者信息表和图书借阅表。

◆ 窗体名称：多表主子窗体。

任务解决过程

（1）在数据库窗口中，单击"对象"下的"窗体"。双击"使用向导创建窗体"选项，显示"窗体向导"对话框。

（2）确定窗体字段。选择"表：读者信息表"作为数据源，选择"读者编号"、"姓名"、"联系电话"字段并添加到"选定的字段"框中；然后再选择"图书借阅表"作为数据源，选择"图书条码"、"借出时间"和"归还时间"字段并添加到"选定的字段"框中，设置如图4.15所示。然后单击"下一步"按钮。

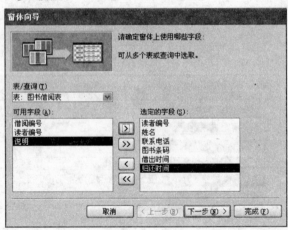

图4.15 选定显示字段的窗体向导

（3）确定查看数据方式。选择"通过读者信息表"选项，确认选中"带有子窗体的窗体"单选按钮，如图 4.16 所示，然后单击"下一步"按钮。

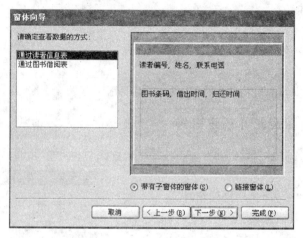

图 4.16　确定查看方式

（4）确定窗体布局。选择"数据表"，然后单击"下一步"按钮。

（5）确定窗体所用样式。选择"标准"，然后单击"下一步"按钮。

（6）为窗体指定标题。在窗体栏中输入"读者信息主子窗体"文字，在子窗体栏中输入"图书借阅表子窗体"文字，如图 4.17 所示。

（7）单击"完成"按钮，显示如图 4.18 所示的窗体。

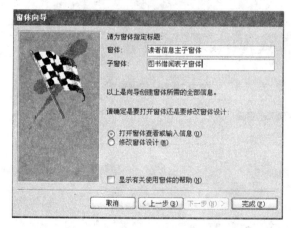

图 4.17　确定主子窗体标题

图 4.18　基于多表的主子窗体

相关知识点细述

（1）创建多表的主/子窗体前，需要确定作为主窗体的数据源与作为子窗体的数据源之间存在"一对多"的关系。如果没有建立好表之间的关系，则不能建立相关信息的子窗体。

（2）在创建基于多个表的单个窗体时，在"请确定查看数据的方式"中，是通过"一对多"关系中的"多"端查看。而在创建基于多表的主/子窗体时，需要选择通过"一对多"关系中的"一"端查看。

（3）在确定查看数据方式对话框中，如果选择"链接窗体"，那么创建的是基于多表的主窗体和弹出式窗体。

边学边练

请练习将本实例创建成弹出式主子窗体。

请思考

如果两个表之间没有建立"一对多"的关系，能基于这两个表创建主子窗体吗？

4.1.3 使用图表向导创建窗体

任务实例 4.5 根据读者的出生年份，创建统计生日分布情况的三维柱形图窗体。

任务分析

◆ 方法：使用"图表向导"创建窗体。

◆ 数据源：读者信息表。

◆ 窗体名称：读者生日图表。

任务解决过程

（1）在数据库窗口中，单击"对象"下的"窗体"。单击"新建"按钮，选择"图表向导"选项，在来源表中选择"读者信息表"，如图 4.19 所示，然后单击"确定"按钮。

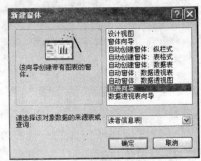

图 4.19 "新建窗体"对话框

（2）确定用于图表的字段。选择"出生日期"字段，如图 4.20 所示，然后单击"下一步"按钮。

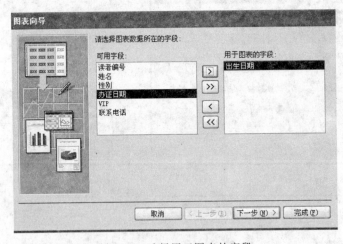

图 4.20 选择用于图表的字段

（3）确定图表类型。选择"三维柱形图"，如图 4.21 所示，然后单击"下一步"按钮。

（4）指定数据在图表中的布局方式。将"出生日期"字段拖放到"系列"中，如图 4.22 所示。双击"出生日期"字段，在弹出的"分组"对话框中选择"年"选项，表示对出生日期按年分组，如图 4.23 所示，然后单击"下一步"按钮。

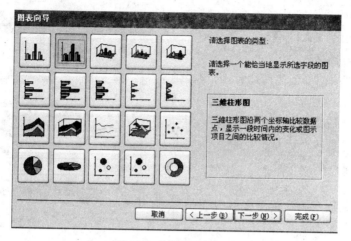

图 4.21 选择图表类型

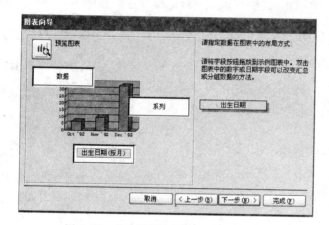

图 4.22 指定数据在图表中的布局方式

图 4.23 确定分组依据

（5）指定图表标题。输入"读者生日图表"文字，如图 4.24 所示。

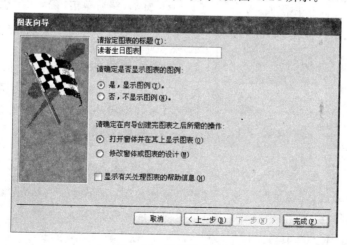

图 4.24 指定图表标题

（6）单击"完成"按钮，并将窗体保存为"读者生日图表"，如图4.25所示。

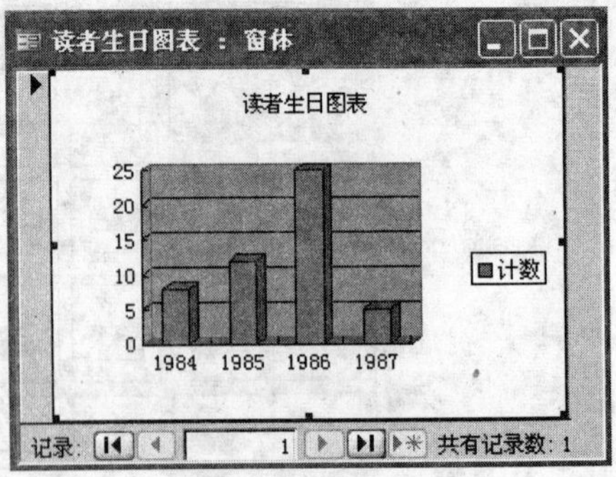

相关知识点细述

（1）利用图表向导创建窗体时，向导提供了20种图表类型，如"柱形图"、"饼图"等。不同图表类型能够描述的数据类型和关系也不一样。

（2）在指定布局方式时可以设置汇总或分组数据的方法。

边学边练

参考本实例创建统计读者生日分布情况的饼图类型窗体。

请思考

使用我们前面学过的方法创建的窗体，能够对数据进行汇总分析吗？

图4.25 读者生日窗体

4.1.4 使用"数据透视表向导"创建窗体

任务实例 4.6 以"图书信息表"为数据源，使用"数据透视表向导"创建数据透视表窗体，以"类别码"和"出版社编号"为筛选字段，将"馆藏数量"作为行字段，将"售价"作为列字段，显示"索书号"，窗体名称为"图书数据透视表"。

任务分析

◆ 方法：使用"数据透视表向导"创建窗体。

◆ 数据源：图书信息表。

◆ 窗体名称：图书数据透视表。

任务解决过程

（1）确定窗体显示形式和数据源。在"新建窗体"对话框中选择"数据透视表向导"选项，在来源表中选择"图书信息表"选项，如图4.26所示，然后单击"确定"按钮。

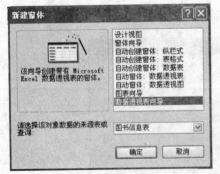

图4.26 "新建窗体"对话框

（2）出现数据透视表向导窗体，如图4.27所示，然后单击"下一步"按钮。

（3）确定用于透视表的字段。选择"索书号"、"类别码"、"售价"、"出版社编号"、"馆藏数量"字段，如图4.28所示，单击"完成"按钮。

（4）系统弹出数据透视表窗体，如图4.29所示。

（5）将"类别码"字段拖放到"筛选区"；"出版社编号"字段也拖放到"筛选区"；将"售价"字段拖放到"列字段区"；将"馆藏数量"字段拖放到"行字段区"；将"索书号"字段拖放到"明细字段区"，如图4.30所示。

（6）保存窗体。选择"文件"菜单下的"保存"命令，窗体保存为"图书数据透视表"。

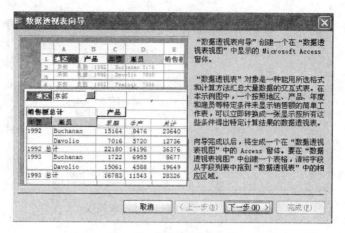

图 4.27　数据透视表向导

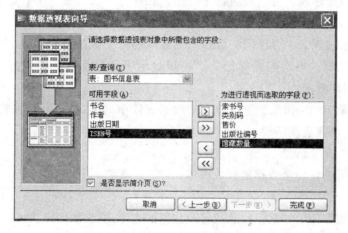

图 4.28　选择用于透视表的字段

图 4.29　窗体的数据透视表视图

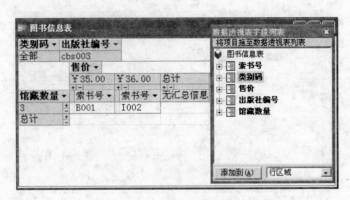

图 4.30　完成的数据透视表视图

相关知识点细述

（1）使用数据透视表可以按照选定的格式和计算方法汇总并分析数据，可以查看不同级别的信息。

（2）在数据透视表中可以同时显示明细数据和汇总数据，展开字段名右侧的小三角可以选择显示数据。单击加号标记"＋"可以显示明细数据和汇总数据；单击减号标记"－"，则隐藏明细数据。

（3）在步骤(5)中，如果想更改数据透视表窗体中的字段布局，可以将窗体中的字段拖放到窗体外，再拖进新字段。

边学边练

参考本实例创建一个数据透视表窗体。

请思考

如果想修改窗体上的显示信息或修改数据的来源，应该如何操作？

4.2　使用设计视图创建窗体

4.2.1　使用设计视图创建窗体

在创建窗体的过程中，可以使用"窗体向导"快速地创建窗体，也可以使用"设计视图"创建窗体。在实际应用过程中，可以根据具体情况选用不同的方法，也可将二者结合使用。

任务 4-2　使用设计视图创建窗体

任务实例 4.7　使用窗体设计视图创建读者信息窗体。

任务分析

◆　方法：使用"设计视图"创建窗体。

◆　数据源：读者信息表。

◆　窗体名称：读者信息窗体。

任务解决过程

（1）创建窗体。打开"图书管理系统"数据库窗口，双击"在设计视图中创建窗体"选项，显示如图 4.31 所示的空白窗体设计视图。

（2）设置记录源。单击工具栏上的"属性"按钮，在属性窗口"记录源"属性的下拉列表中选择"读者信息表"选项，出现字段列表框，如图 4.32 所示。

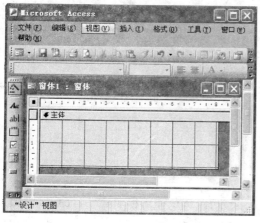

图 4.31 窗体设计视图

图 4.32 窗体属性窗口和字段列表框

（3）设置窗体字段。关闭属性窗口，将字段列表中的字段逐个拖动到窗体设计视图，如图 4.33 所示。

（4）保存窗体。单击工具栏上的"保存"按钮，在"另存为"窗口输入窗体名称为"读者信息窗体"，然后单击"确定"按钮。

（5）选择"视图"菜单上的"窗体视图"命令，显示窗体设计结果，如图 4.34 所示。

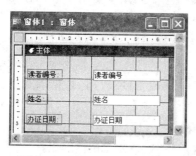

图 4.33 在设计视图添加字段

图 4.34 读者信息窗体

相关知识点细述

（1）一个完整的窗体由 5 个部分组成，每个部分称为一个节。这 5 个节分别是窗体页眉、页面页眉、主体节、页面页脚和窗体页脚，如图 4.35 所示。大部分窗体只有主体节，其他节可根据需要来显示。可以利用视图菜单下的"页面页眉/页脚"、"窗体页眉/页脚"来实现页眉、页脚的显示和隐藏。

◇ 窗体页眉位于窗体视图的顶部，一般用来设置所有记录都要显示的内容。如窗体的标题、窗体的使用说明、命令按钮或接受输入的未绑定控件。打印时，窗体页眉

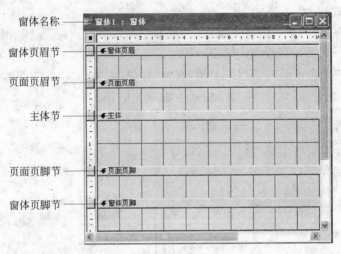

图 4.35 窗体设计视图

显示在第一页的顶部。

◇ 窗体页脚位于窗体的底部。一般用于设置窗体的使用说明等。打印时,窗体页脚显示在最后一页的最后一个主体节之后。

◇ 页面页眉一般用于设置窗体打印时要在每一页上方显示的信息,例如,窗体中每页的顶部显示的标题、列标题、日期或页码。

◇ 页面页脚一般用于设置窗体打印时要在每一页下方显示的信息,例如,在窗体和报表中每页的底部显示的汇总、日期或页码等。

◇ 主体节用于显示窗体的主要部分,通常显示记录数据。可以在页面上只显示一条记录,也可以显示多条记录。主体节通常包含绑定到记录源中字段的控件,但也可能包含未绑定控件,如标签等。

在窗体中还可包含控件对象,如标签、文本框、复选框、列表框、命令按钮、图像、列表框、组合框等控件,它们在窗体中的作用各不相同。在创建窗体时,可根据需要选择使用。

(2) Access 数据库的窗体有 5 种视图方式:设计视图、窗体视图、数据表视图、数据透视表视图和数据透视视图。

◇ 窗体的设计视图主要用于创建窗体和修改窗体,在设计视图中可以更改窗体的设计,可以添加、修改或删除控件等,可以设置窗体、各个节和控件的属性。

◇ 窗体的窗体视图主要用于显示记录数据,编辑、添加或修改表中的数据。

◇ 窗体的数据表视图以行列格式显示窗体的数据。在数据表视图下也可以编辑、添加或修改表中的数据。它和窗体视图的主要区别在于显示方式的不同。

◇ 数据透视表视图以数据透视表的形式显示数据,使用数据透视表通过拖动字段和项,或者通过显示或隐藏字段下拉列表中的项来方便汇总和分析数据表或窗体中的数据。

◇ 数据透视视图是以图形方式显示和分析数据表或窗体中的数据。

(3) 使用设计视图创建窗体时,选择了窗体的数据源后,如果字段列表框没有打开,可以选择"视图"菜单下的"字段列表"命令。

边学边练

使用设计视图创建一个图书借阅表窗体,显示"读者编号"、"借出时间"和"归还时间"。

请思考

使用设计视图创建窗体时,会出现一个工具箱,工具箱能做什么呢?

4.2.2 工具箱

工具箱是 Access 提供的可视化的窗体设计工具。工具箱提供了常用的控件。控件是窗体上用于显示数据、执行操作、装饰窗体的对象,使窗体、报表或数据访问页更易于阅读。

1. 显示和隐藏工具箱

在窗体的设计视图中,若屏幕上没有显示工具箱,可以选择"视图"菜单上的"工具箱"命令打开工具箱,或者单击工具栏上的"工具箱"按钮 。

单击工具箱窗口的"关闭"按钮,或者选择"视图"菜单上的"工具箱"命令可以关闭工具箱。

Access 工具箱有很多控件,包含有文本框、标签、选项组、复选框、切换按钮、组合框、列表框、命令按钮、图像控件、绑定对象框、未绑定对象框、子窗体/子报表、分页符、线条、矩形以及 ActiveX 自定义控件,具体参见图 4.36 所示。

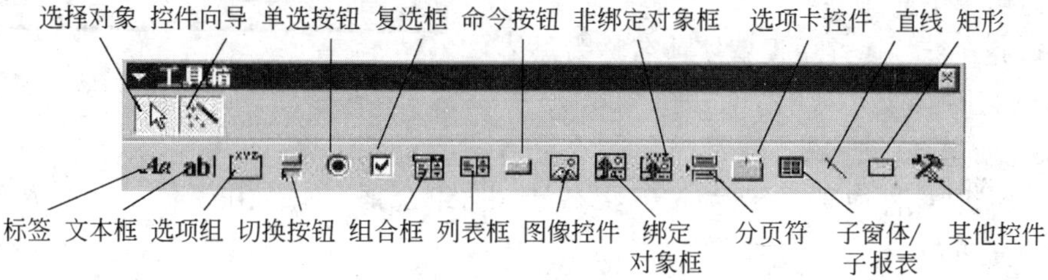

图 4.36 工具箱控件名称

2. 工具箱中控件的锁定和解除锁定

当需要重复操作某个控件时,为方便操作,可以将其锁定。例如,如果要在窗体中添加多个标签,则可以锁定工具箱中的"标签"工具。锁定控件中的一个控件的方法是,双击该控件;若要解除对控件的锁定,单击"选择对象"按钮 或按 Esc 键。

3. 控件向导

在默认情况下,"控件向导" 按钮是按下的状态。"控件向导"按钮是按下状态时,使用工具箱中的控件在设计视图创建控件时,会自动启动相应的向导,如文本框向导、命令按钮向导等,以方便对控件的相关属性进行设置。否则,不启动控件相应的向导。

4.2.3 窗体中控件及其应用

Access 中有许多控件,按照控件和数据源的关系可以分为绑定型、非绑定型和计算型 3 类。

◇ 绑定控件：与数据源中的字段相关联。

◇ 非绑定控件：没有数据源。

◇ 计算控件：以表达式作为数据源。

标签、文本框、组合框和按钮都是窗体中常用的控件。标签主要用来在窗体中显示说明性文本信息。文本框是可以显示和输入数据的控件。组合框可以在选项中选取值，也可以直接输入值。命令按钮的功能是执行各种操作。

任务 4-3　常用控件的应用

任务实例 4.8　使用 Access 提供的控件，完成如图 4.37 所示的欢迎窗体。

任务分析

◆ 方法：使用工具箱的标签、文本框、组合框和按钮控件。

◆ 窗体名称：欢迎窗体。

任务解决过程

（1）创建新窗体。双击"在设计视图中创建窗体"选项。窗体保存为"欢迎"。

（2）创建标签。单击工具箱中的"标签"控件，在窗体的恰当位置画矩形框，在框中输入"欢迎使用图书管理系统"文字，将字体颜色设为蓝色，并在标签属性中设置字体名称为黑体，字号为 14。

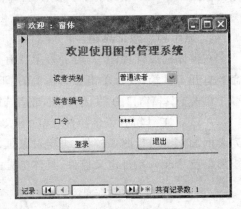

图 4.37　欢迎的窗体

（3）创建组合框。

① 确认"控件向导"按钮为按下状态，单击"组合框"控件，在主体节中要放置"组合框"的位置单击。

② 确认组合框获取数值的方式。在弹出的"组合框向导"对话框中选中"自行键入所需的值"单选按钮，如图 4.38 所示，单击"下一步"按钮。

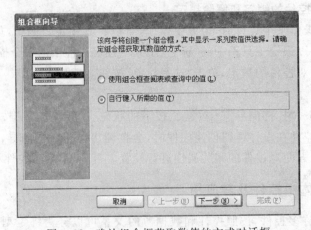

图 4.38　确认组合框获取数值的方式对话框

③ 确定组合框中显示的值。在第 1 列输入"普通读者"、"VIP 读者",如图 4.39 所示,单击"下一步"按钮。

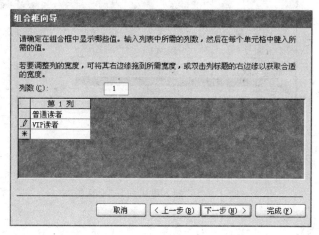

图 4.39　确定组合框中显示的值

④ 为组合框标签指定标题。输入"读者类别",如图 4.40 所示,单击"完成"按钮。

图 4.40　确定组合框标签的标题图

(4) 创建文本框。

① 确认"控件向导"按钮为非按下状态,单击"文本框"控件,在窗体的恰当位置画矩形框,将文本框的标签标题设为"读者编号"。

② 同样再创建一个文本框,将文本框的标签标题设为"口令"。在文本框属性对话框中"数据"下"输入掩码"属性框右侧单击[…]按钮,在"输入掩码向导"对话框中选择"密码"行,如图 4.41 所示,单击"完成"按钮。

(5) 创建命令按钮。确认控件向导为非按下状态,单击"命令按钮"控件,在窗体的恰当位置画矩形框,在按钮的属性对话框中将标题属性设为"登录"。以同样的方式创建"退出"按钮。"欢迎"窗体就完成了。

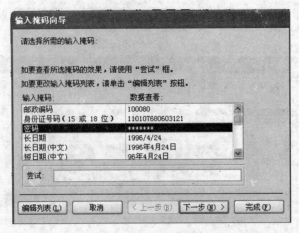

图 4.41 "输入掩码向导"对话框

相关知识点细述

（1）标签不显示字段或表达式的值，没有数据来源，它总是非绑定型的。

（2）使用工具箱中标签控件创建的标签是独立的标签，并不附加到任何其他控件上。使用工具箱中的工具创建文本框时，前面有一个附加的标签显示文本框的标题。

（3）组合框和列表框控件可以帮助用户方便地输入值，或用来确保在字段中输入值是正确的。组合框实际上是列表框和文本框的组合。可以在组合框输入新值，也可以从列表框中选择一个值。列表框可以包含一列或几列数据，每行也可以有一个或几个字段。列表框的创建可使用工具箱的 ⊟⊟ 按钮，创建方法与组合框的创建方法类似。

任务实例 4.9 使用窗体设计视图创建窗体，如图 4.42 所示，窗体页眉显示"图书借阅信息"，窗体显示"读者编号"、"姓名"、"性别"、"借出时间"、"归还时间"和"借出天数"；分别添加显示文本按钮"第一项"、"最后一项"，添加显示图片"转至下一项"、"转至前一项"命令按钮。

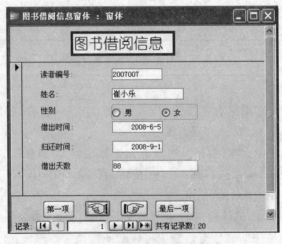

图 4.42 图书借阅信息窗体

任务分析

◆ 方法：使用工具箱的标签、文本框、选项组控件和命令按钮。

◆ 数据源：图书借阅表和读者信息表。

◆ 窗体名称：图书借阅信息窗体。

任务解决过程

（1）创建新窗体。双击"在设计视图中创建窗体"选项，然后单击工具栏中的"属性"按钮，在窗体属性对话框中选择"数据"选项卡，在记录源下拉列表中选择"图书借阅表"，单击右侧的 ⋯ 按钮，出现 SQL 语句查询生成器，显示"读者信息表"和"图书借阅表"，选择相应的字段，如图 4.43 所示。关闭 SQL 语句查询生成器。

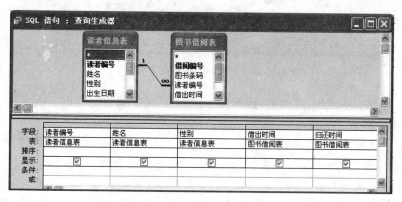

图 4.43　SQL 语句查询生成器

（2）创建标签。

① 选择"视图"菜单上的"窗体页眉/页脚"命令，窗体中显示"窗体页眉/页脚"节，单击窗体页眉的"节选定器"。

② 单击工具箱中的"标签"控件按钮，单击要放置标签的窗体页眉处，在标签中输入"图书借阅信息"文字，并在属性中设置字体名称为幼圆，字号为 18，边框颜色为蓝色，边框宽度为 3 磅，背景色设为黄色，如图 4.44 所示。关闭属性对话框。

（3）创建文本框。

① 将字段列表中的"读者编号"、"姓名"、"借出时间"和"归还时间"拖动到主体节上，如果字段列表的内容没有显示出来，可单击工具栏中的字段列表按钮 ▤。

图 4.44　添加标签的窗体

② 单击工具箱中的"文本框"控件按钮 abl 后，在主体节上要创建文本框的位置单击，显示出"文本框向导"对话框，如图 4.45 所示。单击"完成"按钮，就会在窗体主体节中添加一个文本框。

③ 更改文本框附加的标签标题为"借出天数"。单击工具栏上的"属性"按钮，在"属性"表中单击"控件来源"属性框，输入"＝［归还时间］－［借出时间］"，或直接在文本框中

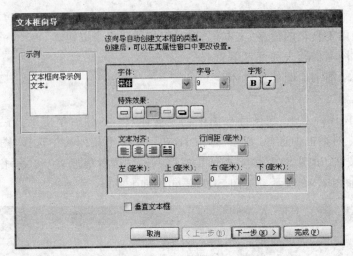

图 4.45　"文本框向导"对话框

输入"＝[归还时间]－[借出时间]"，如图 4.46 所示。关闭属性对话框。

（4）创建选项组。

① 单击工具箱中的"选项组"控件，在主体节中要放置"选项组"的位置单击，显示"选项组向导"对话框，在"标签名称"下输入"男"、"女"，如图 4.47 所示，单击"下一步"按钮。

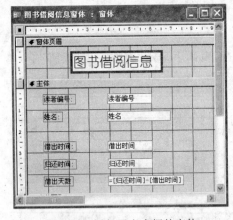

图 4.46　添加了文本框的窗体

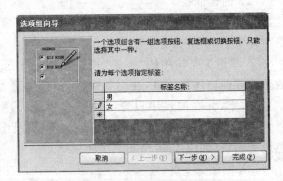

图 4.47　设置选项组标签

② 确定使某选项成为默认选项。选中"是，默认选项是"单选按钮，如图 4.48 所示，单击"下一步"按钮。

③ 设置选项的值。"男"选项值为"11"，"女"选项值为"12"，如图 4.49 所示。此处需要预先在"读者信息表"的性别列中以"11"表示"男"，以"12"表示"女"，单击"下一步"按钮。

④ 确定对所选项采取的动作。选中"在此字段中保存该值"单选按钮，在下拉列表框中选择"性别"字段，如图 4.50 所示，单击"下一步"按钮。

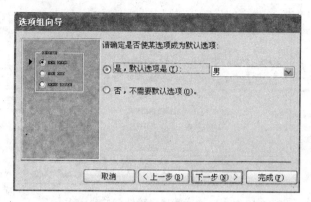

图 4.48　确定某选项为默认选项

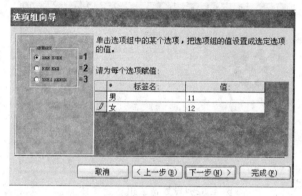

图 4.49　为每个选项赋值对话框

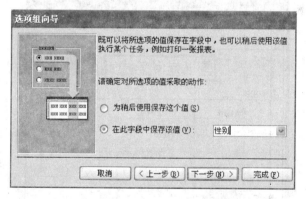

图 4.50　确定保存值的字段

　　⑤ 确定选项使用控件类型。在"请确定在选项组中使用何种类型的控件"选项组中选中"选项按钮"单选按钮,在"请确定所用样式"选项组中选择"平面"样式,如图 4.51 所示,单击"下一步"按钮。

　　⑥ 为选项组指定标题。输入"性别",如图 4.52 所示。单击"完成"按钮,调整选项组标签和选项的位置,窗体设计视图如图 4.53 所示。

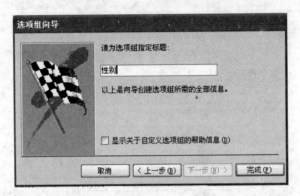

图 4.51 确定选项组控件类型和样式

图 4.52 设置选项组标题窗体

图 4.53 添加了选项组的窗体

(5) 创建命令按钮。

① 确定命令按钮的类别。单击工具箱中的"命令按钮"控件,在要放置命令按钮的窗体页脚处单击,在"命令按钮向导"对话框的"类别"框中,选择"记录导航"项,在对应的"操

作"框中选择"转至下一项记录"选项,如图 4.54 所示,单击"下一步"按钮。

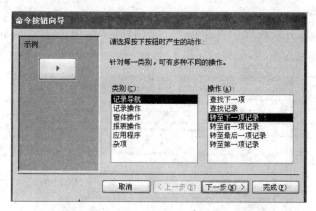

图 4.54　选择按下按钮时产生的动作对话框

　　② 确定按钮的形式。选择"图片"选项,选择"指向右方",如图 4.55 所示。单击"下一步"按钮。如果要在命令按钮上显示文本,在此对话框中选择文本即可。

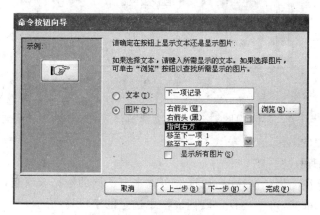

图 4.55　确定按钮形式对话框

　　③ 指定命令按钮的名称。输入"next",如图 4.56 所示。

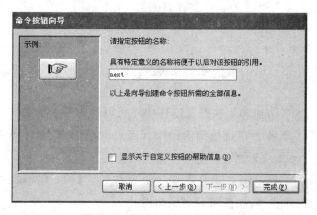

图 4.56　指定按钮名称对话框

④ 单击"完成"按钮,在窗体设计视图中添加了一个图片显示的转至下一项记录的命令按钮 👉 。

⑤ 仿照上述步骤分别添加转至上一项记录的命令按钮 👈 。添加显示文本"第一项"和"最后一项"的命令按钮,如图 4.57 所示。

图 4.57 图书借阅信息窗体

⑥ 单击工具栏上的"窗体视图"按钮,切换到窗体视图,分别单击各个命令按钮,查看执行各个命令按钮的效果。

相关知识点细述

(1) 使用设计视图创建窗体时,数据源可以来自不同的数据表或查询。

(2) 创建文本框时,可直接将字段列表框中选定的字段拖动到设计视图窗体,左边用于显示字段标题的控件是标签,右边是绑定了字段内容的文本框。

(3) 文本框分为绑定型、非绑定型和计算型 3 种类型。绑定型的文本框与某个字段中的数据相结合。非绑定型的文本框没有数据源,文本框内会显示"未绑定"。在文本框属性的控件来源中输入公式或函数表达式,即可作为计算控件。

(4) 选项组控件是一个容器控件,它由一个组框架、复选框、切换按钮或选项按钮组成。可以使用选项组来显示一组限制性的选项值。选项组的值只能是数字,而不能是文本。

(5) 切换按钮、选项按钮和复选框在窗体中均可以作为一个单独的控件使用,都是用于表示"是/否"类型的数据。单选按钮内出现圆点表示被选中,如 ◉ 是否VIP ;复选框内出现对号表示被选中,如 ☑ 是否VIP ;切换按钮按下状态表示被选中,如 [是否VIP] 。

(6) 命令按钮有两种形式,一种是在通过设置按钮的标题属性,在按钮上显示文本;另一种设置按钮的图片属性,在按钮上显示出图片。

(7) 单击命令按钮也可以执行某个事件,这需要编写宏或事件过程将它附加在按钮的"单击"属性中。

边学边练

(1) 创建一个窗体,窗体内包含三个文本框,在两个文本框中随机输入数值,就会在第三个文本框中显示两个数的平方差的结果。

(2) 自行设计一个窗体,窗体内包含标签、文本框、命令按钮选项组的使用。

4.3 设置窗体和控件属性

窗体"设计视图"中包含了窗体本身和各类控件。窗体本身具有属性,窗体中的控件也具有相应的属性。属性影响窗体和控件的结构和外观。

任务 4-4 设置窗体和控件的属性

任务实例 4.10 设置"图书借阅信息窗体"的相关属性,将窗体"标题"修改为"窗体属性练习",将窗体边框改为"对话框边框"样式,取消窗体中的水平和垂直滚动条、记录选定器、导航按钮和分隔线。

任务分析

◆ 方法:使用"属性"窗口设置相应的属性。

◆ 操作对象:图书借阅信息窗体。

任务解决过程

(1) 在数据库窗口选中"窗体借阅信息窗体",单击"设计"按钮。

(2) 单击工具栏上的"属性"按钮,出现属性对话框。在文本框列表中选择"窗体",单击"格式"选项卡。

(3) 将"标题"属性设置为"窗体属性练习",边框样式设置为"对话框边框"。

(4) 将"滚动条"属性设为"两者均无","记录选定器"属性、"导航按钮"和"分隔线"属性均选择"否",如图 4.58 所示。

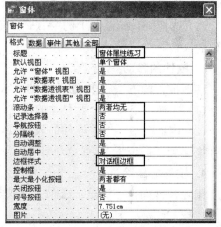

图 4.58 "属性"窗口的设置

相关知识点细述

(1) 窗体属性和各控件属性分为"格式"、"数据"、"事件"、"其他"和"全部"5 个选项卡。

◇ 格式:包括与显示有关的属性,如控件的大小、边距、背景色、边框的样式等属性。

◇ 数据:包括控件来源、输入掩码、有效性规则等属性。

◇ 事件:包括控件的事件操作,如单击、双击、鼠标移动、鼠标释放等属性。

◇ 其他:包括控件的名称、输入法模式、允许自动更正等属性。

◇ 全部:包含其他 4 个选项卡的所有属性。

(2) 进行属性的设置时,首先选中要设置的对象,再进行设置。

边学边练

练习设置窗体或控件的其他属性。

4.4 窗体的修饰

创建出窗体以后,常常希望它美观、漂亮。这就需要进一步进行修饰。

4.4.1 控件操作

窗体中的控件的操作主要包括,调整控件大小,选择、复制、移动、删除控件,对齐和设置控件等操作。

1. 控件的选择

选择一个控件:单击该控件。

选择多个控件:按住 Shift 键分别单击要选择的控件。

使用标尺选择控件:将光标移到水平标尺,鼠标指针变为向下箭头后,拖动鼠标到所需要选择的位置。

选择全部控件:选择"编辑"菜单上的"全选"命令或者使用快捷键 Ctrl+A。

2. 控件的复制

复制控件的操作步骤如下。

(1) 选择一个或多个要复制的控件。

(2) 选择"编辑"菜单上的"复制"命令,或单击工具栏上的"复制"按钮。

(3) 将鼠标移动到要复制的节位置处,单击鼠标左键,确定控件的位置。

(4) 选择"编辑"菜单上的"粘贴"命令,或单击工具栏上的"粘贴"按钮,即可完成复制控件的操作。

3. 控件的移动

移动控件的方法很多,最简单的方法是使用鼠标移动,操作步骤如下。

(1) 选择一个或多个要移动的控件。

(2) 将鼠标移动选中控件的表框处,使鼠标指针变为手掌形状时,按下鼠标左键,将控件拖动到所需位置。

4. 控件的删除

删除控件操作方法是:选择一个或多个要删除的控件,选择"编辑"菜单上的"删除"命令或按 Del 键。

5. 对齐控件

对齐控件的操作方法是:选择多个要对齐的控件,选择"格式"菜单上的"对齐"命令,在其子菜单中选择"靠左"、"靠右"、"靠上"、"靠下"、"对齐网格"选项中所需的一个来对齐控件,如图 4.59 所示。

图 4.59 "对齐"菜单

4.4.2 使用自动套用格式改变窗体样式

可以使用自动套用格式功能来改变窗体的样式。自动套用格式的操作步骤如下。

（1）在数据库窗口的"窗体"对象下，单击要选择的窗体。单击"设计"按钮，选择"格式"菜单上的"自动套用格式"命令，显示"自动套用格式"对话框，如图4.60所示。

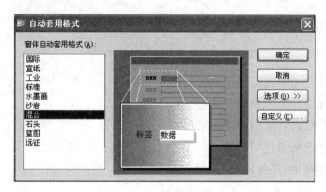

图4.60 "自动套用格式"对话框

（2）在对话框中选择所需要的样式：单击"选项"按钮，在"选项"对话框中的"应用属性"的复选框中设置"字体"、"颜色"和"边框"，如图4.60所示。

（3）单击"自定义"按钮，在"自定义自动套用格式"对话框中选择一个选项，如图4.61所示。

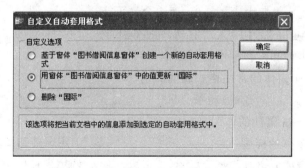

图4.61 "自定义自动套用格式"对话框

（4）单击"确定"按钮，完成自动套用格式。

本 章 小 结

窗体是用户和数据库之间的接口，通过窗体可以建立友好的用户界面，可以用于对数据库数据的新建、编辑、删除等操作，从而实现良好的人机交互。

Access的窗体有3种视图：设计视图、窗体视图、数据表视图。设计视图是可用来创建和修改设计对象的窗口；窗体视图是能够同时输入、修改和查看完整的记录数据的窗口；数据表视图以行列方式显示表、窗体、查询中的数据，可用于编辑字段、添加和删除数据,以及查找数据。

我们可以使用多种方法创建窗体,不同的方法有其各自的特点,通常可以使用窗体向导快速地创建窗体,再根据实际需要在设计视图中修改。我们通过自定义窗体,使用工具箱的控件,利用控件的属性设置,通过对窗体的美化,创建富于个性化的窗体。

习 题 4

1. 思考题

(1) 创建窗体有几种方法?哪种方法最快捷?

(2) 文本框可以有哪 3 种类型?

(3) 绑定和非绑定对象框的区别有哪些?

(4) 窗体的设计视图包括哪几节?

(5) 叙述工具箱中"控件向导"按钮的作用。

2. 选择题

(1) Access 窗体中的文本框控件分为( )。

    A. 计算型和非计算型   B. 结合型和非结合型

    C. 控制型和非控制型   D. 记录型和非记录型

(2) 下面关于列表框和组合框的叙述正确的是( )。

    A. 列表框和组合框可以包含一列或几列数据

    B. 可以在列表框中输入新值,而组合框不能

    C. 可以在组合框中输入新值,而列表框不能

    D. 在列表框和组合框中均可以输入新值

(3) 下列不属于窗体的常用格式属性的是( )。

    A. 标题   B. 滚动条   C. 分隔线   D. 记录源

(4) 窗体 Caption 属性的作用是( )。

    A. 确定窗体的标题   B. 确定窗体的名称

    C. 确定窗体的边界类型   D. 确定窗体的字体

(5) 创建主/子窗体,需要将两个表之间先建立( )。

    A. 查询   B. 命令按钮   C. 关系   D. 窗体

3. 填空题

(1) 窗体有三种视图,分别为设计视图、窗体视图和_____。

(2) 计算控件的控件来源属性一般设置为以_____开头的计算表达式。

(3) 窗体的数据源主要包括表和_____。

(4) 窗体有多个部分组成,每个部分称为一个_____。

(5) 窗体可以使用向导和_____的方式来创建。

实验 4　创建和使用窗体

1. 实验目的与要求

实验目的

✧ 熟识各类窗体的特点；

✧ 学会使用各类向导创建相应类型的窗体；

✧ 学会使用设计视图创建各类窗体；

✧ 学会灵活运用各种控件；

✧ 学会美化窗体。

实验要求

✧ 使用向导创建各类窗体；

✧ 使用窗体的设计视图创建各类窗体；

✧ 在设计视图中添加各种控件，并设置控件属性；

✧ 在设计视图中设置窗体属性；

✧ 美化窗体外观效果。

2. 实验示例

操作要求

例　打开"实验素材\实验 4\示例"文件夹，在此文件夹下的数据库"Example4. mdb"中已经设计好表对象"tEmployee"、"tSell"、"tBook"，试按以下要求完成设计，参考效果如文件"Example4_R. mdb"所示。

（1）创建纵栏式窗体。使用"自动创建窗体"向导创建纵栏式窗体"书籍一览"，显示表"tBook"中所有记录的数据。

（2）创建主/子窗体。使用向导创建窗体，从"tEmployee"表中选择字段"姓名"、"性别"、"职务"，从"tBook"表中选择字段"书名"，从"tSell"表中选择字段"数量"、"售出日期"，选择"通过 tEmployee"的数据查看方式创建带有子窗体的窗体。选取"数据表"为子窗体布局，"标准"为主窗体样式，并将主窗体标题命名为"个人售书情况"，将子窗体标题命名为"售书情况"。

（3）创建数据透视表窗体。使用向导创建数据透视表窗体"各出版社书籍情况"，选择"类别"作为行字段，"出版社名称"作为列字段，显示书籍名称数据。

（4）创建自定义窗体。使用设计视图创建自定义窗体"主界面窗体"。

① 在窗体页眉节添加一个标签控件，其名称为"bTitle"，标题显示为"图书销售与管理"，字体名称为"黑体"，字体粗细为"加粗"，字号为 22。

② 在窗体的主体节添加三个命令按钮控件 Cmd1、Cmd2、Cmd3，分别打开窗体"书籍一览"、"个人售书情况"和"各出版社书籍情况"，标题分别显示"打开书籍一览窗体"、"打开个人售书情况窗体"和"打开各出版社书籍情况窗体"。三个命令按钮垂直对齐，上下间距相同，宽度均为 4.5cm，高度均为 0.8cm。

③ 设置窗体的相关属性使其在窗体视图中不显示记录选定器和浏览按钮。

操作步骤

(1) 创建纵栏式窗体。

打开数据库"Example4.mdb",在左侧"对象"栏中选择"窗体"选项,单击"新建"命令按钮,在"新建窗体"对话框中选择"自动创建窗体:纵栏式"选项,在下方的"请选择该对象数据的来源表或查询"区域选择表"tBook",如图4.62所示。单击"确定"按钮,即可看到生成的纵栏式窗体,如图4.63所示,保存窗体名为"书籍一览"。

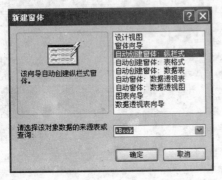

图 4.62 使用自动创建窗体向导创建窗体

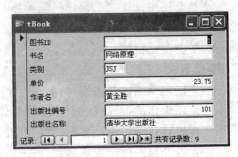

图 4.63 纵栏式窗体

(2) 创建主/子窗体。

① 创建数据源间的关系。单击工具栏上的"关系"按钮,在"关系"窗口中通过相同的"雇员ID"字段建立表"tEmployee"与"tSell"的关系,通过相同的"图书ID"字段建立表"tSell"与"tBook"的关系,在"编辑关系"对话框中均选中"实施参照完整性",效果如图4.64所示。

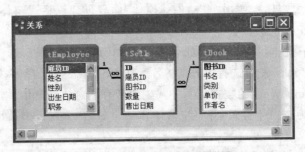

图 4.64 创建表间关系后效果

② 选择数据源。在数据库窗口中双击"使用向导创建窗体"选项,在向导窗口中选择数据来源和所需字段,从"tEmployee"表中选择字段"姓名"、"性别"、"职务",从"tBook"表中选择字段"书名",从"tSell"表中选择字段"数量"、"售出日期",如图4.65所示,单击"下一步"按钮。

③ 确定窗体形式。在"窗体向导"对话框中选择查看数据的方式为"通过tEmployee",在右下侧区域选择主/子窗体形式为"带有子窗体的窗体",如图4.66所示。单击"下一步"按钮,确定子窗体布局为"数据表",如图4.67所示。单击"下一步"按钮,确定窗体样式为"标准",如图4.68所示,单击"下一步"按钮。

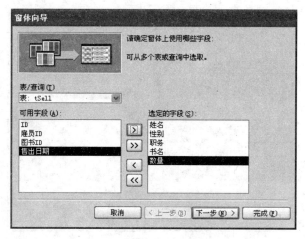

图 4.65　选择数据来源和所需字段

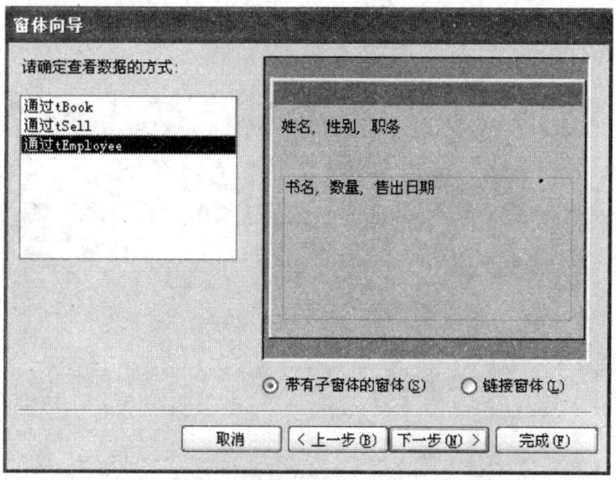

图 4.66　确定主/子窗体的数据查看方式

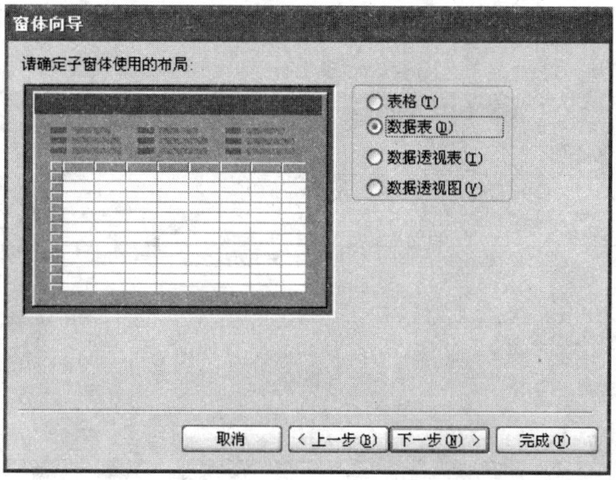

图 4.67　确定子窗体的布局形式

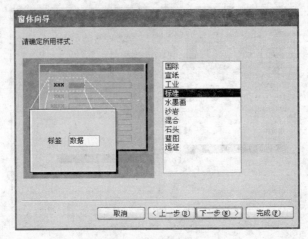

图 4.68　确定主窗体样式

④ 保存窗体。在对话框中定义主窗体和子窗体的名称,如图 4.69 所示,单击"完成"按钮,可以看到创建好的主/子窗体如图 4.70 所示。

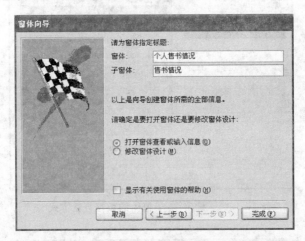

图 4.69　保存窗体

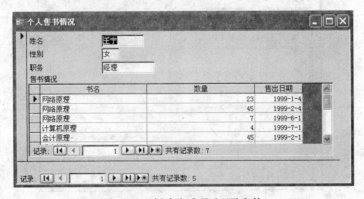

图 4.70　创建完成的主/子窗体

（3）创建数据透视表窗体。

在如图 4.62 所示的"新建窗体"对话框中选定"数据透视表向导"选项，单击"确定"按钮后，选定数据源"tBook"和字段"类别"、"出版社名称"及"书名"，如图 4.71 所示。单击"完成"按钮后可见数据透视表窗体界面，如图 4.72 所示。从左侧的字段列表中将"类别"字段拖动到右侧的"行字段"区域，"出版社名称"字段拖动到"列字段"区域，"书名"字段拖动到"汇总或明细字段"区域，效果如图 4.73 所示，保存窗体，名为"各出版社书籍情况"。

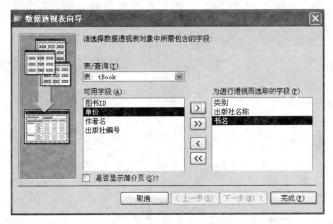

图 4.71 选择数据透视表的数据源和所需字段

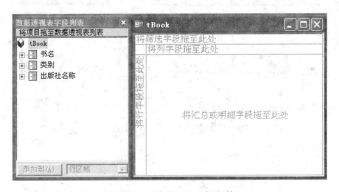

图 4.72 数据透视表窗体

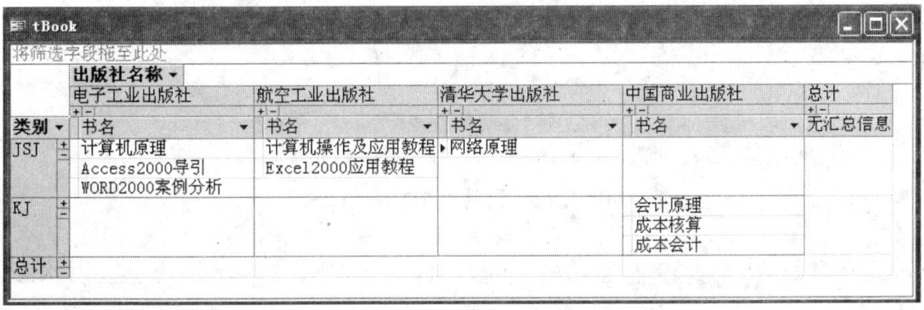

类别	出版社名称				总计
	电子工业出版社	航空工业出版社	清华大学出版社	中国商业出版社	
	书名	书名	书名	书名	无汇总信息
JSJ	计算机原理	计算机操作及应用教程	网络原理		
	Access2000导引	Excel2000应用教程			
	WORD2000案例分析				
KJ				会计原理	
				成本核算	
				成本会计	
总计					

图 4.73 添加数据后的数据透视表窗体

(4) 创建自定义窗体。

① 设计窗体页眉节。在数据库窗口中双击"在设计视图中创建窗体"选项,进入设计视图,选择"视图"菜单下的"窗体页眉/页脚"命令,添加窗体页眉节和窗体页脚节。然后在工具箱中设置"控件向导"按钮，使之处于未应用状态。单击标签控件按钮，在窗体页眉节要添加标签的位置单击,在光标处输入标签标题,如图4.74所示。然后选中标签,单击工具栏上的属性按钮，在标签属性对话框中设置"名称"、"字体名称"、"字号"和"字体粗细"等属性,如图4.75所示。标签属性设置后的窗体效果如图4.76所示。

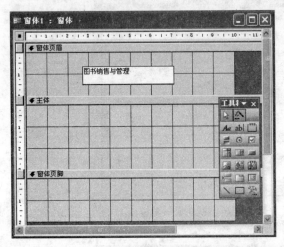

图 4.74　在窗体页眉节添加标签控件

图 4.75　设置标签属性

图 4.76　设计后的标签效果

② 设计窗体主体节。设置工具箱上的"控件向导"按钮，使之处于应用状态。单击"命令按钮"控件按钮，在主体节合适位置单击。按照向导步骤分别设定按钮动作、显示内容和名称等,如图4.77～图4.80所示,然后用类似的方法添加Cmd2和Cmd3按钮。

选中这三个命令按钮,在属性对话框中统一设置"宽度"和"高度"属性,如图 4.81 所示,然后选择"格式"菜单"对齐"下的"靠左"命令,再选择"格式"菜单"垂直间距"下的"相同"命令,调整格式后的窗体效果如图 4.82 所示。

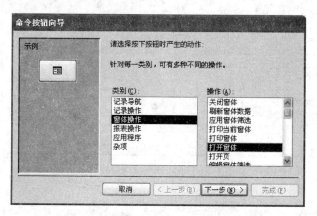

图 4.77 选择命令按钮动作类别与操作

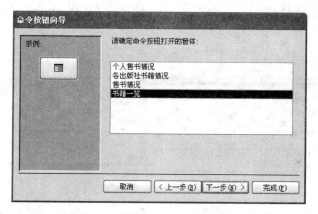

图 4.78 选择要打开的窗体名称

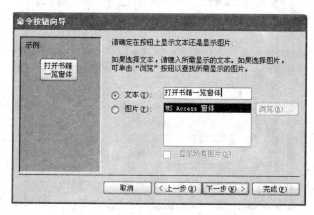

图 4.79 确定按钮上显示内容

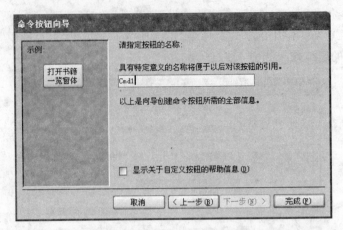

图 4.80 确定命令按钮的名称

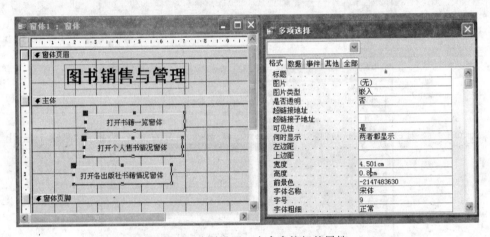

图 4.81 共同设置三个命令按钮的属性

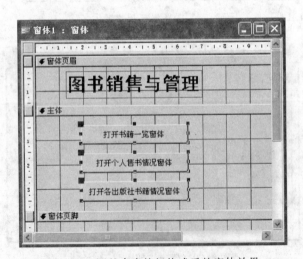

图 4.82 调整命令按钮格式后的窗体效果

③ 设置窗体属性。单击窗体左上角处的"窗体选定器",再单击"属性"按钮,在窗体属性对话框中设定"记录选定器"和"导航按钮"属性均为"否",如图 4.83 所示,窗体视图效果如图 4.84 所示。

图 4.83　设置窗体属性

图 4.84　窗体视图效果

④ 保存窗体。将窗体保存,名为"主界面窗体"。

3. 实验内容

实验 4-1

打开"实验素材\实验 4\实验 4-1"文件夹,此文件夹下有一个数据库"Ex4-1.mdb",数据库中已经设计好"教师"表和"课程"表,请按照如下要求完成操作。

(1) 使用"自动创建窗体"创建纵栏式的"课程信息"窗体。

(2) 通过"课程信息"窗体向"课程"表添加一条记录,课程号为"4",课程名为"计算机基础",课程类别为"必修",学分为"8","开课教师编号"为"97010"。

(3) 使用两个表全部内容创建如图 4.85 所示的主/子窗体,通过"教师"表创建带有子窗体的窗体,窗体样式为"混合",主窗体名称为"教师开课信息窗体",子窗体名称为"课程子窗体"。

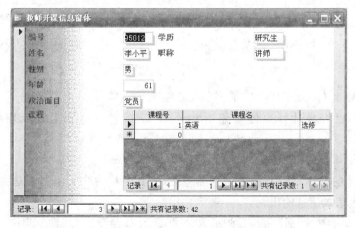

图 4.85　"教师开课信息窗体"效果

（4）在"教师开课信息窗体"中的"窗体页眉"节添加标签控件"bTitle"，标签内容为"2010秋季学期课程信息"，黑体16号字，标签高度1cm，宽度6.5cm，左边距4cm，上边距0.4cm。

实验4-2

打开"实验素材\实验4\实验4-2"文件夹，此文件夹下存在一个数据库文件"Ex4-2.mdb"，已经设计好窗体对象"fEmployee"。按照以下要求补充窗体设计，效果如图4.86所示。

（1）在窗体中显示窗体页眉页脚节，在窗体页眉节添加一个标签控件，其名称为"bTitle"，标题显示为"员工信息输出"。

（2）在主体节添加一个选项组控件，将其命名为"Opt"，选项组标签显示内容为"性别"，名称为"bOpt"。

（3）在选项组内放置两个单选按钮控件，选项按钮分别命名为"Opt1"和"Opt2"，选项按钮标签显示内容分别为"男"和"女"，名称分别为"bOpt1"和"bOpt2"。

（4）在窗体页脚节添加两个命令按钮，分别命名为"bOk"和"bQuit"，按钮标题分别为"确定"和"退出"。

（5）将窗体标题设置为"员工信息输出"。

（6）取消"fStaff"窗体的最大化和最小化按钮。

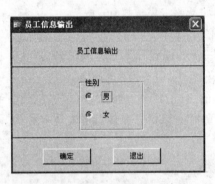

图4.86　窗体"fEmployee"效果

图4.87　窗体"fStudent"效果

实验4-3

打开"实验素材\实验4\实验4-3"文件夹，此文件夹下存在一个数据库文件"Ex4-3.mdb"，已经设计好窗体对象"fStudent"。按照以下要求补充窗体设计，效果如图4.87所示。

（1）设置窗体页眉节和窗体页脚节的高度均为1.8cm。

（2）在窗体的窗体页眉节添加一个标签控件，其名称为"bTitle"，左边距为2.3cm，标题显示为"学生基本信息输出"。

（3）将主体节中"性别"标签右侧的文本框显示内容设置为"性别"字段值，并将文本框名称更名为"tSex"。

（4）在主体节中添加一个标签控件，该控件放置在距左边 0.1cm、距上边 3.8cm，标签显示内容为"简历"，高度为 0.476cm，宽度为 3.28cm，名称为"bMem"。

（5）在窗体页脚节中添加两个命令按钮，分别命名为"bOk"和"bQuit"，按钮标题分别为"确定"和"退出"。

（6）将窗体标题设置为"学生基本信息"。

（7）将窗体"fStudent"备份，备份窗体名称为"fStudent_bak"。

实验 4-4

打开"实验素材\实验 4\实验 4-4"文件夹，此文件夹下存在一个数据库文件"Ex4-4.mdb"，数据库中已经设计好"tCollect"表和"tPress"表，请按照如下要求完成操作。

（1）分析并建立两个表的关系，实施参照完整性。

（2）用向导创建主/子窗体，从"tPress"表中选择字段"出版单位 ID"和"出版单位名称"，从"tCollect"表中选择字段"CDID"、"主题名称"、"价格"、"购买日期"和"介绍"；选择"通过 tPress"的数据查看方式创建带有子窗体的窗体，选取"表格"为子窗体布局，"工业"为主窗体样式，并将主窗体标题命名为"各出版单位 CD 出版情况窗体"，将子窗体标题命名为"CD 信息窗体"。

（3）打开"各出版单位 CD 出版情况窗体"窗体视图，筛选出"出版单位 ID"为"10005"的记录，然后将主题名称为"美梦"的 CD 记录删除。

（4）设置主窗体属性，取消对记录允许添加的功能，取消最大化按钮。

实验 4-5

将实验 3-5 完成的"人事管理系统.mdb"数据库文件复制到"实验素材\实验 4\实验 4-5"文件夹中，并按下述要求完成窗体的设计。

（1）使用"自动创建窗体：纵栏式"方法，基于"部门信息表"创建一个"部门信息窗体"。

（2）使用窗体向导基于"雇员信息表"和"工资信息表"创建一个主/子窗体。主窗体上显示"雇员信息表"的全部信息，"数据表"式子窗体上显示"工资信息表"的"年月"、"基本工资"、"其他应发金额"、"基本扣除金额"和"其他应扣金额"等内容。采用"混合"样式，主窗体名为"员工工资一览"，子窗体名为"工资窗体"，适当调整控件位置使信息显示完全。

（3）使用设计视图创建"人事管理系统主界面"窗体，效果如图 4.88 所示。

实验 4-6

将实验 3-6 完成的"十字绣销售管理系统.mdb"数据库文件复制到"实验素材\实验 4\实验 4-6"文件夹中，并按下述要求完成窗体的设计。

（1）使用"自动创建窗体：纵栏式"基于"十字绣基本信息表"创建一个"十字绣商品信息窗体"。

（2）在设计视图中修改"十字绣商品信息窗体"，修改图片控件的缩放模式为"拉伸"，去除窗体的"滚动条"、"记录选择器"、"导航按钮"和"分

图 4.88 "人事管理系统主界面"窗体效果

隔线",在窗体页脚节添加四个命令按钮,分别实现"转至第一条记录"、"转至前一项记录"、"转至下一项记录"和"转至最后一项记录",效果如图4.89所示。

图 4.89 "十字绣商品信息"窗体效果

(3) 创建一个表格式的"员工基本信息窗体",显示"员工基本信息表"的所有内容,窗体名为"员工基本信息窗体"。

(4) 使用窗体向导基于"员工基本信息表"、"十字绣基本信息表"和"十字绣销售表"创建一个主/子窗体。主窗体上显示"员工基本信息表"的"员工编号"、"姓名"、"性别"和"职务"等信息,"数据表"式子窗体上显示"货品编号"、"货品名称"、"售价"、"数量"和"售出时间"等内容。采用"混合"样式,主窗体名为"员工个人销售记录窗体",子窗体名为"十字绣销售子窗体",适当调整控件位置使信息显示完全。

(5) 使用设计视图创建"十字绣销售管理系统主界面"窗体,使用命令按钮显示数据库对象名称,效果如图4.90所示。

图 4.90 "十字绣销售管理系统主界面"窗体效果

第5章 报表的应用

报表是 Access 的一个对象。数据建立后,将大量的原始数据进行综合整理并将整理的结果按一定格式打印输出是报表的重要功能。报表本身不存储数据,不能通过报表修改和输入数据,只能查看数据,但可以浏览打印,还可以排序、分组、计算和汇总,方便数据的输出,还可以对报表进行相应的格式设置,添加表头和注脚等一些标志性的信息。

5.1 使用向导创建报表

报表的数据来源同窗体一样,可以是数据表、查询或是 SQL 语句。Access 中可以分别使用"自动创建"、"报表向导"和"设计视图"创建报表。使用"报表向导"或"自动创建"可以快速创建一个报表。

5.1.1 自动创建报表

任务 5-1 快速创建报表

任务实例 5.1 在"图书管理系统"数据库中,创建名为"出版社信息报表"的纵栏式报表。

任务分析

◆ 方法:使用"自动创建报表:纵栏式"创建报表。

◆ 数据源:出版社信息表。

◆ 报表名称:出版社信息报表。

任务解决过程

(1)打开"图书管理系统"数据库窗口,单击"对象"下的"报表"。单击"新建"按钮,显示"新建报表"对话框。

(2)在对话框中选择"自动创建报表:纵栏式"选项。选择"出版社信息表"作为数据源。设置如图 5.1 所示。

(3)单击"确定"按钮,显示新建的纵栏式报表,如图 5.2 所示。

(4)单击工具栏上的"保存"按钮,在"另存为"对话框输入报表名称"出版社信息报表",单击"确定"按钮,并关闭纵栏式报表窗口。

相关知识点细述

(1)Access 中报表有 4 种类型,纵栏式报表、表格式报表、图表报表和标签报表。

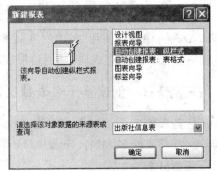

图 5.1 "新建报表"对话框

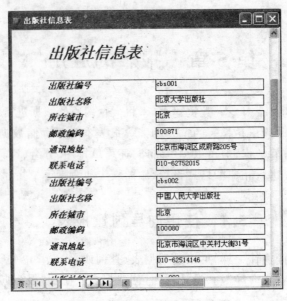

图 5.2　纵栏式出版社信息报表

◇ 纵栏式报表一般在一页中主体节区域内显示一条或多条记录。每条记录的各个字段从上到下排列，每个字段都显示在一个独立的行上。

◇ 表格式报表一般一行显示一条记录，每个字段显示为一列，一页显示多行记录，适合记录较多、字段较少的情况。

◇ 图表报表将报表数据源中数据以图表的形式直观地表示出数据之间的关系。

◇ 标签报表是一种特殊格式的报表，主要用于打印名片、书签、信封、物品标签等。

（2）使用"自动创建"方法创建报表，不仅可以创建纵栏式的报表，还可以创建表格式的报表。

边学边练

利用"自动创建报表：表格式"创建图书信息报表。

请思考

如果希望报表中显示数据表中的部分信息，使用"自动创建"能完成吗？

5.1.2　报表向导创建报表

Access 中可以使用"自动创建"创建报表，虽然非常快捷，但是无法选择表或查询中的部分字段，使用"报表向导"创建报表可以选择来源于多个表或查询的全部或部分字段。

任务 5-2　创建基于多表数据的报表

任务实例 5.2　在"图书管理系统"数据库中，创建"读者借阅情况报表"。报表中包含：读者编号、姓名、书名、作者和归还时间。

任务分析

◆ 方法：使用"报表向导"创建报表。

◆ 数据源:读者信息表、图书信息表和图书借阅表。

◆ 报表名称:读者借阅情况报表。

任务解决过程

(1)新建报表。在数据库窗口下,单击"对象"下的"报表"。双击"使用向导创建报表"选项。

(2)确定报表使用的字段。在"表/查询"下选择"读者信息表",分别将可用字段中"读者编号"和"姓名"字段移动到选用字段列表框中。再在"表/查询"下选择"图书信息表",移动"书名"和"作者"字段。再选择"图书借阅表"中的"归还时间"字段,结果如图5.3所示。单击"下一步"按钮。

(3)选择查看数据的方式。选择"通过读者信息表"选项,参看图5.4。单击"下一步"按钮。

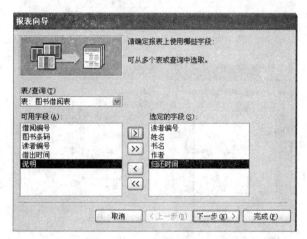

图5.3　确定报表中的字段

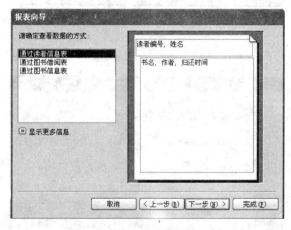

图5.4　确定查看数据的方式

(4)确定添加分组级别。这里不再选择,参看图5.5。单击"下一步"按钮。

(5)确定明细记录使用的排序次序。选择按"书名"排序,参看图5.6。单击"下一步"

按钮。

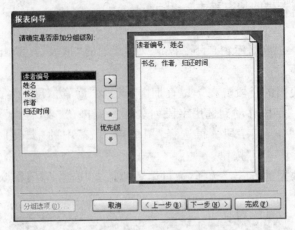

图 5.5　确定添加分组级别

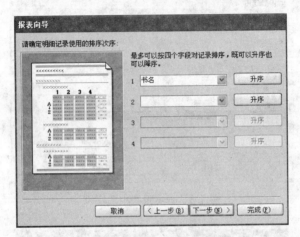

图 5.6　确定明细记录使用的排序次序

（6）确定报表的布局方式。选择"递阶"选项，参看图 5.7。单击"下一步"按钮。

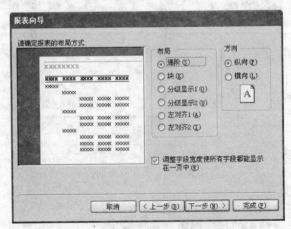

图 5.7　确定报表的布局方式

(7) 确定报表的所用样式。选择"正式"选项，参看图 5.8。单击"下一步"按钮。

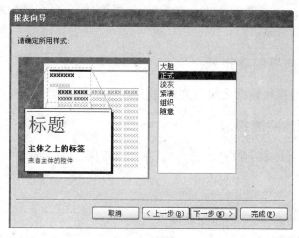

图 5.8　确定报表所用样式

(8) 指定报表标题。文本框中输入"读者借阅情况报表"文字，如图 5.9 所示。

(9) 单击"完成"按钮，结果如图 5.10 所示。

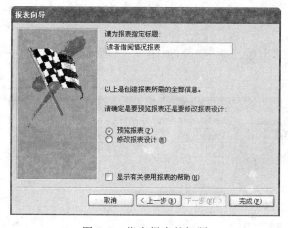

图 5.9　指定报表的标题

图 5.10　读者借阅情况报表

相关知识点细述

(1) 使用报表向导创建的报表，不仅可以只选取一个表或查询中的部分字段，也可以选取多个表或查询中的部分字段。

(2) 使用多个表作为数据源创建报表时，需要表之间是相关的，即首先建立好表之间的关系。

(3) 使用多个表创建报表时，在确定查看数据方式时，是通过"一"方还是"多"方查看，产生的报表会不一样。

边学边练

制作图书信息报表，显示书名、作者、售价、出版社名称和所在城市。

请思考

在本任务实例中,在选择数据查看方式时,如果选择"一对多"关系中的"一"方"出版社信息表",窗体会如何显示?

5.1.3 图表向导创建报表

为更形象直观地描述数据之间的关系,往往制作带有图表的报表。

任务 5-3 创建图表报表

任务实例 5.3 以"图书信息表"为数据源,使用图表向导创建一个带有图表的"图书出版年份统计"报表。

任务分析

◆ 方法:使用"图表向导"创建图表报表。

◆ 数据源:图书信息表。

◆ 报表名称:图书出版年份统计。

任务解决过程

(1) 新建报表。在数据库窗口下,单击"对象"下的"报表"。单击"新建"按钮,在出现的"新建报表"对话框中选择"图表向导"选项,并选择数据来源为"图书信息表",如图 5.11 所示。单击"确定"按钮。

(2) 确定图表数据所在的字段。选择"出版日期"字段,如图 5.12 所示。单击"下一步"按钮。

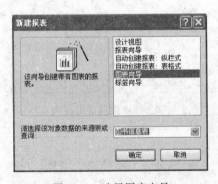

图 5.11 选择图表向导

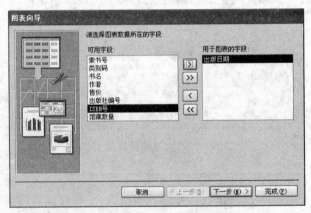

图 5.12 选择图表数据所在的字段

(3) 确定图表类型。选择"饼图",如图 5.13 所示。单击"下一步"按钮。

(4) 确定数据在图表中的布局方式。将"出版日期"字段拖放到"系列"框中,表示将"出版日期"的值作为系列显示饼图,如图 5.14 所示。

(5) 单击"出版日期(系列)"框,弹出"分组"对话框,选择"年",如图 5.15 所示,单击"确定"按钮。

(6) 确定图表的标题:"图书出版年份统计"。其他使用默认,如图 5.16 所示。单击

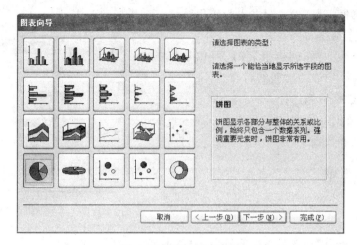

图 5.13　选择图表类型

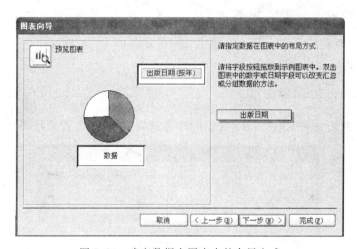

图 5.14　确定数据在图表中的布局方式

图 5.15　选择"年"分组

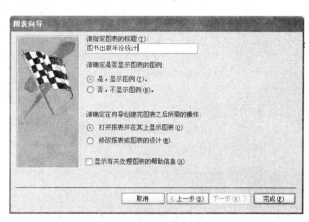

图 5.16　确定图表的标题

完成"按钮,将报表保存为"图书出版年份统计",结果如图 5.17 所示。

相关知识点细述

(1) 利用图表向导创建报表时,可供选择的图表类型很多,各种图表的类型的特点也不一样,需要根据要表达的数据恰当选择。

(2) 指定数据在图表中的布局方式时,重要的是确定轴、系列和数据。

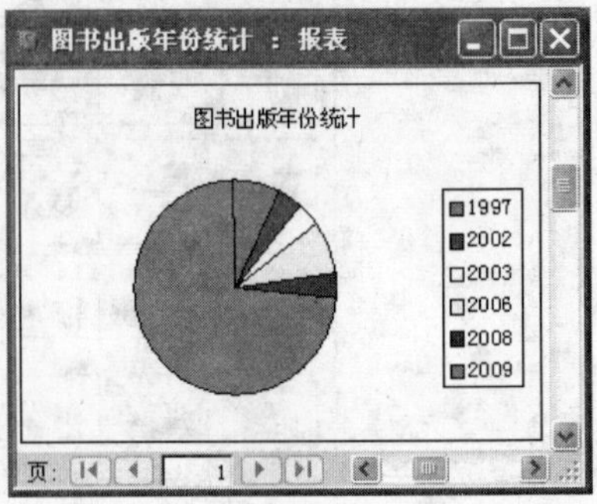

边学边练

利用"图表向导"创建对读者男女人数的统计报表。

请思考

如果对已经生成的图表不满意,还能够修改吗?

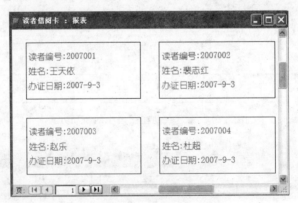

图 5.17 图表"图书出版年份统计"

5.1.4 标签向导创建报表

在实际中,经常需要制作名片、胸卡、桌签等。我们可以用标签向导实现。

任务 5-4 创建标签报表

任务实例 5.4 制作如图 5.18 所示的读者借阅卡,包含读者编号、姓名和办证日期。

图 5.18 "读者借阅卡"报表

任务分析

◆ 方法:使用"标签向导"创建标签报表。

◆ 数据源:读者信息表。

◆ 报表名称:读者借阅卡。

任务解决过程

(1) 新建报表。在"新建报表"对话框中选择"标签向导",并选择数据来源为"读者信息表",如图 5.19 所示。单击"确定"按钮。

(2) 确定标签的尺寸,如图 5.20 所示。单击"下一步"按钮。

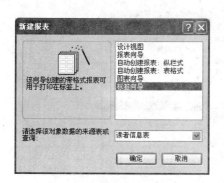

图 5.19 选择标签向导

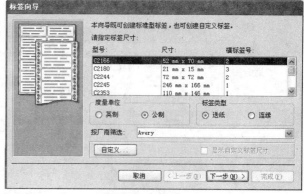

图 5.20 选择标签尺寸

（3）选择文本的字体和颜色，如图 5.21 所示。单击"下一步"按钮。

图 5.21 选择文本的字体和颜色

（4）确定标签要显示的内容。在左边的"可用字段"列表框中选择要显示的字段，使用 $\boxed{>}$ 按钮添加到右边的"原型标签"框中，可以在"原型标签"框中对字段的显示位置进行调整，也可以向"原型标签"框中添加文字，如图 5.22 所示。单击"下一步"按钮。

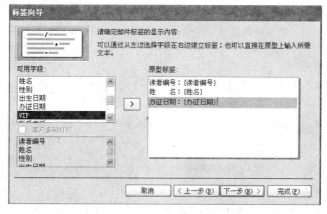

图 5.22 确定原型标签的内容

（5）确定标签的排序字段："读者编号"，如图 5.23 所示。单击"下一步"按钮。

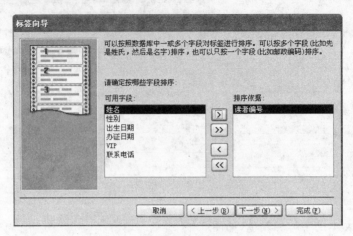

图 5.23　确定标签的排序字段

（6）指定报表的名称。输入"读者借阅卡"文字，选择"修改标签设计"，如图 5.24 所示。单击"完成"按钮。

（7）给标签设置一个剪裁线。调整 3 个字段的文本框的位置和大小，选择工具箱中的矩形控件，在主体节中添加一个矩形。在矩形控件上右击，在快捷菜单中选择"填充/背景色"下的"透明"命令，如图 5.25 所示。切换到报表视图，结果如图 5.18 所示。

图 5.24　确定报表的名称

图 5.25　"读者借阅卡"报表的设计视图

相关知识点细述

（1）在制作标签报表时，原型标签不仅可以从可用字段中选择表中的字段，也可以添加说明文字。

（2）在报表的设计视图中，通过移动文本框，可以调整显示文字的位置。

边学边练

制作图书查阅标签，标签内容包含图书条码、索书号、馆藏地和架位号。

请思考

如果希望在本任务实例中制作的读者图书卡上能够显示读者的照片，应该如何设置？

5.2 使用设计视图创建报表

报表有 3 种视图方式：设计视图、打印预览和版面预览。使用"设计视图"可以定义报表中要输出的所有数据以及要输出的格式，创建和编辑报表的结构和布局。使用"打印预览"视图，可以查看报表的页面数据输出形式，对将打印报表的实际效果进行预览，并在报表中显示出全部数据。使用"版面预览"可以预览报表的版面。

5.2.1 创建报表

使用报表向导创建完成的报表常常过于简单，需要进一步修改。使用设计视图可以满足用户的这种需要。

任务 5-5 在设计视图中创建报表

任务实例 5.5 创建一个如图 5.26 所示的图书信息报表。

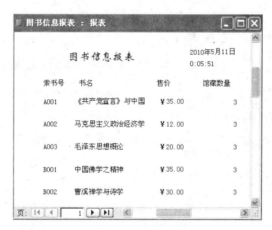

图 5.26 图书信息报表

任务分析

◆ 方法：使用"设计视图"创建报表。

◆ 数据源：图书信息表。

◆ 报表名称：图书信息报表。

任务解决过程

（1）新建报表。在数据库窗口下，单击"对象"下的"报表"。双击"在设计视图中创建报表"选项。选择"视图"菜单上的"报表页眉/页脚"命令，在报表中添加报表页眉和报表页脚，如图 5.27 所示。

（2）单击工具箱中的"标签"按钮，在"报表页眉"节中合适的位置画一个矩形框，输入"图书信息报表"文字。

（3）在报表的页眉显示时间和日期。选择"插入"菜单下的"日期和时间"命令，出现"日期和时间"对话框，如图 5.28 所示，选择相应的格式。单击"确定"按钮，然后在报表的页眉调整时间和日期的位置。

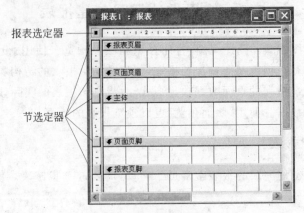

图 5.27　报表的设计视图

（4）确定报表的记录源。单击"报表选定器"选择"报表"选项，单击工具栏中的"属性"按钮，记录源选择"图书信息表"，如图 5.29 所示。

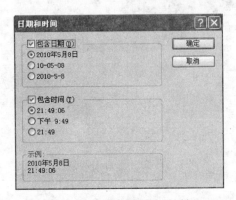

图 5.28　"日期和时间"对话框

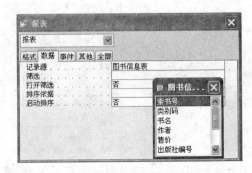

图 5.29　报表属性对话框

（5）确定报表的内容。将字段列表中的"索书号"、"书名"、"售价"和"馆藏"字段分别拖动到报表的主体节中。将这四个标签控件选中，选择"编辑"菜单下的"剪切"命令，然后单击"页面页眉"节，再选择"编辑"菜单下的"粘贴"命令，将四个标签控件移动到"页面页眉"节。按照图 5.30 所示进行相应的调整。

（6）在报表的页脚插入页码。选择"插入"菜单下的"页码"命令，在"页码"对话框中根据需要选择相应的页码格式、位置和对齐方式，如图 5.31 所示。

（7）调整页码的位置，参看图 5.30。将报表保存为"图书信息报表"。

相关知识点细述

（1）报表一般由报表页眉、页面页眉、报表主体、页面页脚和报表页脚 5 个部分组成，每个部分称为一个"节"。所有报表都有一个主体节。可以根据需要随时添加"报表页眉"、"报表页脚"、"页面页眉"和"页面页脚"节。每个节都有特定的用途，并且按报表中预见的顺序打印。

图 5.30　确定报表的内容　　　　　图 5.31　在报表的页脚插入页码

◇ 报表页眉：在报表的开始处，用来显示报表的标题、图形或说明文字，整个报表只有一个报表页眉。报表页眉打印在报表首页的页面页眉之前。

◇ 页面页眉：出现在报表中每页的顶部，可以用它显示报表中的字段名称或对记录的分组名称。报表的每一页有一个页面页眉。

◇ 报表主体：打印表或查询中的记录数据，是报表显示数据的主要区域。

◇ 页面页脚：出现在每页的底部，用来显示本页的汇总说明或页码等内容。报表的每一页有一个页面页脚。

◇ 报表页脚：在报表的末尾，用来显示整份报表的汇总说明。报表页脚是报表设计中的最后一节，但是出现在打印报表最后一页的页面页脚之前。

（2）属性对话框可以对报表及控件进行各种设置。如果要为报表设置背景图片，可以利用"格式"选项卡下的"图片"选项来设置。

（3）插入日期和时间时，如果报表中包含"报表页眉"，"日期和时间"文本框会添加在"报表页眉"，否则会添加在主体节部分。

（4）插入页码时，也可以创建一个文本框，在文本框中输入表示页码的格式。例如，如果每页上要显示的页码格式为"1/20,2/20…"，则应该在文本框控件内输入"＝[Page] & "/" & [Pages]"，如果选择"首页显示页码"复选框，则在第一页显示页码。

边学边练

使用设计视图的方式制作读者信息报表。

请思考

如果要进一步美化报表，向报表中插入图片，应如何设置？

5.2.2　创建主子报表

在报表中插入报表可以使报表的内容更清晰易读，便于统计分析。

任务 5-6　创建主子报表

任务实例 5.6　创建一个"图书信息报表"，其中主报表部分显示图书的信息，子报表显示每本书出版社信息，如图 5.32 所示。

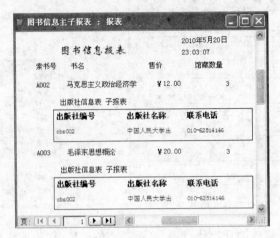

图 5.32　图书信息主子报表

任务分析

◆ 方法：使用"设计视图"创建主子报表。

◆ 数据源：图书信息表。

◆ 报表名称：图书信息报表。

任务解决过程

(1) 在数据库窗口下，选中"图书信息报表"，切换到设计视图。在设计视图中调整主体的大小，留出添加子报表的空间。

(2) 单击工具箱中的"子窗体/子报表"控件，在报表主体节中要放置子报表的位置单击。显示"子报表向导"的第一个对话框。

(3) 选择子报表的数据来源。选择"使用现有的表和查询"选项，如图 5.33 所示。单击"下一步"按钮。

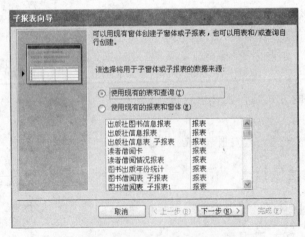

图 5.33　选择子报表的数据来源对话框

(4) 确定子报表包含的字段。将"出版社编号"、"出版社名称"和"联系电话"字段移动到选定字段中,如图 5.34 所示。单击"下一步"按钮。

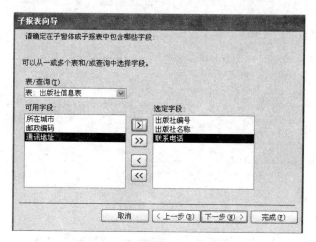

图 5.34　确定子报表包含的字段

(5) 确定主窗体链接到子窗体的字段。选择默认的按钮,显示"子报表向导"的第三个对话框,确定主报表和子报表的链接字段,在这里选择"从列表中选择"选项,如图 5.35 所示。单击"下一步"按钮。

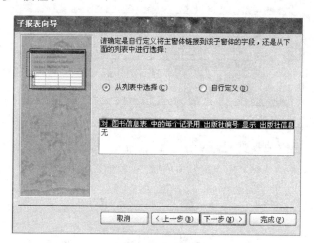

图 5.35　确定主窗体链接到子窗体的字段

(6) 为子报表指定名称。输入"出版社信息表 子报表"文字,如图 5.36 所示。单击"完成"按钮,将报表保存为"图书信息主子报表"。添加子报表后的设计视图如图 5.37 所示。打印预览视图如图 5.32 所示。

相关知识点细述

(1) 无论选择何种对象作为子报表,该字段一定要与主报表中的字段存在"一对多"或"一对一"的关系。

(2) 创建主子报表,不仅可以使用子报表控件,也可以通过拖放事先创建好的报表作

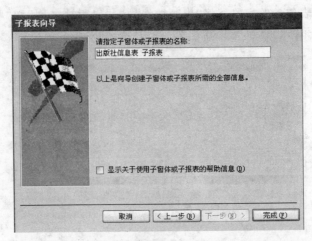

图 5.36　确定子报表的名称

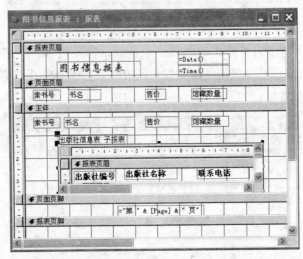

图 5.37　主子报表的设计视图

为子报表。

边学边练

创建一个主子报表,主报表显示图书"类别"信息,子报表显示每个类别中的记录。

5.3　报表的排序与分组

报表中记录的显示是按输入的前后次序排列的,也可以按照指定的顺序来排列。而将同一类记录排列在一起,称为分组。

5.3.1　报表记录的排序

排序可以使数据的规律和变化非常清晰。分组可以将数据归类,便于产生组内数据的统计和汇总。"排序与分组"是报表和窗体最大的区别。

任务 5-7　排列报表中记录

任务实例 5.7　将图书信息报表按索书号降序排序。

任务分析

◆ 方法：使用"排序与分组"命令。

◆ 报表名称：图书信息报表。

任务解决过程

（1）打开"图书信息报表"的设计视图，单击工具栏上的"分组与排序"按钮或选择"视图"菜单下的"排序与分组"命令，显示"排序与分组"对话框。

（2）单击"字段/表达式"列的第一行，选择"索书号"字段，在"排序次序"栏中选择"降序"选项，如图 5.38 所示。然后关闭对话框。

图 5.38　"排序与分组"对话框

（3）单击工具栏上的"打印预览"视图按钮，即可看到记录按索书号由高到低显示。

相关知识点细述

（1）在报表中设置多个排序字段时，先按第一排序字段值排列，第一字段值相同的记录再按第二字段值排序，以此类推。

（2）使用报表向导创建报表时也可以设置排序和分组，但是这样生成的报表最多只能按照四个字段排序，而且不能按照字段表达式排序，使用"排序与分组"最多可按十个字段或表达式进行排序与分组。

（3）如果想删除一条排序依据，可以在"排序与分组"对话框中选中一行，然后按 Del 键，并在弹出的对话框中选择"是"即可。

边学边练

将图书信息报表按价格降序排列。

请思考

能否将报表中同一类的数据排列在一起？

5.3.2　报表数据的分组和计算

分组是将字段值相同的记录集中在一起，分组后还可以为每个组设置文字说明和汇总数据。这样可以提高报表的可读性和信息的利用率。

任务 5-8 将报表中的数据分组计算

任务实例 5.8 对图书信息报表按类别分类统计馆藏数量和平均价格。

任务分析

◆ 方法：使用"排序与分组"命令。

◆ 报表名称：图书信息报表。

任务解决过程

(1) 打开"图书信息报表"的设计视图，单击 按钮，显示"排序与分组"对话框。在"字段/表达式"列选择分组字段"类别码"，在"排序次序"栏中选择"升序"选项。

(2) 在"组属性"栏的"组页眉"框和"组页脚"框中均选择"是"，如图 5.39 所示。

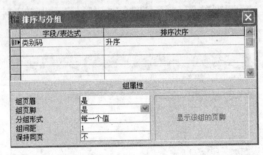

图 5.39 "排序与分组"对话框

(3) 添加组页眉的内容。将字段列表中的"类别码"拖曳到"组页眉"框中，如图 5.40 所示。

图 5.40 "图书信息报表"的设计视图

(4) 在组页脚进行分组计算。在"类别码页脚"节中添加两个文本框作为计算控件，在第一个文本框关联的标签中输入"此类图书数量："，在文本框中输入"＝Sum([馆藏数量])"。在第二个文本框关联的标签中输入"平均价格:",在文本框中输入"=Avg([售价])"。设置如图 5.40 所示。

(5) 对报表进行统计计算。在"报表页脚"节中添加两个文本框作为计算控件,在第一个文本框关联的标签中输入"图书总数量:",在文本框中输入"=Sum([馆藏数量])"。在第二个文本框关联的标签中输入"总平均价格:",在文本框中输入"=Avg([售价])"。设置如图 5.40 所示。

(6) 单击工具栏上的"打印预览"按钮,最后一页的结果如图 5.41 所示。

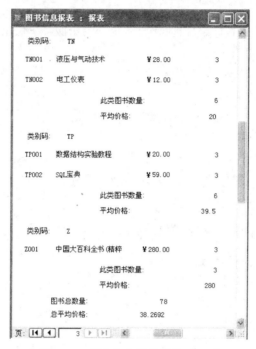

图 5.41 报表打印预览的最后一页

相关知识点细述

(1) 在"排序与分组"对话框中,组属性中不同属性有各自的含义。

✧ 组页眉和组页脚:决定选定的字段是否包含组页眉和组页脚。选择"是",表示添加组页眉和组页脚;选择"否",表示不添加或删除已添加的组页眉和组页脚。

✧ 分组形式:决定按何种方式组成新组。此处设置为"每一个值",表示以"类别码"字段的不同值划分分组。

✧ 组间距:和分组形式属性一起说明分组数据的间距值。如果分组形式是"每一个值",组间距必须设置为"1"。

✧ 保持同页:决定同组的数据是否打印在同一页上。设置为"不",表示打印时不把整个同组数据打印在同页上,而是依次打印。设置为"整个组",组页眉、主体和组页脚则在同页显示。设置为"与第一条详细记录",只有在可以同时打印第一条详细记录时,才将组页眉打印在页面上。

(2) 在报表设计中可以使用计算控件来进行各种类型的计算并输出显示。在报表中创建的计算控件所放的位置不同,产生的计算结果也会不一样。

◇ 如果是对一个记录进行统计计算,"计算控件"文本框应该放在报表的"主体"
节中。

◇ 如果是对分组记录进行统计计算,"计算控件"文本框应该放在报表的"组页眉"或
"组页脚"节中。

◇ 如果是对所有记录进行统计计算,"计算控件"文本框应该放在报表的"报表页眉"
或"报表页脚"节中。

边学边练

将图书信息报表按出版社编号进行分组,统计各出版社出版书的数目和平均价格。

请思考

报表设计好以后,如何打印出来?

5.4 报表的打印和预览

报表在打印之前首先要进行页面设置,设置报表的边距、报表的打印方向、纸张大小、
列的尺寸、列的布局等。然后通过打印预览查看要打印输出的结果,经过设置预览后再执
行打印操作。

任务 5-9 将报表中的数据打印输出

任务实例 5.9 将读者借阅卡打印输出。

任务分析

◆ 方法:页面设置后打印输出。

◆ 报表名称:读者借阅卡。

任务解决过程

(1) 打开"读者借阅卡"的设计视图,选择"文件"菜单上的"页面设置"命令,选择"边
距"选项卡,将左右边距均设为 8。

(2) 选择"列"选项卡,列数设为 3。在"行间距"文本框中输入"0.4cm",在"列间距"
文本框中输入"0.4cm",在"列布局"选项组中
选中"先行后列"单选按钮,如图 5.42 所示。

(3) 选择"页"选项卡,在"打印方向"标题
下选中"横向"单选按钮。

(4) 单击工具栏上的"打印预览"按钮,显
示结果如图 5.43 所示。

(5) 选择"文件"菜单下的"打印"命令,即
可打印报表。

相关知识点细述

(1) 页面设置下有 3 个选项卡,"边距"用
来设置纸张的 4 个边距留白的大小位置。"页"

图 5.42 报表打印预览的最后一页

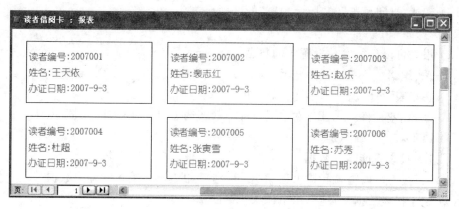

图 5.43　设置多列报表结果

用于选择纸张大小,纸张方向。"列"用于指定报表的列数、列尺寸和列布局等。

（2）预览报表可以使用"打印预览"和"版面预览",两者十分相似,但"打印预览"显示打印的全部数据,而"版面预览"只显示部分数据。

一般在打印报表之前可以选择"文件"菜单下的"打印预览"命令,浏览打印的效果,然后再进行报表的打印。选择"文件"菜单下的"打印"命令就可以将设计好的报表输出到打印机上。

本 章 小 结

报表是将信息格式化呈现的有效方法。报表不仅可以浏览打印,还可以排序汇总,方便数据的输出。创建报表有多种方法:使用"自动创建报表",使用"报表向导"创建报表,使用"标签向导"创建标签报表,使用"设计视图"创建报表。我们创建报表时,往往使用"报表向导"或"自动创建报表"快速创建一个报表,然后在设计视图中修改达到预计的效果。

报表有 3 种视图方式:设计视图、打印预览视图和版面预览视图。Access 提供了 4 种类型的报表:纵栏式报表、表格式报表、图表报表和标签报表。每一个报表都是由报表页眉、页面页眉、报表主体节、页面页脚和报表页脚 5 个部分组成的。报表页眉、报表页脚和页面页眉、页面页脚可以添加或删除。在报表中可以添加当前日期和时间、页码等,报表中的数据可以排序或分组统计计算,还可以创建多列报表以及预览和打印报表。

习　题　5

1. 思考题

（1）报表的数据来源是什么?

（2）报表的三种视图各是什么?

（3）报表主要包括哪几种节?

（4）报表中使用什么控件作为计算控件?

(5) 叙述"打印预览"和"版面预览"的区别。

2. 选择题

(1) 报表可以( )数据源中的数据。

    A. 编辑   B. 显示   C. 修改   D. 删除

(2) 在报表设计过程中,不适合添加的控件是( )。

    A. 标签控件   B. 文本框控件   C. 选项组控件   D. 图形控件

(3) 以下叙述正确的是( )。

    A. 报表只能输入数据   B. 报表只能输出数据

    C. 报表可以输入和输出数据   D. 报表不能输入和输出数据

(4) 关于报表数据源设置,以下说法正确的是( )。

    A. 可以是任意对象   B. 只能是表对象

    C. 只能是查询对象   D. 只能是表对象或查询对象

(5) 要在报表上显示格式为"3/总 8"的页码,则计算控件的控件源应设置为( )。

    A. /总[Pages]   B. =/总[Pages]

    C. [page]&"/总"&[Pages]   D. =[page]& "/总"& [Pages]

3. 填空题

(1) 在报表每一页的底部都输出信息,需要设置的区域是_____。

(2) 要设置只在报表最后一页主体内容之后输出的信息,需要在_____设置信息。

(3) 一个主报表最多只能包含_____级子窗体或子报表。

(4) 要实现报表的分组统计,其操作区域是_____。

(5) 在报表设计中,可以通过添加_____控件来控制另起一页输出显示。

实验 5　创建和使用报表

1. 实验目的与要求

实验目的

  ◇ 熟识各类报表的特点;

  ◇ 学会使用各类向导创建相应类型的报表;

  ◇ 学会使用设计视图创建各类报表;

  ◇ 学会灵活运用各种控件;

  ◇ 学会报表的预览及打印。

实验要求

  ◇ 应用不同的向导创建相应类型的报表;

  ◇ 在报表的设计视图中设计各种类型报表;

  ◇ 在设计视图中添加各种控件,并设置控件属性;

  ◇ 对报表进行编辑与外观设计;

  ◇ 在报表中添加计算控件。

2. 实验示例

操作要求

例 打开"实验素材\实验5\示例"文件夹,在此文件夹下存在一个数据库"Example5.mdb",里面已经设计好表对象"tBorrow"、"tReader"和"tBook",查询对象"qT",报表对象"r4",按照以下要求进行报表设计,参考效果如文件"Example5_R.mdb"所示。

(1)创建表格式报表。使用自动创建报表向导创建表格式报表"r1",显示表"tReader"中所有记录的数据。

(2)创建带有分组的报表。使用报表向导创建报表"r2",显示来自"tBook"表的"总编号"、"分类号"、"书名"、"出版单位"字段,来自"tReader"表的"姓名"、"单位"字段以及来自"tBorrow"表的"借书日期"字段,按照"出版单位"分组,按照"借书日期"升序排序,设置标题为"书籍借阅情况",字体为隶书,字号为24,其他内容的字号为11号,适当调整控件大小及位置,使数据显示完全,设计好的报表结果如图5.44所示。

图5.44 报表r2的设计结果

(3)创建标签报表。使用标签报表向导创建报表"r3",显示数据表"tBook"中的"总编号"、"分类号"、"书名"、"作者"、"出版单位"等信息,标签型号为"Avery"厂商的"J8361",字体为黑体,字号为11号,字体粗细为半粗,文本颜色为黑色,按照"总编号"字段排序,设计结果如图5.45所示。

(4)在设计视图中修改报表。在已经存在的报表r4的组页脚节添加标签L1,显示内容为"借阅册数：",添加文本框 T1,要求统计个人借书册数,在报表页脚节添加计算控件,显示系统当前日期,修改后的报表效果如图 5.46 所示。

112266	TPS/13		113388	TR7/90		114455	TR9/12
Access 2000			大学英语			线性代数	
郑一			胡小爽			孙业	
清华大学出版社			清华大学出版社			北京大学出版社	
114488	TPS/33		332211	TP5/10		445501	TPS/21
Foxpro应用程序开发			计算机基础			Excel 2000	
李红			李伟			赵宏	
清华大学出版社			高等教育出版社			航空工业出版社	

图 5.45　报表 r3 的设计结果

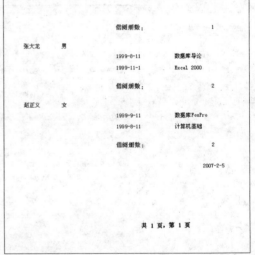

图 5.46　报表 r4 的修改结果

操作步骤

(1) 创建表格式报表

打开数据库"Example5. mdb",选择"报表"对象,单击"新建"命令按钮,在"新建报表"对话框中选择"自动创建报表：表格式"选项,在下方的"请选择该对象数据的来源表或查询"区域选择表"tReader",如图 5.47 所示,单击"确定"按钮,报表效果如图 5.48 所示,然后保存报表名为"r1"。

(2) 创建带有分组的报表

在数据库窗口中双击"报表"对象列表中的

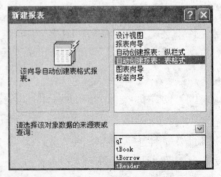

图 5.47　"新建报表"对话框

图 5.48　表格式报表

"使用向导创建报表"选项，分别从表"tBook"中选择"总编号"、"分类号"、"书名"、"出版单位"字段，从表"tReader"中选择"姓名"、"单位"字段，从表"tBorrow"中选择"借书日期"字段，如图 5.49 所示。单击"下一步"按钮，依据向导分别设置查看数据方式为"通过tBook"，添加分组级别"出版单位"，排序次序为"借书日期"、"升序"，布局方式为"递阶"，报表样式为"随意"，报表标题为"书籍借阅情况"等，如图 5.50～图 5.55 所示。在图 5.55 所示的对话框中选择"修改报表设计"选项，单击"完成"按钮。然后在报表设计视图中，修改标题标签的"字体"和"字号"属性，修改其余控件的"字号"属性，效果如图 5.56所示。最后保存报表，名为"r2"。

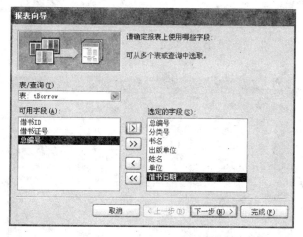

图 5.49　选择报表的数据来源

（3）创建标签报表

在"新建报表"对话框中选择"标签向导"命令和数据源"tBook"，然后依据向导分别设定"标签尺寸"、"文本字体和颜色"、"标签显示内容"、"排序依据"和"报表名称"等内容，

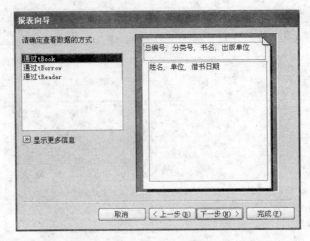

图 5.50　确定报表的查看数据方式

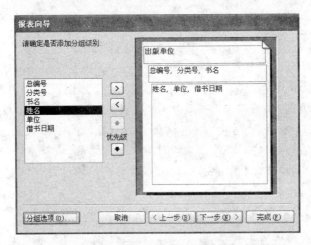

图 5.51　确定报表的分组级别

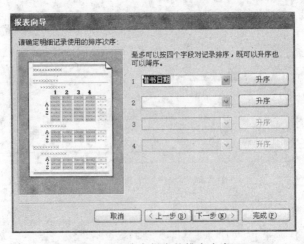

图 5.52　确定报表的排序次序

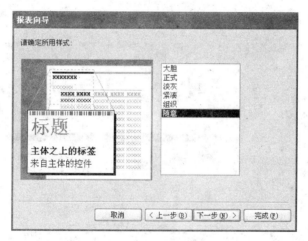

图 5.53　确定报表布局方式

图 5.54　确定报表样式

图 5.55　确定报表标题

图 5.56　修改后的报表设计视图

如图 5.57～图 5.61 所示，单击"完成"按钮可见设计好的标签报表。

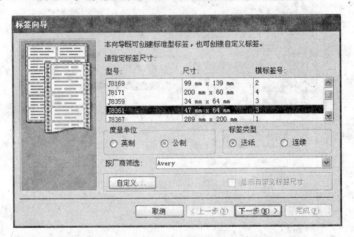

图 5.57　确定标签尺寸

图 5.58　确定文本的字体和颜色

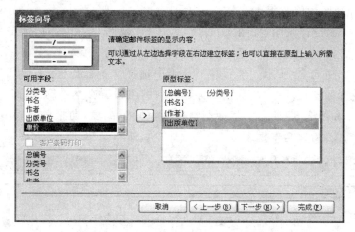

图 5.59　确定原型标签的显示内容

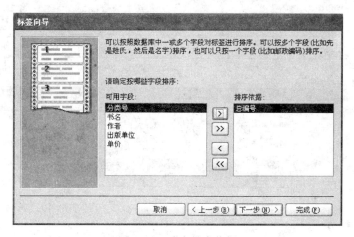

图 5.60　确定排序依据

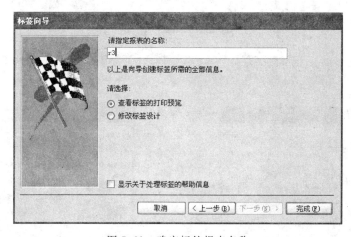

图 5.61　确定标签报表名称

（4）在设计视图中修改报表

打开报表 r4 的设计视图，如图 5.62 所示，选择"视图"菜单下的"排序与分组"命令，在"排序与分组"对话框中选择分组字段"姓名"，在下方的"组属性"中将"组页脚"属性由"否"改为"是"，如图 5.63 所示。然后在工具箱中选择文本框控件，添加到"姓名页脚"节的合适位置，设置标签控件的"名称"和"标题"属性，再设置文本框的"名称"和"控件来源"属性，如图 5.64 和图 5.65 所示。然后调整报表页脚节高度，向报表页脚节添加文本框，删除附加的标签控件，在文本框中输入"＝Date()"，如图 5.66 所示，保存报表。

图 5.62　报表 r4 的设计视图

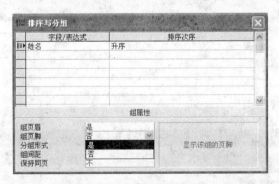

图 5.63　设置分组属性

图 5.64　设置 L1 标签属性

图 5.65　设置 T1 文本框属性

图 5.66 设置了报表页脚节后的报表 r4

3. 实验内容

实验 5-1

打开"实验素材\实验 5\实验 5-1"文件夹,此文件夹下存在一个数据库文件"Ex5-1.mdb",已经设计好表对象"tStudent"和查询对象"qStudent",同时还设计出以"tStudent"为数据源的报表对象"rStudent",按照以下要求补充报表设计。

(1) 修改报表标题为"学生信息报表",边框样式设置为"对话框边框"。

(2) 在报表中的报表页眉节添加一个标签控件,其名称为"bTitle",标题显示为"优秀学生信息汇总"。

(3) 在报表的主体节添加一个文本框控件,显示"年龄"字段值。该控件放置在距上边 0.1cm,距左边 6.9cm 处,并命名为"tAge"。

(4) 在报表页脚节添加一个计算控件,计算并显示学生的平均年龄。计算控件放置在距上边 0.3cm,距左边 6cm 处,并命名为"tAvg"。

(5) 在报表的页面页脚节添加一个计算控件输出页码,计算控件位置在距上边 1.2cm,距左边 11.5cm 处,高度 0.6cm,宽度 4cm,并命名为"tPage"。页码显示格式为"当前页-总页数",如 1-10、2-10、…、10-10 等。

实验 5-2

打开"实验素材\实验 5\实验 5-2"文件夹,此文件夹下存在一个数据库文件"Ex5-2.mdb",已经设计好表对象"tEmployee",按照以下要求完成设计。

(1) 使用自动创建方法创建表格式报表"r1",显示表对象"tEmployee"中的内容。

(2) 使用表对象"tEmployee"的全部字段创建一个分组报表,显示各部门人员名单,报表名称为"r2",按照"所属部门"进行分组,并按"性别"字段值降序排序,在组页脚节汇总"年龄"平均值,报表样式为"随意"。

(3) 修改"r2"报表的标题标签，标题内容显示"各部门人员名单报表"。

(4) 在报表页眉节添加一个图像控件 Image3，显示"实验 5-2"文件夹下的"person.jpg"图片文件，并以"缩放"模式显示。

实验 5-3

打开"实验素材\实验 5\实验 5-3"文件夹，此文件夹下存在一个数据库文件"Ex5-3.mdb"，已经设计好两个表对象"tBand"和"tLine"。同时还设计出以"tBand"和"tLine"为数据源的报表对象"rBand"，按照以下要求补充报表设计。

(1) 将报表页眉节的背景色设置成编号为 8388736 的颜色，高度设置为 3cm。

(2) 在报表页眉节添加一个标签控件，其名称为"bTitle"，标题显示为"团队旅游信息一览"，字体名称为"黑体"，字号为 24，字体粗细为"加粗"，字体颜色为白色。

(3) 在"导游姓名"字段标题对应的报表主体节添加一个控件，显示出"导游姓名"字段值，并命名为"tName"。

(4) 在报表页脚节中添加一个计算控件，要求依据"团队 ID"计算并显示团队的个数。计算控件放置在"团队数:"标签的右侧，计算控件命名为"bCount"。

实验 5-4

打开"实验素材\实验 5\实验 5-4"文件夹，此文件夹下存在一个数据库文件"Ex5-4.mdb"，其中有"档案表"和"工资表"两张表。

(1) 创建一个名为"r1"的报表，报表具体要求：使用字段包括"档案表"的"职称"字段和"工资表"的全部字段。按职称分组，汇总出"基本工资"的平均值、最高值、总和，并按职工号升序排列显示。报表样式为"正式"，"基本工资"的平均值计算字段名称为"savg"，最高值计算字段名称为"smax"，总和计算字段名称为"ssum"，修改标题标签内容为"工资报表"，效果如图 5.67 所示。

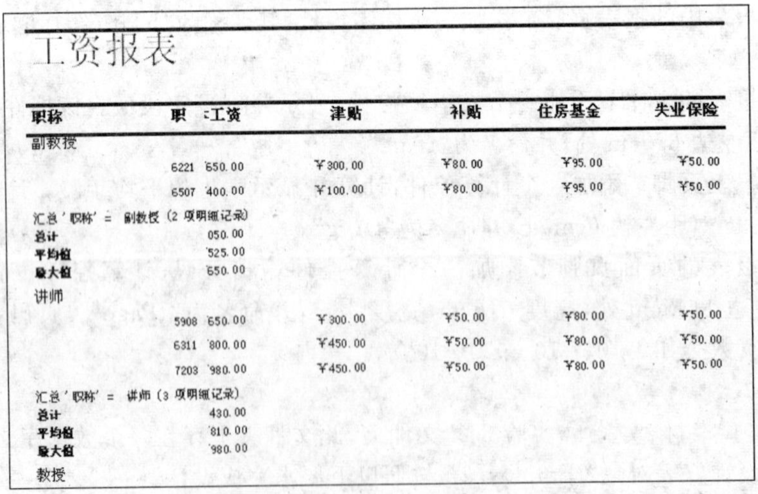
工资报表

职称	职	:工资	津贴	补贴	住房基金	失业保险
副教授						
	6221	650.00	¥300.00	¥80.00	¥95.00	¥50.00
	6507	400.00	¥100.00	¥80.00	¥95.00	¥50.00
汇总 '职称' = 副教授 (2 项明细记录)						
总计		050.00				
平均值		525.00				
最大值		650.00				
讲师						
	5908	650.00	¥300.00	¥50.00	¥80.00	¥50.00
	6311	800.00	¥450.00	¥50.00	¥80.00	¥50.00
	7203	980.00	¥450.00	¥50.00	¥80.00	¥50.00
汇总 '职称' = 讲师 (3 项明细记录)						
总计		430.00				
平均值		810.00				
最大值		980.00				
教授						

图 5.67 报表"r1"效果

(2) 在报表"r1"的主体节上添加两个名称为"应发工资"和"实发工资"的计算字段，设置为"货币"格式，其中，应发工资＝基本工资＋津贴＋补贴，实发工资＝基本工资＋津贴＋补贴＋住房基金＋失业保险。

（3）使用向导创建一个图表报表"r2"，用柱形图表示每个职工基本工资情况，效果如图 5.68 所示。

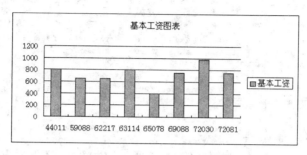

图 5.68　图表报表"r2"效果

（4）在报表"r2"的页面页脚节添加一个计算控件，使用函数显示出系统日期，计算控件放置在距上边 0.25cm，距左侧 14cm 位置，名称为"tDa"。

实验 5-5

将实验 4-5 完成的"人事管理系统.mdb"的数据库文件复制到"实验素材\实验 5\实验 5-5"文件夹中，并按下述要求完成报表设计。

（1）使用"自动创建报表：纵栏式"基于"按姓名查询员工基本信息"创建一个报表，名称为"员工个人基本信息报表"，修改"报表页眉节"的标签内容为"员工个人基本信息报表"。

（2）使用"标签向导"基于"部门信息表"创建一个报表，名称为"部门信息标签报表"，标签尺寸为 C2166，效果如图 5.69 所示。

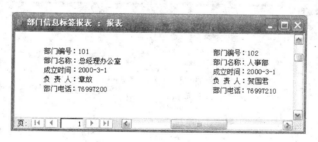

图 5.69　"部门信息标签报表"效果

（3）使用"报表向导"基于"雇员信息表"和"工资信息表"创建一个报表，显示"雇员信息表"的"雇员编号"、"雇员姓名"、"性别"、"部门编号"等字段及"工资信息表"的"年月"、"基本工资"、"其他应发金额"、"基本扣除金额"、"其他应扣金额"等字段，通过"雇员信息表"查看，按"年月"升序排序，"横向"报表，"淡灰"样式，报表名为"雇员工资报表"。

（4）在设计视图中修改"雇员工资报表"，调整控件位置使信息显示完全，添加"实发工资"项（注：实发工资 ＝ 基本工资 ＋ 其他应发金额 － 基本扣除金额 － 其他应扣金额），效果如图 5.70 所示。

实验 5-6

将实验 4-6 完成的"十字绣销售管理系统.mdb"数据库文件复制到"实验素材\实验 5

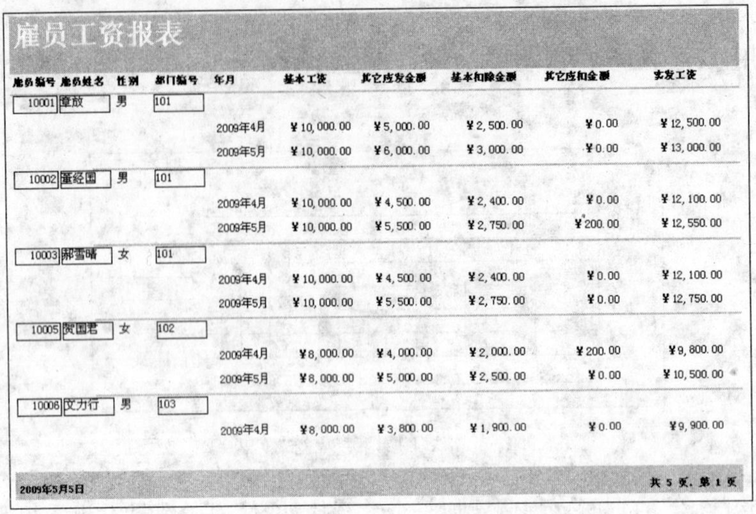

雇员工资报表

雇员编号	雇员姓名	性别	部门编号	年月	基本工资	其它应发金额	基本扣除金额	其它应扣金额	实发工资
10001	章放	男	101						
				2009年4月	¥10,000.00	¥5,000.00	¥2,500.00	¥0.00	¥12,500.00
				2009年5月	¥10,000.00	¥6,000.00	¥3,000.00	¥0.00	¥13,000.00
10002	董经国	男	101						
				2009年4月	¥10,000.00	¥4,500.00	¥2,400.00	¥0.00	¥12,100.00
				2009年5月	¥10,000.00	¥5,500.00	¥2,750.00	¥200.00	¥12,550.00
10003	郝雪晴	女	101						
				2009年4月	¥10,000.00	¥4,500.00	¥2,400.00	¥0.00	¥12,100.00
				2009年5月	¥10,000.00	¥5,500.00	¥2,750.00	¥0.00	¥12,750.00
10005	贺国君	女	102						
				2009年4月	¥8,000.00	¥4,000.00	¥2,000.00	¥200.00	¥9,800.00
				2009年5月	¥8,000.00	¥5,000.00	¥2,500.00	¥0.00	¥10,500.00
10006	文力行	男	103						
				2009年4月	¥8,000.00	¥3,800.00	¥1,900.00	¥0.00	¥9,900.00

2009年5月5日　　共 5 页，第 1 页

图 5.70 “雇员工资报表”效果

\实验 5-6”文件夹中，并按下述要求完成报表设计。

(1) 使用“报表向导”基于“十字绣基本信息表”创建一个报表，显示“类别编号”、“厂商”、“货品编号”、“货品名称”和“售价”等字段信息，先按“类别编号”分组，再按“厂商”分组，按“货品编号”升序排序，“随意”样式，报表名为“各类十字绣信息报表”，调整控件位置合理。

(2) 在“各类十字绣信息报表”的报表页脚节添加一个计算控件，统计所有货品的售价总和，效果如图 5.71 所示。

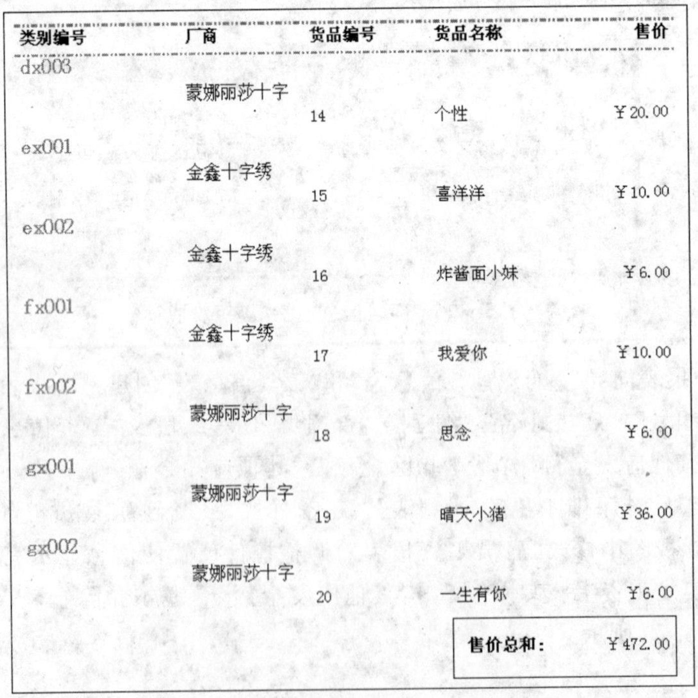

类别编号	厂商	货品编号	货品名称	售价
dx003				
	蒙娜丽莎十字			
		14	个性	¥20.00
ex001				
	金鑫十字绣			
		15	喜洋洋	¥10.00
ex002				
	金鑫十字绣			
		16	炸酱面小妹	¥6.00
fx001				
	金鑫十字绣			
		17	我爱你	¥10.00
fx002				
	蒙娜丽莎十字			
		18	思念	¥6.00
gx001				
	蒙娜丽莎十字			
		19	晴天小猪	¥36.00
gx002				
	蒙娜丽莎十字			
		20	一生有你	¥6.00
			售价总和：	¥472.00

图 5.71 “各类十字绣信息报表”效果

（3）以"各类十字绣销售量统计"查询为数据源创建一个图表报表，报表名为"各类十字绣销售量报表"，效果如图 5.72 所示。

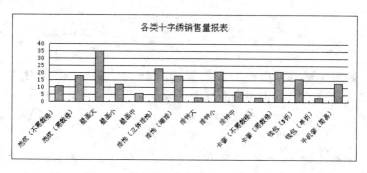

图 5.72 "各类十字绣销售量报表"效果

第6章 数据访问页

数据访问页即 Web 页，也称为数据页，是 Microsoft Access 数据库的对象之一。Microsoft Access 支持将数据库中的数据通过数据页的形式发布到 Internet 上，使用户可以很方便地使用 Web 页浏览器查看、编辑发布在网络上的 Microsoft Access 数据库中的数据。

在 Access 数据库窗口的"页"对象内列出了常用的创建数据页的方式以及现有的数据页链接列表。通过数据页的链接可以修改数据页的设计，或浏览、编辑数据库中的数据。

数据页是保存在 Microsoft Access 外的独立网页文件，Access 数据库通过"页"对象内的数据页链接到各个数据页。创建数据页时，Microsoft Access 会在数据库窗口的"页"对象列表中自动为该页文件添加一个链接。

6.1 创建数据访问页

和 Microsoft Access 数据库的其他对象（如表、查询、窗体和报表）一样，数据访问页的建立也分为自动创建、使用向导创建和在设计视图下创建三种方式。

任务 6-1 创建数据访问页

6.1.1 自动创建数据访问页

任务实例 6.1 使用自动创建数据访问页功能，创建"读者信息表"纵栏式数据访问页。

任务分析

◆ 方法：使用自动创建数据访问页。

◆ 操作对象：读者信息表。

任务解决过程

（1）新建数据页。打开"图书管理系统"数据库窗口，单击"对象"下的"页"，单击"新建"按钮，显示"新建数据访问页"对话框。

（2）在对话框中选择"自动创建数据页：纵栏式"选项。选择"读者信息表"作为数据源，如图 6.1 所示。单击"确定"按钮，完成数据页的创建并打开该页的"页面视图"，如图 6.2 所示。

（3）单击"保存"命令按钮🔲保存数据页，文件名为"读者信息表.htm"。数据页保存时，系统

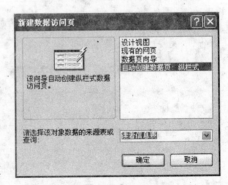

图 6.1 "新建数据访问页"对话框

自动在数据库的"页"对象内添加该数据页的链接。

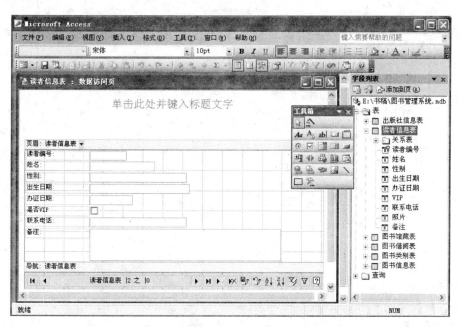

图 6.2 数据页的"页面视图"

（4）更改数据页的链接。单击 按钮，切换到"读者信息表"数据页的"设计视图"，如图 6.3 所示。

图 6.3 数据访问页的"设计视图"

右击数据页"设计视图"的标题栏，选择菜单中的"网页连接"命令打开"数据链接属性"对话框，如图 6.4 所示。在"选择或输入数据库名称"文本框内输入".\图书管理系统.mdb"。单击"确定"按钮保存数据页。

（5）查看数据页。在数据库窗口内右击"读者信息表"数据页，选择下拉菜单内的"网页预览"命令在 Internet Explorer 浏览器内打开数据页，如图 6.5 所示。

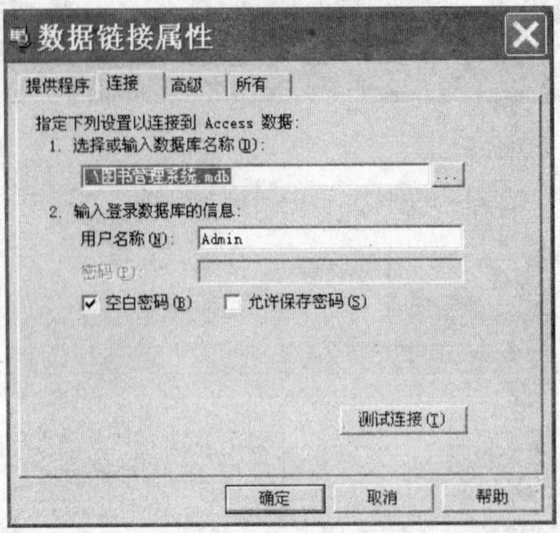

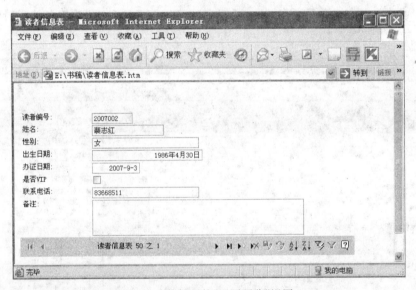

图 6.4 "数据链接属性"对话框

图 6.5 数据页的"网页预览"视图

相关知识点细述

(1) 数据访问页有"设计视图"、"页面视图"、"网页预览"三种视图形式。

◇ 设计视图:可以调整数据页的页面布局,更改页面格式设置或设计数据页内对象的属性等,也可以使用工具箱中的控件为数据页添加新对象。

◇ 页面视图:用于查看数据访问页的效果,并能通过数据访问页浏览或修改数据库中的数据。

◇ 网页预览:数据访问页将被发布到网络,网络用户可以通过 Internet 远程打开数据页,并通过它浏览或更新数据库内的数据。

(2) 在 Access 数据库内建立的网页文件默认保存在和数据库相同的文件夹内。

(3) 数据页的链接用于指向与数据页相关的数据库的位置。数据页的链接路径默认的是一个绝对路径,若数据页被发布到网络服务器上,将无法根据这个路径找到数据库。因此,在数据库建立完成后需要将链接路径更改为网络路径(URL 路径或 UNC 路径)以连接到网络数据库上。网页文件保存的位置和数据库在同一个文件夹内,用".\"表示数据库文件所在的文件夹。

边学边练

使用"自动创建数据页"的方式建立"出版社信息表"的数据页,分别打开该数据页的"设计视图"、"页面视图",并在 IE 中预览网页。

想一想

数据页文件是保存在数据库中,还是以独立的网页文件保存在磁盘上呢?

6.1.2 使用向导创建数据访问页

任务实例 6.2 使用数据页向导创建"读者借书情况"数据访问页,为数据页添加"读者编号"分组并按照"书名"排序。

任务分析

◆ 方法:使用向导创建数据访问页。

◆ 操作对象:读者借书表。

任务解决过程

(1)启动"数据页向导"。打开"图书管理系统"数据库窗口,单击"对象"下的"页",双击"使用向导创建数据访问页"选项打开"数据页向导"对话框。

(2)选择字段。在"数据页向导"对话框内分别从"读者信息表"内选择"读者编号"、"姓名"、"性别"、"联系电话"字段;从"图书信息表"内选择"书名"、"作者"字段;从"出版社信息表"内选择"出版社名称"字段;从"图书借阅表"内选择"借出时间"字段等,如图 6.6所示。

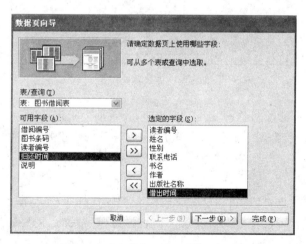

图 6.6 确定数据页上的字段对话框

(3)添加分组级别。单击"下一步"按钮,给数据页添加"读者编号"分组,如图 6.7所示。

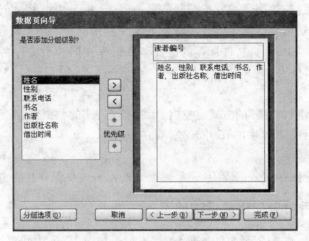

图 6.7　添加分组级别

（4）确定排序次序。单击"下一步"按钮，设置记录的排序次序。选择按"书名"字段升序排序，如图 6.8 所示。

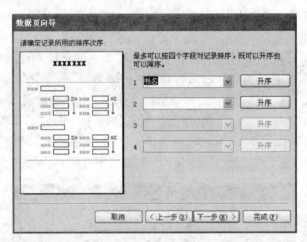

图 6.8　设置排序次序

（5）指定数据页标题。单击"下一步"按钮，为数据页指定标题为"读者借书情况"，选择"打开数据页"选项，如图 6.9 所示。单击"完成"按钮，新建的"读者借书情况"数据页如图 6.10 所示。

相关知识点细述

使用向导建立数据页时，可以从数据表和查询内选择字段。系统会自动依据数据库内表的关系将这些字段连接起来。在从多个表内选择字段时，需要确定表和表之间建立了正确的关系。

边学边练

以"图书条码"为分组级别，使用"数据页向导"的方式建立一个包括"书名"、"作者"、"出版社名称"、"姓名"、"性别"、"联系电话"等字段的数据页。

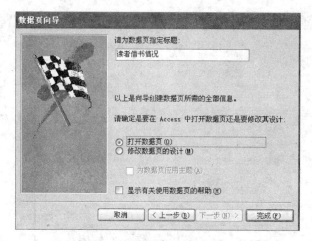

图 6.9　为数据页指定标题

图 6.10　"读者借书情况"数据页视图

想一想

如果在使用向导建立数据页时,选择了没有关系的字段会是什么结果?

6.1.3　在设计视图下创建数据访问页

任务实例 6.3　在设计视图下建立"图书信息"数据访问页。

任务分析

◆ 方法:使用设计视图创建数据访问页。

◆ 操作对象:图书信息表。

任务解决过程

(1)新建数据页。在数据库"页"对象窗口内双击"在设计视图中创建数据访问页"选项,打开一个空白的数据页。

(2)为数据页添加字段。展开字段列表中的"图书信息表",将除备注外的所有字段拖动到"设计视图"中心空白处,如图 6.11 所示。

图 6.11 使用设计视图建立数据访问页

（3）添加标题。在数据页上部"单击此处并键入标题文字"位置单击鼠标并输入标题"图书信息"。

（4）更改数据页的链接。将数据页的链接路径更改为".\图书管理系统.mdb"。

（5）单击"保存"按钮将数据页保存在数据库当前文件夹内,文件名为"图书信息.htm"。系统自动为数据页建立"图书信息"链接。"图书信息"数据页的"页面视图"如图 6.12 所示。

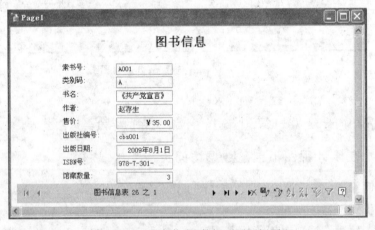

图 6.12 "图书信息"数据页页面视图

相关知识点细述

（1）使用"设计视图"是建立数据访问页的最直接、最根本的方式。

（2）与窗体和报表的设计视图不同,在数据页的设计视图内不用建立数据页相对应的记录源。数据页设计视图的字段列表中列出了数据库内所有数据表和查询的字段。

6.2 编辑数据访问页

使用向导或自动创建方式创建完数据访问页以后,通常需要在设计视图下修改、调整,以达到较好的显示效果。

任务 6-2 编辑数据访问页

6.2.1 设置数据访问页格式

任务实例 6.4 设置"读者信息表"数据页的主题与背景。

任务分析

◆ 方法:利用菜单命令。

◆ 操作对象:"读者信息表"数据访问页。

任务解决过程

(1) 设置数据页的主题。打开"读者信息表"数据访问页的"设计视图",选择"格式"菜单下的"主题"命令打开"主题"对话框,选择"长青树"主题,如图 6.13 所示,单击"确定"按钮。

图 6.13 数据页"主题"对话框

.(2) 给数据页添加背景图片。选择"格式"菜单中"背景"下的 "图片"命令,打开"插入图片"对话框,选择"C:\Windows\Web\Wallpaper\Azul.jpg"图片,单击"插入"按钮,插入背景图片,如图 6.14 所示。单击"保存"按钮将修改保存。

相关知识点细述

(1) 主题是由项目符号、字体、水平线、背景图像等元素所组成的一组设计元素和配色方案,用来定制数据页的外观与显示效果。

(2) 可以设置数据页的背景颜色或图片,也可以设置数据页内各个节的背景颜色或

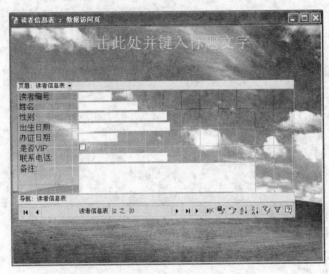

图 6.14 加入了背景图片的数据页

图片。

6.2.2 修改数据访问页的分组信息

任务实例 6.5 修改"读者借书情况"的分组信息。

任务分析

◆ 方法：使用鼠标操作。

◆ 操作对象："读者借书情况"数据页。

任务解决过程

(1) 添加标题文字。打开"读者借书情况"数据页的"设计视图"，单击"单击此处并键入标题文字"区域，输入数据页标题文字"读者借书情况"，如图 6.15 所示。

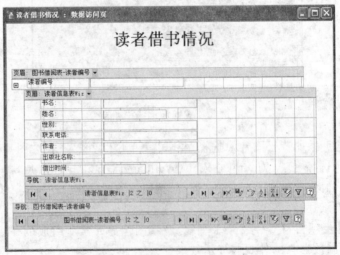

图 6.15 "读者借书情况"设计视图

（2）修改"图书借阅表-读者编号"页眉。在"读者借书情况"数据页的"页面视图"内，增加"图书借阅表-读者编号"页眉的高度。将"读者信息表 Wiz"页眉内的"姓名"、"性别"、"联系电话"文本框及其标签移动到"图书借阅表-读者编号"页眉中并删除标签中的"分组 的"文字，将"读者信息表 Wiz"页眉内"书名"、"作者"、"出版社名称"、"借出时间"文本框相关的标签移动到"图书借阅表-读者编号"页眉内。参照图 6.16 所示调整各个对象的位置与大小。

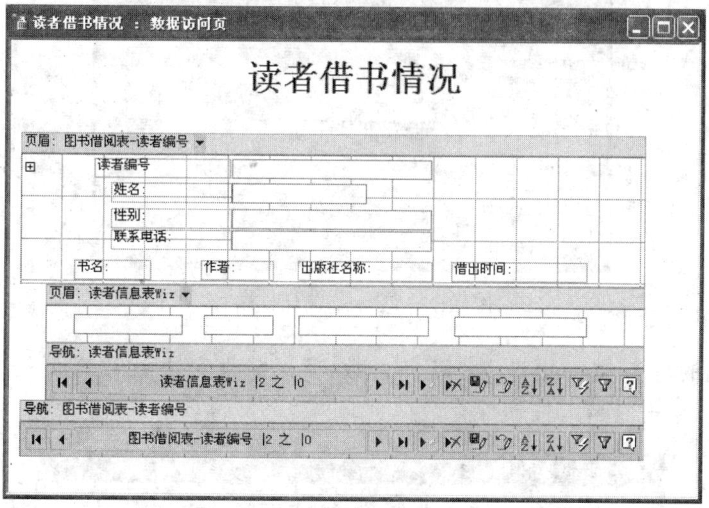

图 6.16　调整数据页内文本框与标签的位置

（3）删除"图书借阅表-读者编号"页眉的展开按钮 ⊞ 。

（4）更改"读者信息表 Wiz"页眉的组级属性。单击"读者信息表 Wiz"页眉右侧的组级属性按钮▼，选择"组级属性"选项打开"读者信息表 Wiz"页眉的组级属性对话框，将其"DataPageSize"属性更改为"全部"，如图 6.17 所示。

图 6.17　"读者信息表 Wiz"页眉组级属性对话框

（5）删除"读者信息表 Wiz"页眉的"记录浏览"条目。单击"读者信息表 Wiz"页眉右侧的组级属性按钮▼，去掉"记录浏览"选项前面的 ✓ 标记。

（6）给数据页添加读者借书数目统计。

为"图书借阅表-读者编号"页眉添加页脚。单击"图书借阅表-读者编号"页眉的组级属性按钮▾,添加"页脚"条目。

在"图书借阅表-读者编号"页脚中添加文本框控件。选择工具箱内的文本框控件 abl,在"图书借阅表-读者编号"页脚内用鼠标拖动出一个文本框。选择新添加的文本框,单击属性按钮☞打开文本框属性对话框,在"数据"选项卡的"ControlSource"属性内选择"读者编号",在"TotalType"属性内选择"dscCount",如图 6.18 所示。

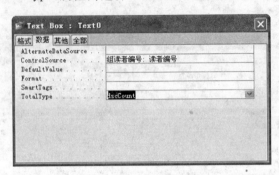

图 6.18　文本框的属性窗口

将文本框的标签文字更改为"借书总数:"。更改完成后数据页的"页面视图"如图 6.19 所示。单击"保存"按钮保存数据页。

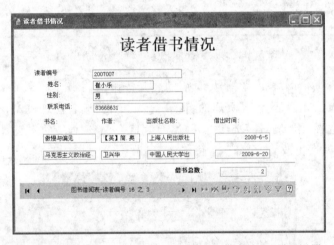

图 6.19　添加了分组与计算字段的"读者借书情况"页面视图

相关知识点细述

添加了分组后,系统会自动在分组页眉上添加页眉的"展开"按钮⊞,数据页的"页面视图"默认将分组内的信息隐藏,单击"展开"按钮⊞显示分组内的信息。本实例中删除了"图书借阅表-读者编号"页眉的"展开"按钮⊞,以自动显示读者的借书信息。

6.2.3　在数据页内添加对象

任务实例 6.6　参照图 6.20 修改"图书信息"数据访问页,添加标签、设置滚动文字和链接"读者借书情况"数据表。

图 6.20　"图书信息"数据页

任务分析

◆ 方法：设计视图内使用工具箱的控件。

◆ 操作对象："图书信息"数据页。

任务解决过程

（1）添加标签。在"图书信息"数据页的设计视图，选择工具箱中的"标签"控件，用鼠标在数据访问页中要放置标签的位置拖动出一个矩形，输入"知识是智慧的火炬"文本并设置文字格式。

（2）添加滚动文字。单击工具箱中的"滚动文字"控件 ▦，单击数据访问页中要放置滚动文字的位置并输入字幕文字"感受春天，感受阳光，感受自然，感受自己"，调整字幕文字的字号与字体。

（3）添加超链接。单击工具箱中的"超链接"按钮 🔗，单击数据访问页下方空白处，打开"插入超链接"对话框。在对话框内选择链接到"此数据库中的页"中的"读者借书情况"数据表，如图 6.21 所示。单击"确定"按钮完成超链接的添加，单击"保存"按钮保存对

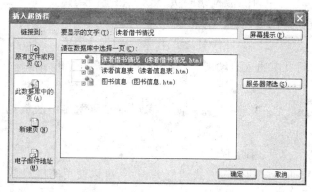

图 6.21　"插入超链接"对话框

"图书信息"数据页的修改。

本 章 小 结

随着 Internet 网络的快速发展和普及,网络已成为信息社会的一个重要的组成部分。Access 2003 提供的数据访问页允许用户使用网页浏览器访问 Access 数据库,查看、添加、编辑以及操作数据库中存储的数据。

作为 Microsoft Access 数据库的对象之一,数据访问页的建立分为自动创建、使用向导创建和在设计视图下创建三种方式。自动创建的方式针对数据库内的数据表或查询快速、高效地创建数据访问页,但建立后的数据页通常需要在设计视图下修改以调整页面布局、显示效果等。与 Access 数据库其他对象不同的是,数据访问页没有数据源属性,在其设计视图下系统罗列出数据库包含的所有数据表和查询的字段。

除了与 Access 数据库绑定的对象以外,在数据访问页内还可以添加超链接、滚动字幕、影片剪辑等,以丰富网页的显示效果。

习 题 6

1. 思考题

(1) 什么是数据访问页? Access 数据库的数据访问页是以什么形式存放的?

(2) 在 Access 数据库内使用设计视图建立数据访问页时,需要设置其记录来源吗?如何在数据访问页内引用数据库内的数据?

(3) 列举建立数据访问页的不同方式,说明使用自动创建方式建立数据页可以使用什么格式。

(4) 什么是数据访问页的样式? 如何设置数据访问页的样式?

(5) 列举数据访问页内可以添加的除数据库数据对象以外的其他常用对象。

2. 选择题

(1) 可以将 Access 数据库中的数据发布在 Internet 上的是(　　)。

    A. 查询　　　　　B. 数据访问页　　C. 窗体　　　　　D. 报表

(2) Access 数据访问页以(　　)格式存储。

    A. DOC　　　　　B. HTML　　　　　C. XLS　　　　　D. TXT

(3) 在数据访问页内插入滚动的文本应选择的工具箱中的对象图标是(　　)。

    A. _Aa_　　　　　B. ab|　　　　　C. ▦　　　　　D. 🖳

(4) 通过 Internet Explorer 打开数据访问页访问数据库中的数据时,(　　)打开相关的数据库。

    A. 必须　　　　　B. 不必

(5) Access 中,使用自动创建方式建立数据页,可以使用的格式是(　　)。

    A. 表格式　　　　B. 数据表式　　　C. 纵栏式　　　　D. 数据页式

3. 填空题

（1）Access 数据库通过_____建立 Web 页,使用户可以通过网络浏览数据库中的数据。

（2）数据访问页的视图模式分别是设计视图、_____和网页预览。

（3）数据访问页可以简单地认为就是一个_____。

（4）在数据页内通过添加_____对象,可以使其在被浏览时打开其他的网页。

（5）在数据页上创建命令按钮时,为了使系统协助用户自动建立按钮并设置其功能,应当在建立按钮之前单击工具箱中的_____。

实验 6　创建和使用数据访问页

1. 实验目的与要求

实验目的

◇　熟识各种类型的数据访问页;

◇　掌握创建数据访问页的各种方法;

◇　掌握数据访问页中控件及其他元素的编辑与修改。

实验要求

◇　使用自动创建数据页的方法创建纵栏式数据访问页;

◇　使用数据页向导创建数据访问页;

◇　在数据访问页的设计视图中添加各种控件并进行编辑。

2. 实验示例

操作要求

例　打开"实验素材\实验 6\示例"文件夹,此文件夹下存在一个数据库 Example6.mdb,已经设计好表对象"报考志愿"和"考试报名",按照以下要求完成相应设计,参考效果如文件 Example6_R.mdb 及图 6.22 所示。

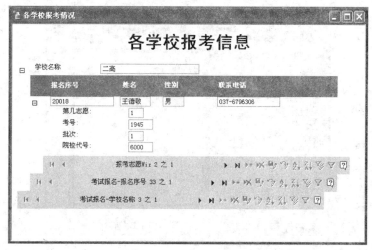

图 6.22　数据访问页"各学校报考情况"效果图

（1）创建数据访问页。使用向导创建数据访问页，设置"学校名称"为第一分组级别，"报名序号"为第二分组级别，最后一级分组排序设为"第几志愿"升序，标题设置为"各学校报考情况"。

（2）调整布局。在设计视图中调整"姓名"、"性别"、"联系电话"等字段的显示位置，如图 6.22 所示。

（3）编辑数据访问页。在数据访问页上添加标题文字"各学校报考信息"，文字为黑体;18 号。

（4）保存数据访问页。保存名为"各学校报考情况"，网页文件保存到"实验素材\实验 6\示例"文件夹下。

操作步骤

（1）创建数据访问页。打开数据库"Example6.mdb"，在"页"对象栏中选择"使用向导创建数据访问页"命令，然后按照向导分别选择数据源，设置分组级别，设置排序规则以及确定页的标题，单击"完成"按钮，如图 6.23～图 6.26 所示。

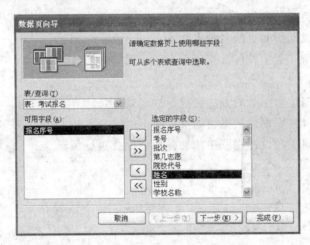

图 6.23 确定数据访问页的数据源

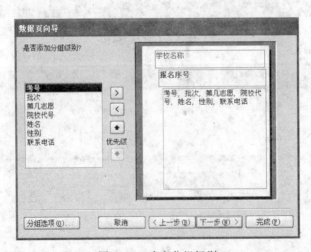

图 6.24 确定分组级别

226

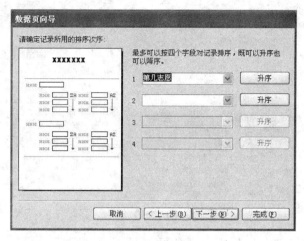

图 6.25　确定排序次序

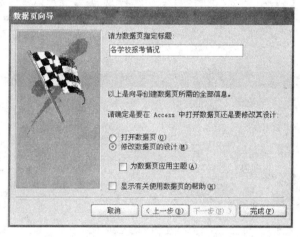

图 6.26　确定页的标题

（2）调整布局。在数据访问页设计视图中单击第二分组级别页眉处的▼按钮，选择菜单中的"题注"命令，如图 6.27 所示，将"姓名"、"性别"和"联系电话"等内容从最后一个分组级别移动到第二分组级别，效果如图 6.28 所示。

（3）编辑数据访问页。在数据访问页设计视图中的标题区域填写"各学校报考信息"，并设置字体为黑体，如图 6.29 所示。

（4）保存数据访问页。单击"保存"按钮，将数据访问页保存名为"各学校报考情况"，如图 6.30 所示。

3. 实验内容

实验 6-1

打开"实验素材\实验 6\实验 6-1"文件夹，此文件夹下存在一个数据库文件"Ex6-1.mdb"，已经设计好表对象"tEmployee"和"tGroup"，请按照如下要求完成操作。

（1）创建数据访问页"pEmployee"，显示"部门名称"、"编号"、"姓名"、"性别"、"年

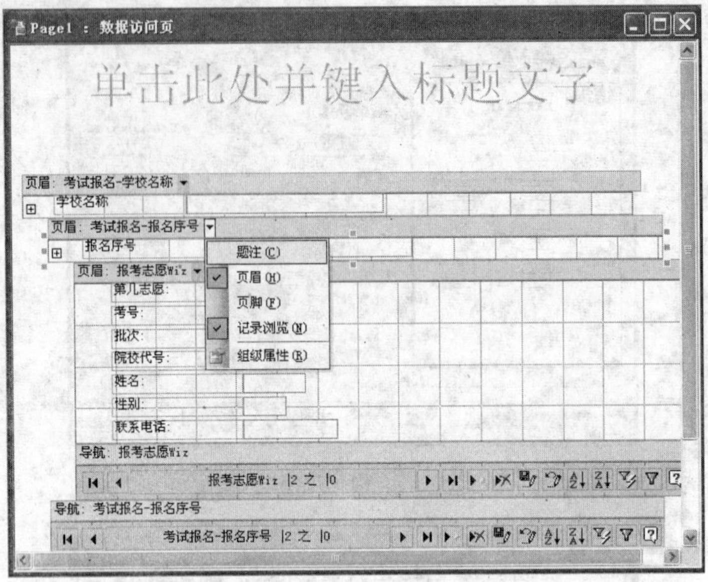

图 6.27　选择"题注"命令

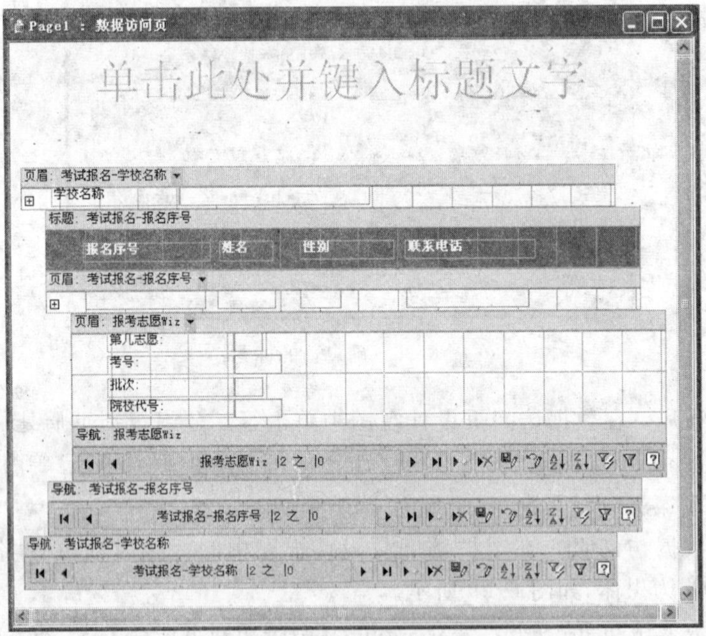

图 6.28　调整布局

龄"、"职务"、"聘用时间"、"简历"等字段数据。按照"部门名称"进行分组,按照"聘用时间"的先后顺序排序,标题显示"＊＊公司各部门人事信息",网页文件保存在"实验 6-1"文件夹中。

（2）创建数据访问页"pMain",在页面上添加一个超链接,显示文字"人事信息",华文彩云,16 号,链接到 pEmployee 数据页。再添加一个图像控件,显示当前文件夹下的图片

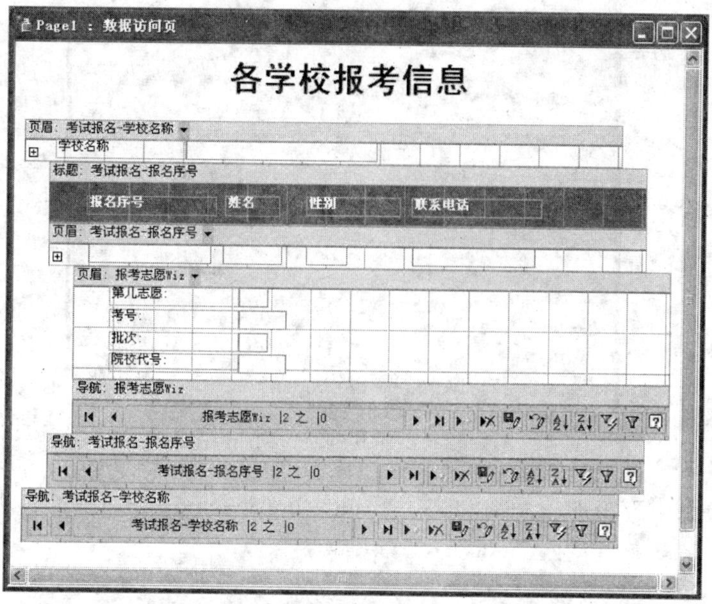

图 6.29　添加标题文字

图 6.30　保存数据访问页

test.jpg，效果如图 6.31 所示。

实验 6-2

打开"实验素材\实验 6\实验 6-2"文件夹，此文件夹下存在一个数据库文件"Ex6-2. mdb"，已经设计好表对象"tCollect"，查询对象"qT"，同时还设计出以"tCollect"为数据源的窗体对象"fCollect"，按照以下要求完成设计。

（1）使用"自动创建数据页：纵栏式"方法创建一个页对象"pCollect"，显示表"tCollect"中的所有信息。网页文件保存到"实验素材\实验 6\实验 6-2"文件夹下。

（2）在数据页"pCollect"中添加标题"CD 一览"，楷体，颜色为＃800040。

（3）设置数据页的标题属性为"pCollect"。

图 6.31 数据访问页"pMain"效果

（4）在标题下方添加一行滚动文字"Enjoy music，enjoy life!"，红色加粗，如图 6.32 所示。

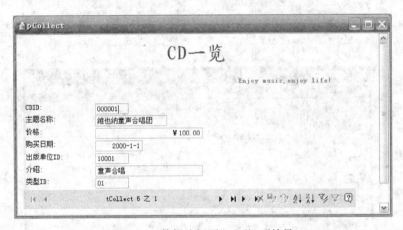

图 6.32 数据访问页"pCollect"效果

实验 6-3

打开"实验素材\实验 6\实验 6-3"文件夹，此文件夹下存在一个数据库文件"Ex6-3.mdb"，已经设计好表对象"tStudent"，按照以下要求完成设计。

（1）在数据访问页中显示"tStudent"表中的"学号"、"姓名"、"班级"和"年龄"字段内容，按照"班级"分组，按照"年龄"降序排序，保存名称为"pStudent"。网页文件保存到"实验素材\实验 6\实验 6-3"文件夹下。

（2）编辑数据访问页，在数据页"pStudent"中添加标题文字"各班学生信息"，华文隶书。

（3）设置数据页的标题属性为"pStudent"。

（4）添加滚动文字"请点击'＋'展开查看"，红色字体，加粗，效果如图 6.33 所示。

实验 6-4

打开"实验素材\实验 6\实验 6-4"文件夹，此文件夹下存在一个数据库文件"Ex6-4.

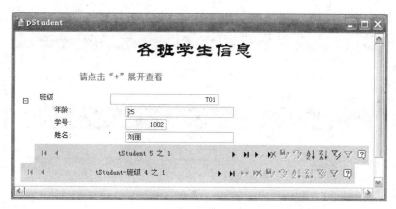

图 6.33　数据访问页"pStudent"的效果

mdb",已经设计好表对象"分数"和"考场信息",按照以下要求完成设计,效果参照图 6.34 所示。

(1) 建立关系。分析并建立表"分数"与"考场信息"之间的联系,并实施参照完整性。

(2) 创建数据访问页。使用向导创建数据访问页,设置"考场"为第一分组级别,"考号"为第二分组级别,最后一级分组排序设为"科目"降序,标题设置为"各考场考生明细"。

(3) 调整布局。在设计视图中调整"报考序号"、"姓名"、"性别"、"座号"等字段的显示位置,如图 6.34 所示。

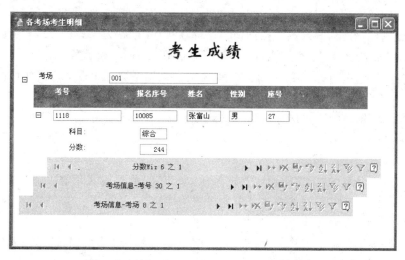

图 6.34　数据访问页"各考场考生明细"效果图

(4) 编辑数据访问页。在数据访问页上添加标题文字"考生成绩",华文新魏,18 号。

(5) 保存数据访问页。保存名为"各考场考生明细",网页文件保存到"实验素材\实验 6\实验 6-4"文件夹下。

实验 6-5

将实验 5-5 完成的"人事管理系统.mdb"的数据库文件复制到"实验素材\实验 6\实验 6-5"文件夹中,并按下述要求完成数据库操作,结果文件保存在"实验 6-5"文件夹中,参考效果如图 6.35 所示。

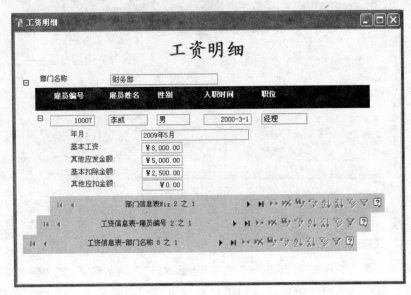

图 6.35　数据访问页"工资明细"效果图

　　(1) 应用向导创建数据访问页,显示"部门信息表"的"部门名称"字段,"雇员信息表"的"雇员编号"、"雇员姓名"、"性别"、"入职时间"、"职位"字段,以及"工资信息表"的"年月"、"基本工资"、"其他应发金额"、"基本扣除金额"、"其他应扣金额"字段。按照"部门名称"和"雇员编号"分组,其余内容按照"年月"降序排序,标题为"工资明细"。

　　(2) 调整布局。调整"雇员姓名"、"性别"、"入职时间"、"职位"等字段位置。

　　(3) 编辑数据访问页。添加标题文字"工资明细",楷体,18 号字,将"雇员编号"标题栏背景设置为黑色。

　　(4) 保存数据访问页。保存名为"工资明细",网页文件保存到"实验素材\实验 6\实验 6-5"文件夹下。

实验 6-6

　　将实验 5-6 完成的"十字绣销售管理系统.mdb"的数据库文件复制到"实验素材\实验 6\实验 6-6"文件夹中,并按下述要求完成数据库操作,结果文件保存在"实验 6-6"文件夹中,参考效果如图 6.36 所示。

　　(1) 应用向导创建数据访问页,显示"十字绣类别表"的"类别名称"字段及"十字绣基本信息表"的"货品编号"、"货品名称"、"厂商"和"售价"字段。按照"类别名称"分组,其余内容按照"厂商"升序排序,标题为"十字绣信息"。

　　(2) 编辑数据访问页。添加标题文字"十字绣信息",幼圆,红色,18 号字。

　　(3) 添加滚动文字。在适当位置添加滚动文字"欢迎订购! 24 小时服务热线:123456"。

　　(4) 保存数据访问页。保存名为"十字绣信息",网页文件保存到"实验素材\实验 6\实验 6-6"文件夹下。

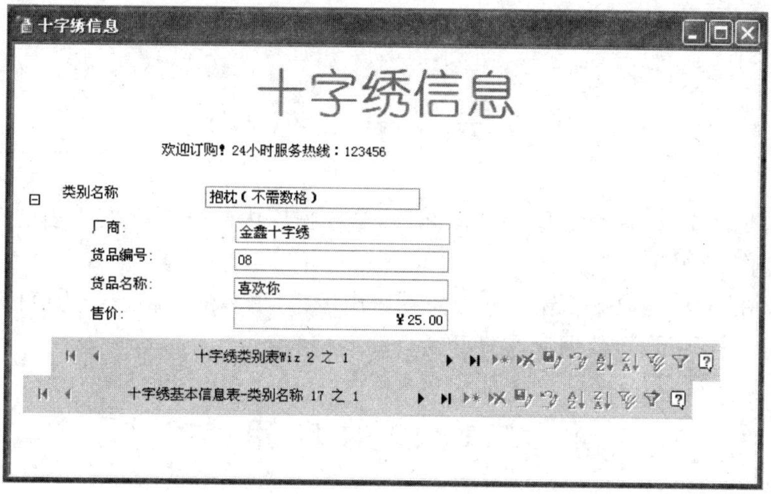

图 6.36　数据访问页"十字绣信息"效果图

第 7 章　宏

宏对象也是 Access 数据库的对象之一,是数据库内的一个操作或多个操作的组合,其中每个操作实现特定的功能。

宏可以在 Access 数据库窗口的对象列表内运行,更多的是将宏作为窗体或报表对象的事件运行,还可以设置数据库在打开时自动运行的宏。

7.1　宏 的 应 用

宏是一种工具,可以看作是简化的编程语言。宏的应用非常方便,只需要简单的操作就可以完成对数据库的一系列操作。宏的创建是在宏设计视图中进行的。

任务 7-1　宏的创建与运行

7.1.1　宏的创建与运行

任务实例 7.1　利用宏打开"读者信息"窗体。

任务分析

◆ 方法:使用宏设计窗口。

◆ 操作对象:宏操作 OpenForm。

任务解决过程

(1) 打开创建宏的设计视图。打开"图书管理系统"数据库,单击"宏"对象后,单击"新建"命令按钮打开宏设计窗口。

(2) 确定宏内容。在操作栏选择"OpenForm",注释栏填写"打开'读者信息'窗体"。在操作参数栏选择窗体名称为"读者信息",视图为"窗体",窗口模式为"普通"。设置如图 7.1 所示。单击"保存"按钮,将宏以"读者信息"为名保存。

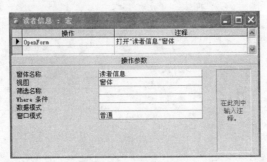

图 7.1　"读者信息"宏

(3) 运行宏。在数据库窗口的"宏"对象列表内选择"读者信息"宏,单击"运行"按钮运行该宏,运行结果将打开"读者信息"窗体,如图 7.2 所示。

图 7.2 "读者信息"窗体

相关知识点细述

(1) 宏的设计视图分上、下两个部分。上半部分为"设计网格区",下半部分为"参数编辑区"。

(2) 在 Access 2003 中,一共有 56 个宏操作。常用的宏操作如表 7-1 所示。

表 7-1 常用宏操作

操 作	说 明
打开或关闭数据库对象	
OpenTable	打开一个数据表,同时指定打开数据表的视图模式,指定数据编辑模式
OpenForm	打开一个窗体,同时指定打开窗体的视图模式,筛选窗体内基本表的记录,指定窗体数据编辑模式与窗体窗口模式
OpenReport	打开一个报表,同时指定打开报表的视图模式,筛选报表内基本表的记录,指定报表窗口模式。报表默认的视图模式为"打印",执行宏操作时将自动打印该报表。在多数情况下,应该把视图模式修改为"打印预览"
OpenQuery	打开一个查询,同时指定打开查询的视图模式,指定查询的编辑模式
Close	关闭数据库对象,如数据表、窗体、报表、查询、宏、数据页等。如果没有指定对象,则关闭活动窗口
显示消息	
Beep	通过计算机的扬声器发出嘟嘟声,用于提示错误或重大变化
MsgBox	显示消息框。可以设置消息框的类型
SetWarnings	用于可以打开或关闭系统警告消息
移动、查找、刷新记录	
GoToRecord	移动已打开表、窗体或查询的当前记录
FindRecord	查找活动的数据表、查询或窗体数据表内满足由 FindRecord 参数所指定的条件的记录

操　作	说　明
FindNext	查找下一个符合前面 FindRecord 操作或"查找和替换"对话框（通过选择"编辑"菜单中的"查找"命令可以打开"查找和替换"对话框）中指定条件的记录。使用 FindNext 操作可以反复搜索记录
Requery	更新活动对象指定控件中的数据。如果不指定控件，该操作将对对象本身的数据源进行重新查询。使用该操作可以确保活动对象或其所包含的控件显示的是最新数据
显示模式控制	
Maximize	放大活动窗口，使其充满 Microsoft Access 窗口
Minimize	将活动窗口最小化为 Microsoft Access 窗口底部的小标题栏
Restore	将处于最大化或最小化的窗口恢复为原窗口模式
PrintOut	打印打开数据库中的活动对象，也可以打印数据表、报表、窗体和模块
运行与退出	
RunMacro	运行宏
RunSQL	运行 Microsoft Access 的操作查询或数据定义查询
RunApp	运行基于 Microsoft Windows 或 MS-DOS 的应用程序，比如 Microsoft Excel、Microsoft Word 或 Microsoft PowerPoint
StopMacro	终止当前正在运行的宏
Quit	退出 Microsoft Access。可以指定在退出 Access 之前是否保存数据库对象
其他	
SetValue	对 Microsoft Access 窗体、窗体数据表或报表上的字段、控件或属性的值进行设置
GoToControl	把焦点移到打开的数据表、窗体、查询中当前记录的特定字段或控件上。此操作不能用于数据访问页
CancelEvent	取消导致该宏运行的 Microsoft Access 事件

边学边练

建立宏，使其打开不同类型的数据库对象。

任务实例 7.2　在"读者信息"窗体内添加一命令按钮，使得单击该按钮时执行宏操作打开"读者借书信息"窗体并显示"读者信息"表内当前读者的借书情况。

任务分析

◆ 方法：在窗体或报表的对象事件中引用宏。

◆ 操作对象：宏操作 GoToControl、FindRecord。

任务解决过程

（1）建立"读者借书信息"宏。新建宏，参照表 7-2 在宏设计窗口中添加如图 7.3 所示的宏命令。单击"保存"按钮以名称"读者借书信息"保存宏。

表 7-2 "读者借书信息"宏操作序列

操 作	操 作 参 数	注 释
OpenForm	窗体名称：读者借书信息 视图：窗体 窗口模式：普通	打开"读者借书信息"窗体
GoToControl	控件名称：读者编号	将光标移动到"读者编号"文本框
FindRecord	查找内容：=Forms![读者信息].[读者编号]	查找并显示与"读者信息"窗体中读者编号相同的记录

（2）添加命令按钮并设置其"单击"事件属性。打开"读者信息"窗体的"设计视图"，在窗体页脚节添加一个命令按钮"读者借书信息"。单击工具栏上的属性命令按钮 打开属性对话框，设置命令按钮的"单击"事件为执行宏"读者借书信息"，如图 7.4 所示。单击"保存"按钮保存窗体。

图 7.3 "读者借书信息"宏

图 7.4 命令按钮的属性窗口

（3）运行窗体。打开"读者信息"窗体的"窗体视图"，单击"记录浏览"按钮查看不同的读者信息，单击"读者借书信息"按钮打开"读者借书信息"窗口并显示"读者信息"窗体内读者的借书情况，如图 7.5 所示。

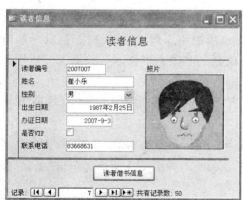

图 7.5 "读者信息"和"读者借书信息"的窗体视图

相关知识点细述

(1) 如果宏的操作参数引用了其他窗体或报表对象的值,则需使用对象完整的引用格式,其形式如下:

```
Forms! [窗体名]! [对象名]
Reports! [报表名]! [对象名]
```

(2) 为了将"读者借书信息"窗体上显示的记录定位到与"读者信息"相同的读者上,需要首先通过"GoToControl"宏操作将光标移动到"读者借书信息"窗体的"读者编号"文本框上,然后通过宏操作"FindRecord"查找与窗体"读者信息"上的"读者编号"内容相同的记录并显示该记录。

7.1.2　在宏中应用条件

任务实例 7.3　创建如图 7.6 所示的窗体,选中某个单选按钮后,单击"打开"按钮,可以打开相应的数据表。

图 7.6　"打开数据表"窗体的设计视图

任务分析

◆　方法:使用条件宏。

◆　操作对象:创建窗体、创建宏、宏操作 OpenTable。

任务解决过程

(1) 建立"打开数据表"窗体。新建窗体,在设计视图添加 1 个标签控件、1 个名称为"fraTable"的选项组控件和 1 个命令按钮。在选项组中添加 3 个单选按钮,其选项值分别是 1、2、3,其标签分别为"图书信息"、"读者信息"和"图书借阅表",如图 7.6 所示。单击"保存"按钮将窗体保存为"打开数据表"窗体。

(2) 建立"打开数据表"宏。新建宏,参考表 7-3 在其中添加三个"OpenTable"操作和一个"MsgBox"操作。

单击工具栏中的条件按钮 😀 在宏中添加条件列。在各个 OpenTable 操作中分别加入条件:[fraTable]=1,[fraTable]=2,[fraTable]=3,如图 7.7 所示。单击"保存"按钮保存宏,命名为"打开数据表"。

表 7-3　"打开数据表"宏操作序列

操　作	操 作 参 数	注　释
OpenTable	表名称：图书信息表 视图：数据表 数据模式：编辑	打开"图书信息表"
OpenTable	表名称：读者信息表 视图：数据表 数据模式：编辑	打开"读者信息表"
OpenTable	表名称：图书借阅表 视图：数据表 数据模式：编辑	打开"图书借阅表"
MsgBox	消息：数据表已打开	显示"数据表已打开。"消息框

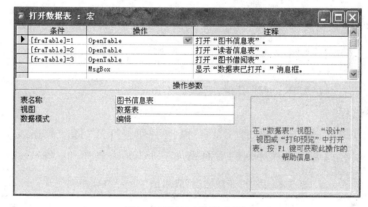

图 7.7　"打开数据表"宏

（3）在窗体中应用宏。打开"打开数据表窗体"的"设计视图"，单击"打开"按钮，单击数据库窗口的属性按钮 📷 打开属性对话框。
在属性对话框内选择"事件"选项卡的"单击"事件，选择"打开数据表"宏，如图 7.8 所示。关闭属性窗口，单击"保存"按钮保存窗体。

（4）执行宏。打开"打开数据表"窗体的"窗体视图"，选择"fraTable"选项组内的不同选项，单击"打开"按钮打开选择的表，单击"关闭"按钮关闭该表。

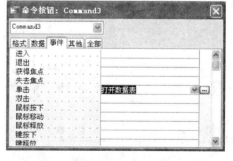

图 7.8　在"打开"命令按钮内引用宏

相关知识点细述

（1）如果宏中的条件引用了窗体或报表中的控件值，则在宏运行时需要首先打开被引用窗体的"窗体视图"或报表的"打印预览"视图。

（2）如果相邻的宏操作引用同一条件，则需要在第一条宏操作的条件列输入条件表达式,其下面宏操作的条件列内不必重新输入相同条件,只要输入三个相连的半角小数点"…",表示与上一条件相同即可。

(3) 在宏的条件中引用的"fraTable"是"打开数据表窗体"的选项组控件,其值1、2、3分别表示"读者信息表"、"图书信息表"、"读者借阅表"选项被选中的情况。如果执行宏"打开数据表"的条件成立,执行打开读者信息表操作,而其他两条宏操作由于条件不成立将不被执行。

(4) 宏操作序列的最后一项"MsgBox"操作,由于没有指定条件,因此不论哪个数据表被打开,都将执行消息框操作。

7.1.3 宏组

宏组可以将若干个宏操作组合在一起,以集中存放功能相近的宏,使得宏的管理更加简洁明了。

任务实例 7.4 创建宏组,除完成上面实例打开数据表外,能够关闭数据表。

任务分析

◆ 方法:使用宏组。

◆ 操作对象:创建窗体、创建宏组、宏操作 Close。

任务解决过程

(1) 在"打开数据表"宏中添加"Close"操作序列。打开"打开数据表"宏的"设计视图",参考表 7-4,在原有宏操作序列的后面添加三个 Close 操作和一个 MsgBox 操作。

表 7-4　为"打开数据表"宏添加"Close"操作序列

操　作	操作参数	注　释
Close	对象类型:表 对象名称:图书信息表 保存:否	关闭"图书信息表"
Close	对象类型:表 对象名称:读者信息表 保存:否	关闭"读者信息表"
Close	对象类型:表 对象名称:图书借阅表 保存:否	关闭"图书借阅表"
MsgBox	消息:数据表已关闭	显示"数据表已关闭。"消息框

(2) 给"Close"宏操作添加条件。分别给三个"Close"宏操作加入条件:[fraTable]=1,[fraTable]=2,[fraTable]=3。

(3) 将宏升级为宏组。单击工具栏中的宏组按钮 ▓,在宏中添加宏组列。在"OpenTable"宏序列第一个宏操作的宏组列内输入"Open"宏名。在"Close"宏序列第一个宏操作的宏组栏内输入宏名"Close",如图 7.9 所示。单击"保存"按钮将"打开数据表"宏组保存。

图 7.9 "打开数据表"宏组

（4）在"打开数据表窗体"内添加"关闭"按钮并应用宏。打开"打开数据表窗体"的"设计视图"，添加命令按钮，设置其显示标题为"关闭"，如图 7.10 所示。

打开"关闭"按钮的属性对话框，设置其"单击"事件为执行宏"打开数据表.Close"，如图 7.11 所示。修改命令按钮"打开"的单击事件为执行宏"打开数据表.Open"，单击"保存"按钮保存"打开数据表窗体"。

图 7.10 "打开数据表窗体"设计视图

图 7.11 "关闭"命令按钮属性对话框

（5）查看宏的运行。保存并关闭宏组，打开"打开数据表窗体"的"窗体视图"，分别选择"读者信息表"、"图书信息表"或"读者借阅表"选项，单击"打开"按钮将打开选中的数据表，单击"关闭"按钮将关闭选中的数据表。

相关知识点细述

（1）一个宏组中可以包含任意多个宏，每个宏内还可以包含多个条件。

（2）对宏组内宏的引用，需要使用如下格式：宏组名.宏名。

7.2 有关宏的其他操作

任务 7-2 宏的其他操作

7.2.1 自动运行宏

Access 数据库被打开时,系统会自动查找数据库内名为 Autoexec 的宏,若有,将自动执行该宏。因此将打开数据库时需要执行的操作,如打开窗体、报表等添加到一个宏中,命名该宏为 Autoexec,宏中的操作序列将在打开数据库时自动执行。

7.2.2 创建启动窗体

任务实例 7.5 建立如图 7.12 所示"欢迎"窗体,将该窗体设为启动窗体。

任务分析

◆ 方法:设置启动窗体。

◆ 操作对象:创建窗体、设置启动窗体。

任务解决过程

(1) 建立"欢迎"窗体。参照图 7.12 建立窗体,保存为"欢迎"窗体。

(2) 设置"欢迎"为启动窗体。选择数据库"工具"菜单下的"启动"命令打开"启动"对话框,在"启动"对话框的"显示窗体/页"下拉列表内选择"欢迎"窗体,如图 7.13 所示。单击"确定"按钮保存启动设置。数据库重新启动时将会自动打开"欢迎"窗体。

图 7.12 "欢迎"窗体

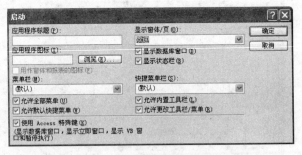

图 7.13 "启动"对话框

相关知识点细述

如果数据库中包含了 Autoexec 宏,但在启动数据库时不希望执行该宏,可以在数据库被打开的时候按下 Shift 键,启动完成后再释放 Shift 键,则 Autoexec 宏不执行。

7.2.3 将宏转换为 VBA 程序代码

任务实例 7.6 将"读者信息"宏转换为模块。

任务分析

◆ 方法:使用菜单命令项。

◆ 操作对象：将宏转换为 VBA 程序代码。

任务解决过程

（1）打开数据库，单击"宏"对象进入宏窗口，选择要转换为 VBA 程序代码的宏。

（2）选择"工具"菜单中"宏"命令下的"将宏转换为 Visual Basic 代码"命令。在打开的"转换"对话框内单击"转换"按钮。系统将进入 VBA 环境，并显示由宏转变的程序代码，如图 7.14 所示。

图 7.14　VBA 界面与转换的 VBA 代码

Access 还提供了另外一种将宏转换为 VBA 程序代码的方法。选择需要转换为代码的宏，选择"文件"菜单下的"另存为"命令，在打开的"另存为"对话框内更改"保存类型"为"模块"，单击"确定"按钮进入"转换"对话框，再次单击"确定"按钮，系统生成与选中宏相对应的 VBA 程序代码。

本 章 小 结

宏是 Access 数据库的一些常用操作的集合，利用宏可以自动完成数据库的常规任务。在 Access 2003 中一共有 56 个宏操作。

宏对象作为 Access 数据库的对象之一被排列在 Access 数据库窗口内，宏对象内包含一个或多个宏操作。宏对象可以在 Access 数据库窗口的对象列表内直接运行，也可以将宏对象作为窗体或报表对象的事件运行。Access 数据库被打开时，系统会自动查找数据库内名为 Autoexec 的宏对象，若有，将自动执行其中的宏操作。将打开数据库时需要执行的操作，如打开窗体、报表等添加到宏对象 Autoexec 中，操作序列将在打开数据库时自动执行。

宏对象中的宏操作列表可以添加"条件"列,以给各个宏操作指定条件。当宏操作对应"条件"列表达式值为"true"时执行相关的宏操作,为"false"时忽略该宏操作,宏操作的"条件"列为空时表示宏操作无条件执行。可以用省略号(...)表示和上一个紧邻的宏相同的条件。

给宏对象中的宏操作列表添加"宏名"列,可以为相邻的宏操作序列定义"宏名"。包含了"宏名"列的宏对象被称为宏组。宏组可以整体运行,也可以单独执行宏组内的某个宏。宏组内的宏表示方式为:＜宏组名＞.＜宏名＞。多个相关的宏保存在一个宏对象中形成宏组,有助于系统对宏的管理。

习 题 7

1. 思考题

(1) Access 的宏是什么?

(2) 如何将宏变成宏组?

(3) 宏有几种运行方式?

(4) 名称为 Autoexec 的宏有什么特点?

(5) 什么是"启动窗体"? 如何实现?

2. 选择题

(1) 下列关于宏操作的叙述错误的是(　　　)。

    A. 可以使用宏组来管理相关的一系列宏

    B. 使用宏可以启动其他应用程序

    C. 所有宏操作都可以转化为相应的模块代码

    D. 宏的关系表达式中不能应用窗体或报表的控件值

(2) 下列叙述不能执行宏的是(　　　)。

    A. 单击"运行"按钮 ! 将执行宏

    B. 在数据库窗体内的对象事件中应用

    C. 在数据库报表内的对象事件中应用

    D. 在数据库数据访问页内的对象事件中应用

(3) 打开查询的宏操作是(　　　)。

    A. OpenTable   B. OpenReport

    C. OpenForm   D. OpenQuery

(4) 将光标移动到指定对象中的宏操作是(　　　)。

    A. OpenObject   B. GoToControl

    C. FindControl   D. OpenControl

(5) 在宏的表达式中要引用报表 exam 上控件 Name 的值,其表示形式是(　　　)。

    A. Reports![Name]   B. Reports![exam]![Name]

    C. [exam]![Name]   D. Reports [exam] [Name]

3. 填空题

（1）将多个宏保存在一起，需要应用 Access 宏的_____功能。

（2）在某宏操作中，要引用"读者信息"窗体的"姓名"对象的值，其表示形式是_____。

（3）打开数据库时，按_____键，将不执行自动运行宏 Autoexec。

（4）在宏操作的条件列中，用_____符号表示和前面相邻宏操作相同的条件。

（5）选择_____菜单下的"宏"|"将宏转换为 Visual Basic 代码"命令将选中的宏转换为 VBA 程序代码。

实验 7　宏 的 设 计

1. 实验目的与要求

实验目的

♦ 理解宏的概念、作用及分类；

♦ 掌握创建操作序列宏、宏组、条件操作宏的方法；

♦ 掌握各类宏的运行方法和调试方法。

实验要求

♦ 创建操作序列宏、宏组和条件宏；

♦ 使用调试工具调试宏；

♦ 运行宏。

2. 实验示例

操作要求

例　打开"实验素材\实验 7\示例"文件夹，此文件夹下存在一个数据库"Example7.mdb"，数据库中已经设计好"产品定额储备"表、"产品定额储备查询"、"库存情况"窗体和宏"关闭"，请按照如下要求完成操作，效果参见"Example7_R.mdb"。

（1）创建宏。创建一个宏，名为"打开"，使其能打开"产品定额储备"表。

（2）创建宏。创建一个宏，名为"删除"，使其能删除"产品定额储备查询"。

（3）编辑窗体。在"库存情况"窗体主体节放置两个命令按钮 Command1、Command2，左边距均为 3.3cm，宽度均为 3.8cm，高度均为 1.8cm，上边距分别为 0.6cm 和 1.7cm，显示文本分别为"打开表"和"删除查询"，单击"打开表"按钮时运行宏"打开"，单击按钮"删除查询"时运行宏"删除"。

操作步骤

（1）创建宏。打开数据库"Example7.mdb"，在"宏"对象栏中单击"新建"命令打开宏的设计视图，选择宏操作"OpenTable"，设置操作参数的"表名称"为"产品定额储备"，如图 7.15 所示，保存宏，名为"打开"。

（2）创建宏。在"宏"对象栏中选择"新建"命令打开宏的设计视图，选择宏操作"DeleteObject"，设置操作参数的"对象类型"为"查询"，"对象名称"为"产品定额储备查询"，如图 7.16 所示，保存宏，名为"删除"。

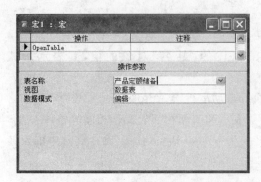
图 7.15　创建宏"打开"

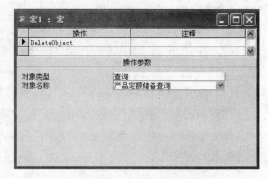
图 7.16　创建宏"删除"

（3）修改窗体。在窗体主体节添加两个命令按钮,分别设置属性,效果如图 7.17 所示。设置按钮 Command1 的"单击"事件属性为"宏:打开",如图 7.18 所示。设置按钮 Command2 的"单击"事件属性为"宏:删除",如图 7.19 所示。

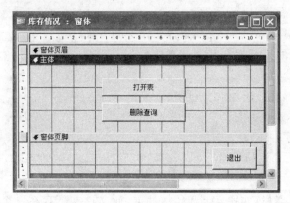
图 7.17　添加按钮后效果

图 7.18　设置按钮 Command1 单击事件

图 7.19　设置按钮 Command2 单击事件

3. 实验内容

实验 7-1

打开"实验素材\实验 7\实验 7-1"文件夹,此文件夹下存在一个数据库文件"Ex7-1.mdb",已经设计好表对象"tProduct"、"tProvider",查询对象"qProvider"。请按要求创建一个名为"fMenu"的窗体和三个宏对象"浏览产品信息表"、"运行参数查询"、"关闭窗口",完成如下功能。

（1）对窗体进行如下设置。在主体节距窗体左边 1cm,距上边 0.6cm 处依次水平放置三个命令按钮"显示修改产品表"（名为"c1"）、"按供应商查询"（名为"c2"）和"退出"（名为"c3"）,命令按钮的宽度为 2cm,高度为 1.5cm,每个命令按钮相隔 1cm。

（2）设计宏"浏览产品信息表",当单击窗体上的"显示修改产品表"命令按钮时,能运行宏"浏览产品信息表"浏览"tProduct"表。

（3）设计宏"运行参数查询",当单击窗体上的"查询"命令按钮时,运行宏"运行参数查询",即可启动查询"qProvider"。

（4）设计宏"关闭窗口",当单击窗体上"退出"命令按钮时,运行宏"关闭窗口",关闭"fMenu"窗体,返回到数据库窗口下。

实验 7-2

打开"实验素材\实验 7\实验 7-2"文件夹,此文件夹下存在一个数据库文件"Ex7-2.mdb",已经设计好表对象"tStudent"和报表对象"rStudent",请按如下要求完成设计。

（1）创建宏组。第一个宏命名为"A1",要求实现打开"tStudent"表,并筛选出字段"班级"是"702"的所有记录。第二个宏命名为"A2",要求实现打开报表"rStudent",保存宏组名为"学生"。

（2）运行宏。新建窗体"学生信息窗体",在窗体页眉节添加一个名称为 L1 的标签,标题为"请选择",16 号,黑体,加粗。在窗体的主体节添加两个命令按钮,第一个命令按钮名称为 C1,标题为"打开 702 班学生表",单击该命令按钮能够运行宏"A1"。第二个命令按钮名称为 C2,标题为"打开学生报表",单击该命令按钮能够运行宏"A2",效果如图 7.20 所示。

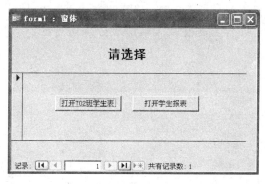

图 7.20 "学生信息窗体"的效果

实验 7-3

打开"实验素材\实验 7\实验 7-3"文件夹,在此文件夹下存在一个数据库文件"Ex7-3.mdb",里面已经设计好表对象"tEmp",按照如下要求完成操作。

（1）创建窗体"fError",在窗体主体节上放置一个标签"bTitle"和一个命令按钮"Cmd1",标签内容是"登录错误",按钮显示"关闭",单击按钮后关闭窗体。

（2）创建宏"macro1",在宏中设计操作打开表"tEmp"。

（3）创建窗体"fMain"，在窗体主体节上放置一个文本框"bText"和一个命令按钮"bCmd1"，按钮上显示"确定"。单击按钮后，验证在文本框中输入的密码是否是"1234"。如果密码错误，打开 fError 窗体；如果正确，则关闭本窗体，并运行宏"macro1"。

实验 7-4

打开"实验素材\实验 7\实验 7-4"文件夹，在此文件夹下存在一个数据库文件"Ex7-4.mdb"，里面已经设计好表对象"tStudent"和"tGrade"，同时还设计出窗体对象"fGrade"和"fStudent"。请在此基础上按照以下要求补充"fStudent"窗体的设计。

（1）设计宏"关闭系统"，使得单击窗体"fStudent"上的"退出"按钮能够退出 Access 应用程序。

（2）设计宏"检索成绩"，使得使用窗体"fStudent"浏览某学生信息时，单击"检索学生成绩"按钮就能打开"fGrade"窗体，并显示出该学生的全部成绩。

实验 7-5

将实验 6-5 完成的"人事管理系统.mdb"的数据库文件复制到"实验素材\实验 7\实验 7-5"文件夹中，并按下述要求完成数据库操作，结果文件保存在"实验 7-5"文件夹中。

（1）创建一个自动运行宏，自动打开"人事管理系统主界面"窗体。

（2）创建一个条件宏"M1"，使得在"人事管理系统主界面"窗体上选择某个选项时，再单击"显示"按钮就运行宏"M1"打开相应内容。如果选择"查询部门信息"则打开"部门信息窗体"，如果选择"查询员工信息"则打开"按姓名查询员工基本信息"，如果选择"查询工资信息"则打开"员工工资一览"窗体。

（3）创建一个宏组"M2"，包含的第一个宏名为"打印预览部门信息报表"，实现打开"部门信息报表"的打印预览视图功能，第二个宏名为"打印预览雇员工资报表"，实现打开"雇员工资报表"的打印预览视图功能。

（4）在"部门信息窗体"和"员工工资一览"的窗体页脚节中分别添加命令按钮"打印预览报表"和"打印预览雇员工资报表"，单击时分别运行宏组 M2 中相应的宏，效果如图 7.21 和图 7.22 所示。

图 7.21　"部门信息窗体"效果

实验 7-6

将实验 6-6 完成的"十字绣销售管理系统.mdb"的数据库文件复制到"实验素材\实验 7\实验 7-6"文件夹中，并按下述要求完成数据库操作，结果文件保存在"实验 7-6"文件夹中。

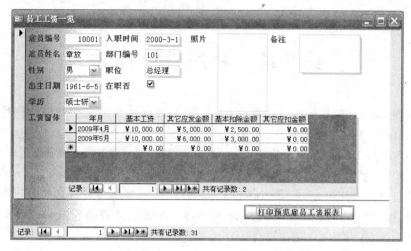

图 7.22 "员工工资一览"窗体效果

(1) 设计一个宏组 M1,实现在"十字绣销售管理系统主界面"窗体中单击"数据浏览"栏的命令按钮运行宏组 M1 中对应的宏,从而打开数据库中相应的窗体对象的窗体视图。

(2) 设计一个宏组 M2,实现在"十字绣销售管理系统主界面"窗体中单击"数据查询"栏的命令按钮运行宏组 M2 中对应的宏,从而打开数据库中相应的查询对象的查询视图。

(3) 设计一个宏组 M3,实现在"十字绣销售管理系统主界面"窗体中单击"数据报表"栏的命令按钮运行宏组 M3 中对应的宏,从而打开数据库中相应的报表对象的打印预览视图。

(4) 创建一个自动运行宏,自动打开"十字绣销售管理系统主界面"窗体。

第 8 章　程序设计模块

模块，即 Access 的程序设计模块，是嵌入在 Access 数据库文档中的程序代码段，它以 Microsoft VBA 为开发环境，针对 Access 数据库进行程序开发。

VBA(Visual Basic for Application)是内嵌在 Microsoft Office 各个应用软件的编程语言，利用 VBA 的程序开发环境(Visual Basic Environment，VBE，本章后面称为"Visual Basic 编辑器")可以针对 Microsoft Office 办公软件进行程序开发，以对 Office 文档进行各种自动处理，提高办公软件的能力与效率。VBA 与微软公司的 VB(Visual Basic)语言完全兼容，但 VBA 依附于 Office 文档，只能开发与 Office 文档相关的程序，不能开发独立的应用程序。

8.1　Access 模块概述

模块是数据库的对象之一，是由一个个过程组成的。利用模块可以完成复杂的操作功能。模块可以代替宏，执行宏所不能执行的功能。

Access 模块分为两种类型：标准模块和类模块。

8.1.1　标准模块

标准模块作为数据库的对象被列在 Access 数据库的对象列表内，用来保存 Access 数据库的通用声明与通用过程。

标准模块中的全局变量和全局过程具有全局特性，其作用范围在整个应用程序里，生命周期是伴随着应用程序的运行而开始，应用程序的关闭而结束。标准模块中的过程可以在数据库的任意位置调用。

任务 8-1　模块基本应用

任务实例 8.1　新建标准模块，在模块中添加"HelloWorld"子程序，弹出消息框"Hello World!"，同时在"立即窗口"中显示"世界你好!"。

任务分析

◆ 方法：创建模块，使用 Visual Basic 编辑器创建过程。

◆ 操作关键：MsgBox 语句，Debug. Print 方法。

任务解决过程

(1) 打开 Visual Basic 编辑器。打开"图书管理系统"数据库，选择数据库窗口左侧"对象"栏中的"模块"对象。单击数据库窗口工具栏上的"新建"按钮，系统打开 Visual Basic 编辑器并为当前数据库新建模块"模块 1"，如图 8.1 所示。

(2) 创建过程。在"模块 1"的代码窗口内输入下面的程序代码：

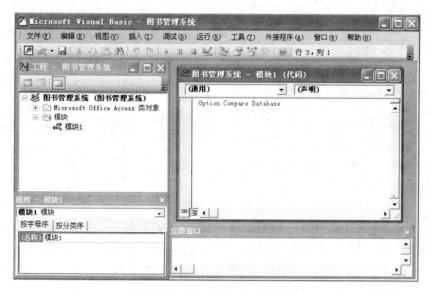

图 8.1　Visual Basic 编辑器

```
Public Sub HelloWorld()
    MsgBox "Hello World!"
    Debug.Print "世界你好!"
End Sub
```

输入完成的代码窗口如图 8.2 所示。

图 8.2　"HelloWorld"代码窗口

（3）保存模块。单击 Visual Basic 编辑器标准工具栏内的"保存"按钮打开"另存为"对话框,输入模块名称"模块基本练习"并单击"确定"按钮,模块被保存到数据库内。被保存的模块将添加到数据库窗口的"模块"对象列表内。

（4）运行子程序。

方法①:在"HelloWorld"子程序代码内的任意位置单击鼠标,然后选择 Visual Basic 编辑器"运行"菜单下的"运行子过程/用户窗体"命令,或单击"运行"命令按钮 执行子程序。程序运行显示如图 8.3 所示的"Hello World!"消息框。单击消息框内的"确定"按钮,关闭消息框。查看"立即窗口"（单击"视图"菜单下的"立即窗口"按钮）,显示"世界你好!",如图 8.4 所示。

方法②:打开"立即窗口",在"立即窗口"内输入:

图 8.3 "Hello World!"消息框

图 8.4 "立即窗口"的显示

```
Call HelloWorld()
```

输入回车键后,系统将调用"HelloWorld"子程序。

相关知识点细述

(1) Visual Basic 编辑器窗口包含"工程资源管理器",显示了数据库的各个模块,用鼠标双击某一模块名称将打开该模块的代码窗口。"代码窗口"用于显示模块的程序代码。"立即窗口"可以用来跟踪显示代码执行过程中各个变量的值。

(2) 模块由声明语句和过程构成,声明语句包括下面两种。

◇ Option 语句:为模块中的所有过程设置 VBA 选项。

◇ Dim 语句:声明 VBA 变量。

本例中的声明语句:

```
Option Compare Database
```

是系统自动添加到所有模块的声明语句,用于设置字符串的比较方法。即根据数据库的排列顺序来比较字符串的大小。

(3) 本例的模块中输入了一个子程序"HelloWorld"。子程序也称为 Sub 过程,是过程的一种。子程序以关键字 Sub 开始,以 End Sub 语句结束。Sub 语句前面的 Public 表示公用的,即子程序可以在数据库任意位置调用。

(4) MsgBox 语句的作用是调用消息框,在消息框内显示语句中的字符串。

(5) 在过程中使用的 Debug 对象表示"立即窗口",利用"Debug. Print"方法可以将结果显示在"立即窗口"内。

(6) "立即窗口"用于测试和调试程序代码。在代码的执行过程中通过"立即窗口"能够显示、更改程序的临时变量值或属性值。在"立即窗口"内也可以进行简单的运算、调用函数或过程。"立即窗口"内每输入一条语句需要输入回车键以执行该语句。"立即窗口"内不能执行选择结构或循环结构等结构化的语句。

边学边练

在"模块基本练习"模块内添加一个新的子程序"Hello",使其运行时显示"北京欢迎你!"消息框,保存模块并运行子程序。

想一想

(1) 如何打开 Visual Basic 编辑器? 你能找到 3 种不同方法吗?

(2) 一个模块里面可不可以有多个子程序?

8.1.2 类模块

类模块是与类对象相关联的模块,也称为类对象模块。Access 的类模块有 3 种基本形式:窗体类模块、报表类模块和自定义类模块。窗体与报表是典型的类模块。在窗体或报表第一次创建事件属性时,Access 会自动创建该窗体或报表的事件过程,并保存到以"Form_窗体名"或"Report_报表名"命名的类对象模块中。类模块从属于相关联的对象,其中定义的变量与过程不能被其他对象引用。类模块的生命周期随着对象的运行而开始,随着对象的关闭而结束。

窗体类模块和报表类模块内主要包含响应用户对窗体或报表操作的事件过程。

任务实例 8.2 缩放图像窗体。在窗体上有一个图像对象和两个命令按钮,单击按钮,可以放大或缩小图像。

任务分析

◆ 方法:设置对象的属性,创建事件过程。

◆ 操作关键:缩小图像需要减少 Image 对象的宽度和高度,同时向上和向右移动对象;放大图像需要增加 Image 对象的宽度和高度,同时向下和向左移动对象。

任务解决过程

(1)新建窗体。打开"图书管理系统"数据库,在新建窗体的设计视图内添加一个"图像"控件(可任放一个图像)和两个命令按钮控件,如图 8.5 所示。

(2)设置窗体与对象的属性。选择窗体或窗体内的对象,单击 Access 工具栏上的"属性"按钮 ☝ 打开对象的属性窗口,按照表 8-1 设置窗体及控件对象的属性。保存窗体,窗体名为"缩放图像"。

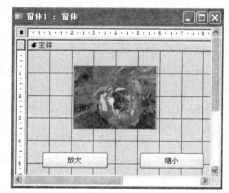

图 8.5 "缩放图像"窗体的设计视图

表 8-1 "缩放图像"窗体及其控件属性

窗体		
属性名称	属性值	说　明
标题	缩放图像	属性文本将显示在运行时窗体的标题栏内
图像控件		
属性名称	属性值	说　明
名称	imgFlower	根据 Visual Basic 控件命名规范,标签控件名以英文字母 img 开头
缩放模式	拉伸	调整图像显示比例以适应控件大小
图片	某图片文件	图像文件显示在图像控件内

命令按钮控件 1

属性名称	属性值	说　明
名称	cmdExpand	命令按钮的名称按照约定以"cmd"开头
标题	放大	显示在命令按钮上面的文本

命令按钮控件 2

属性名称	属性值	说　明
名称	cmdContract	命令按钮的名称按照约定以"cmd"开头
标题	缩小	显示在命令按钮上面的文本

（3）为命令按钮添加事件过程。在"图像缩放"窗体的设计视图内选择 cmdExpand 命令按钮，在命令按钮的属性窗口内选择"事件"选项卡，在"单击"事件属性内选择"事件过程"选项，如图 8.6 所示。单击"单击"事件属性框旁的"生成器"按钮 ··· 进入 Visual Basic 编辑器。

图 8.6　命令按钮的"单击"事件属性

由于用户在 cmdExpand 命令按钮的"单击"事件属性中选择了"事件过程"选项，系统为 cmdExpand 命令按钮自动添加了一个空的"单击"事件过程：

```
Private Sub cmdExpand_Click()

End Sub
```

在过程 cmdExpand_Click()内输入以下程序代码：

```
imgFlower.Width=imgFlower.Width+30
imgFlower.Left=imgFlower.Left-15
imgFlower.Height=imgFlower.Height+20
imgFlower.Top=imgFlower.Top-10
```

按照同样的方法，为命令按钮 cmdContract 添加"单击"事件过程和如图 8.7 所示的程序代码。单击"保存"按钮保存模块，关闭 Visual Basic 编辑器，返回到 Access 数据库窗口。

（4）运行窗体。打开"缩放图像"的窗体视图，单击"放大"或"缩小"命令按钮，窗体内的图像将随之放大或缩小。

相关知识点细述

（1）添加"图像"控件时，首先选择"工具箱"中的"图像"控件，再用鼠标在窗体上拖动出一个矩形以确定图像对象的大小与位置。如果在窗体上单击鼠标建立"图像"对象，将

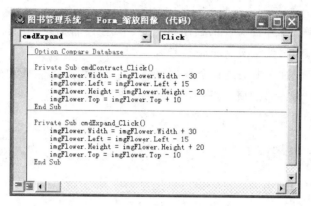

图 8.7　cmdExpand_Click 与 cmdContract_Click 事件过程

会建立一个与原始图像大小相同的"图像"控件,此时往往因图像过大而需要调整图像对象的尺寸。

图像控件的"缩放模式"属性控制图像控件内的图像与控件的大小关系,可以设置为"剪裁"、"拉伸"、"缩放"。

(2) 对象的事件过程是程序运行时对象响应用户操作所执行的子程序,例如命令按钮"cmdExpand"的"单击(Click)"事件过程在用户单击该命令按钮时被执行。

事件过程以 Sub 语句开头,以 End Sub 结束,其语法格式为:

```
Private Sub <对象名>_<事件名>([<参数列表>])
```

语法格式中用尖括号"<"和">"括起的文字是说明性文字,在书写程序代码时需要使用实际的标识符替代,如用"cmdExpand"替代"<对象名>",用"Click"替代"<事件名>"。语法格式中的方括号"["和"]"表示可选项。根据 Sub 语句的语法格式,命令按钮"cmdExpand"的"单击"事件过程的 Sub 语句为:

```
Private Sub cmdExpand_Click()
```

Sub 语句前面的 Private 表示事件过程只在"HelloWorld"窗体内有效,不能被其他外部对象调用。

(3) 在"Form_Hello World"模块的代码窗口上端,左边为对象下拉列表框,列出窗体的各个对象;右边为过程下拉列表框,列出左边选中对象的各个事件过程。用户选择某对象的某个事件过程后,系统会自动给出该事件过程的结构(首、尾语句),用户不必自己输入事件过程的首尾语句,也不要修改系统给出的首尾语句以免造成错误。

(4) 本实例命令按钮"cmdExpand"的"Click"事件过程中,"imgFlower"是窗体上的图像对象,"Width"、"Height"是该对象的宽度与高度属性,"Left"、"Top"分别是图像左边界与窗体左端的距离、图像上边界与窗体顶端的距离。这四条语句的功能是将图像的宽度与高度缩小,同时调整图像左端与顶端的位置,使得图像在缩小的同时,图像对象的中心相对于窗体保持不变。

在程序代码中表示控件属性的通用格式是：<控件名称>.<属性名称>。在程序语法中所有的标点符号均为英文半角符号。

（5）本实例事件过程中的语句全是"赋值语句"，其功能是将赋值符号（"＝"号）右边表达式的值赋给符号左边的属性或变量。注意此时"＝"号的含义是赋值，不是数学上的等式。赋值语句的语法格式为：

<变量名称>=<表达式>

赋值语句"＝"号左边的变量既可以是简单变量，也可以是如本例中对象的属性。

边学边练

设计一个窗体，添加一个图像对象和两个命令按钮。为命令按钮添加"单击"事件过程，使得单击窗体上的命令按钮能够向左或向右移动窗体上的图像对象。

想一想

本实例程序代码中，在加大或减小图像对象的高度与宽度的同时，为什么要调整对象的"Left"属性与"Top"属性？

8.2　VBA 程序设计基础

VBA 的程序代码保存在数据库的标准模块和类模块中。模块中的语句由声明语句和过程两部分组成。模块级的声明语句声明模块级别或全局的常量、变量，过程包括自定义函数、子程序和对象的事件过程。过程内部的程序代码由局部变量声明语句和可执行语句组成。

8.2.1　程序的书写格式

1. 语句的书写规则

程序代码书写时不区分大小写字母。通常每行写一条语句，但有时为了方便与提高代码的可读性需要将几条语句写到一行里，或将一条语句分成几行。若将多条语句写到一行内，只要在语句和语句之间加入半角冒号即可，例如：

```
t=a:a=b:b=t
```

对于很长的语句，可以将其分为几行书写。在语句的行末加入空格和一个下划线"_"（续行标志），将未写完的代码写到下一行内。

2. 注释语句的书写格式

注释语句用来给程序代码添加注释文字，对程序做必要说明。

在 VBA 程序中，注释语句有以下两种形式。

（1）使用 Rem 语句注释文字：

Rem <注释文字>

（2）使用单引号""注释文字：

'<注释文字>

使用单引号的注释语句既可以单独写在一行里，也可以添加到程序代码的后面。而使用 Rem 开头的注释行必须作为一个独立语句单独写到一行中，例如：

```
Rem "缩小"命令按钮的"单击"事件,缩小图像对象的宽度与高度
Private Sub cmdContract_Click()
    imgFlower.Width=imgFlower.Width-30          '减小图像对象的宽度
    imgFlower.Left=imgFlower.Left+15            '右移图像对象
    imgFlower.Height=imgFlower.Height-20        '减小图像对象的高度
    imgFlower.Top=imgFlower.Top+10              '使图像对象向上移动
End Sub
```

8.2.2 VBA 的数据类型

VBA 提供了 12 种基本数据类型和用户自定义类型。表 8-2 列出了基本数据类型的关键字、声明字符、占用存储空间、示例与取值范围。

表 8-2 VBA 基本数据类型

数据类型	关键字	声明字符	存储空间	示 例	范 围
整型	Integer	%	2 字节	10，−100%	−32768～32767
长整型	Long	&	4 字节	1234567&	−2147483648～2147483647
单精度浮点型	Single	!	4 字节	1.2345，1.2345!	负数：−3.402823E38～−1.401298E−45 正数：1.401298E−45～3.402823E38
双精度浮点型	Double	#	8 字节	1.234567E20，1234.56789#	负数：−1.79769313486231E308～−4.94065645841247E−324 正数：4.94065645841247E−324～1.79769313486232E308
货币型	Currency	@	8 字节	1.3578@，123.45@	−922337203685477.5808～922337203685477.5807
小数型	Decimal		14 字节	123.456789012345	
字节型	Byte		1 字节	123，	0～255

数据类型	关键字	声明字符	存储空间	示 例	范 围
字符型（定长）	String	$	字符串长度	"中国，北京"，"12345"	1～65 400
字符型（变长）			10 字节加字符串长度	"中国，北京"，"12345"	0～20
布尔型	Boolean		2 字节	True，False	True 或 False
日期型	Date		8 字节		100 年 1 月 1 日～9999 年 12 月 31 日
变体型（数字）	Variant		16 字节		用变体型表示数值，最大可达 Double 的范围
变体型（字符）	Variant		22 字节加字符串长度		用变体型表示数值，最大可达 Double 的范围
对象型	Object		4 字节		任何 Object 引用

需要说明的是，字符类型用于存放字符串，字符串需要使用双引号作为定界符号。例如："ABC"、"12345"、"香山公园"等。

布尔型数据的值只有两个：True(真)和 False(假)。当把布尔值转换为其他数据类型时，False 为 0，True 为 −1。将其他数值类型转换为布尔值时，0 转换为 False，非 0 值转换为 True。

日期类型的常量需以"＃"号括起来，例如：＃2010-2-7＃、＃2010-2-8 8：30＃。

8.2.3　变量和常量

在程序运行时，那些用来保存能够随时改变的量被称为变量，变量通常用简单的字母或词汇表示，如 x、a1、intC 等。声明变量时由系统指派变量占用的内存空间。常量是在程序运行中不能改变的数据，用户可以使用符号常量来增加代码的可读性与可维护性。

任务 8-2　常量与变量

任务实例 8.3　已知圆的半径计算圆面积。

任务分析

◆ 方法：创建窗体命令按钮的事件过程。

◆ 操作关键：常量、变量、符号常量的声明；文本框焦点的定位；函数的使用。

任务解决过程

(1) 新建窗体。新建窗体并进入窗体的设计视图，在窗体内添加一个文本框控件、一个标签控件和一个命令按钮控件，如图 8.8 所示。

(2) 设置窗体及控件对象的属性。窗体标题为"已知半径计算圆面积"；文本框名称为"txtR"；标签名称为"lblArea"，并将边框样式设为"实线"；命令按钮名称为"cmdCalculate"，标题为"计算面积"。保存窗体，窗体名为"已知半径计算圆面积"。

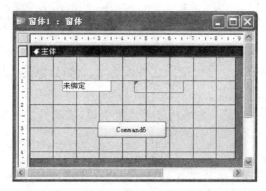

图 8.8　"已知半径计算圆面积"窗体的设计视图

（3）为命令按钮添加事件过程。在命令按钮"cmdCalculate"的属性窗口设置"单击"事件过程如下：

```
Private Sub cmdCalculate_Click()
    Const PI=3.1415926
    Dim r As Single, area As Single
    txtR.SetFocus
    r=Val(txtR.Text)
    area=Round(PI * r ^ 2, 2)
    lblArea.Caption="圆面积为:"+Str(area)
End Sub
```

保存模块，关闭 Visual Basic 编辑器。

（4）运行窗体。打开"已知半径计算圆面积"窗体的"窗体视图"，在文本框内输入一个半径，单击"计算面积"命令按钮将在标签内显示出圆面积，如图 8.9 所示。

图 8.9　"已知半径计算圆面积"窗体的窗体视图

相关知识点细述

（1）新建标签控件时如果标签控件的内容为空，系统将自动清除该控件。因此需要在标签控件内输入一个空格以将标签保留在窗体上。

（2）Const 语句声明了符号常量 PI，在后面的程序代码中表示圆周率 π 值。声明符号常量的语句格式为：

```
Public|Private Const<常量名>[As <类型>]=<表达式>
```

过程中的常数总是私有的,它们在相关的过程中有效。在标准模块中,可以用 Public 关键字在通用声明部分声明全局常量。在类模块中,常数只能是模块级的,而且用 Public 关键字也不能改变其作用域。

(3) Dim 语句声明了变量 r 为单精度浮点型变量,表示圆的半径;area 为单精度浮点型变量,表示圆的面积。

在 VBA 中,变量名必须以英文字母开头,变量名中不能包含空格、句点(.)、惊叹号(!)或 @、&、$、♯ 等字符,最长不能超过 255 个字符。不能使用 VBA 的关键字做变量名。

声明变量最常用的语句是 Dim 语句,其语法格式如下:

```
Dim <变量名>[As <数据类型>]
```

例如:

```
Dim A As Integer            '声明一个名为 A 的整型变量
Dim C                       '声明一个名为 C 的变体类型变量
Dim String1 As String       '声明一个名为 String1 的可变长字符串
```

使用类型声明字符可以简化变量的声明语句,例如:

```
Dim A%                      '声明变量 A 为整型变量
Dim String1$                '声明变量 String1 为可变长字符串
```

一个 Dim 语句可以同时声明多个变量,但每个变量必须有自己的类型声明符,类型声明符不能共用。例如:

```
Dim A, B!, C As Double '声明了变体类型变量 A、单精度变量 B 和双精度变量 C
```

变量定义的位置与方式不同,则它的作用域(有效范围)也不同。变量的作用域有如下 3 种。

◇ 局部变量:定义在过程(函数或子程序)内部,使用 Dim 语句定义,变量的作用域被限定在该过程内部。

◇ 模块级变量:变量定义在模块的声明区,使用 Dim 或 Private 语句定义,则变量的作用域为整个模块,即模块内的所有过程都可以引用该变量。

◇ 全局变量:变量定义在标准模块的声明区,使用 Public 语句定义,则变量为全局变量。全局变量可以在任何模块的任何过程内调用。

(4) 声明变量还可以使用 Static 取代 Dim,使用 Static 声明时,所声明的变量在调用时仍保留它原来的值。

(5) 文本框"txtR"的"Text"属性返回文本框内的文本。语句:

```
r=Val(txtR.Text)
```

将文本的内容通过"Val"函数返回其相应数值后赋给变量 r。

VBA 规定,在提取文本框的文本时,需要首先将光标定位到文本框上。因此在赋值语句前需要加入语句:

```
txtR.SetFocus '"SetFocus"是一个方法,用来将控制焦点定位到对象上
```

(6)语句:

```
area=Round(PI * r ^ 2, 2)
```

计算圆的面积并将值赋给变量 area。其中的函数"Round"用于将面积值按照指定位数进行四舍五入取整。

(7)事件过程中的最后一条语句用来将面积值显示到标签控件上。标签控件的"Caption"属性表示标签上面的标题文字,由于变量 area 是数值类型,函数"Str"将其转换为文本类型再赋值给标签控件的"Caption"属性。

边学边练

参考本实例建立窗体并编写程序,使其能够根据输入的出生日期计算出年龄,并显示到窗体的标签对象上。

想一想

表示数值类型的变量有哪些?

8.3 MsgBox 与 InputBox 函数

VBA 通过 MsgBox 函数与 InputBox 函数完成常用的输出与输入操作。

(1)MsgBox 函数用于显示消息框,输出程序信息,其语法格式如下:

```
MsgBox(prompt[, buttons] [, title] [, helpfile, context])
```

MsgBox 函数各参数含义如下。

prompt:必要参数,显示在对话框中的消息文本。其最大长度为 1024 个字符,由所用字符的宽度决定。

buttons:可选参数,用于指定消息框上显示按钮的数目及形式、使用图标的样式、默认按钮及消息框的强制回应等。如省略,则 buttons 的默认值为 0。

title:可选参数,为对话框标题栏中文本。

helpfile 与 context:可选参数,设置对话框的帮助文件及指定帮助主题的上下文编号。

表 8-3 给出了 Buttons 参数的取值及说明。

表 8-3　**MsgBox 函数 Buttons 参数的取值与说明**

VBA 常数	值	描　　述
vbOKOnly	0	只显示"确定"(OK)按钮
VbOKCancel	1	显示"确定"(OK)及"取消"(Cancel)按钮
VbAbortRetryIgnore	2	显示"异常终止"(Abort)、"重试"(Retry)及"忽略"(Ignore)按钮
VbYesNoCancel	3	显示"是"(Yes)、"否"(No)及"取消"(Cancel)按钮
VbYesNo	4	显示"是"(Yes)及"否"(No)按钮
VbRetryCancel	5	显示"重试"(Retry)及"取消"(Cancel)按钮
VbCritical	16	显示 Critical Message 图标
VbQuestion	32	显示 Warning Query 图标
VbExclamation	48	显示 Warning Message 图标
VbInformation	64	显示 Information Message 图标
vbDefaultButton	0	第一个按钮是默认按钮
vbDefaultButton2	256	第二个按钮是默认按钮
vbDefaultButton3	512	第三个按钮是默认按钮
vbDefaultButton4	768	第四个按钮是默认按钮
vbApplicationModal	0	应用程序强制返回;应用程序一直被挂起,直到用户对消息框作出响应才继续工作
vbSystemModal	4096	系统强制返回;全部应用程序都被挂起,直到用户对消息框作出响应才继续工作

　　MsgBox 函数返回给程序一个整数,用来表示用户单击了哪一个按钮。表 8-4 给出了 MsgBox 函数的返回值及其含义。

表 8-4　**MsgBox 函数返回值与说明**

常　　数	值	描　　述
vbOK	1	用户单击"确定"(OK)按钮
vbCancel	2	用户单击"取消"(Cancel)按钮
vbAbort	3	用户单击"异常终止"(Abort)按钮
vbRetry	4	用户单击"重试"(Retry)按钮
vbIgnore	5	用户单击"忽略"(Ignore)按钮
vbYes	6	用户单击"是"(Yes)按钮
vbNo	7	用户单击"否"(No)按钮

　　如果程序不关心 MsgBox 函数的返回值,也可以采用调用子程序的格式,如:

```
MsgBox "你好!"
```

（2）InputBox 函数用来在程序执行时打开输入框，并将输入文本信息返回到程序中。InputBox 函数的语法格式如下：

```
InputBox(prompt[, title] [, default] [, xpos] [, ypos] [, helpfile, context])
```

其中各参数的含义如下。

prompt：必要参数，输入框的提示文本。其最大长度为 1024 个字符。如果需要在对话框中显示多行数据，可在各行之间用回车符（Chr(13)）、换行符（Chr(10)）或回车换行符的组合（Chr(13) & Chr(10)）来分隔，也可以使用 VBA 的回车换行符常数 vbCrLf。

title：可选参数，为对话框标题栏中的文本。如果省略该参数，则标题栏中显示应用程序的名称。

default：可选参数，为输入框内的默认文本。如果省略该参数，则输入框初始为空。

xpos 与 ypos：可选参数，数值表达式，xpos 与 ypos 应成对出现。成对出现，指定对话框的左边和上边与屏幕左边和上边的距离。如果省略，则对话框会在水平方向居中，在垂直方向被放置在距下边大约三分之一的位置。

helpfile：可选参数，设置对话框的帮助文件。必须与 context 参数合用。

context：可选参数，指定帮助主题的上下文编号。必须与 helpfile 参数合用。

在 InputBox 函数打开的输入框中，如果用户单击"确定"按钮，InputBox 函数将用户输入的文本返回到程序中；如果用户单击"取消"按钮，InputBox 函数返回程序一个长度为零的空字符串（""）。

8.4 VBA 程序流程控制

结构化程序设计有 3 种基本结构：顺序结构、选择结构、循环结构。

顺序结构指的是程序代码按照由上到下的次序执行，程序代码的主体通常是顺序结构。在顺序结构的基础上，程序按照实际需要，可以包含选择结构（分支结构）和循环结构。

8.4.1 选择结构

选择结构也称为分支结构，程序依据一定的条件执行不同的语句块。实现选择结构的语句有条件语句（If）和多路分支语句（Select Case）。

1. If 语句

If 语句对给定的条件表达式进行判断，依据条件的真或假来决定执行不同的语句块。If 语句有下面两种书写格式。

格式 1：

```
If <条件表达式>Then <语句块 1>[Else 语句 2]
```

格式2:

```
If <条件表达式 1>Then
    <语句块 1>
[ElseIf <条件表达式 2>Then
    <语句块 2>]
[ElseIf <条件表达式 3>Then
    <语句块 3>]
      ⋮
Else
    <语句块 n+1>
End If
```

任务 8-3　双分支结构的应用

任务实例 8.4　输入身份证号码，从中提取性别信息。

任务分析

◆ 方法：创建模块的过程；使用 If…Then…Else…End If 分支结构。

◆ 操作关键：InputBox 输入数据；使用 Mid 函数取出 18 位身份证号中第 17 位数字进行判断，若为奇数，表示男性，若为偶数，表示女性；使用 MsgBox 函数显示结果。

任务解决过程

(1) 创建全局子程序。打开"图书管理系统"数据库，双击"模块"对象下的"模块基本练习"标准模块，显示"模块基本练习"的代码窗口。在模块内添加如图 8.10 所示的全局子程序 Identity 并保存模块。

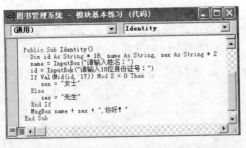

图 8.10　Identity 子程序

(2) 调用子程序。在"立即窗口"调用 Identity 子程序，系统提示输入用户姓名、用户身份证号码，输入并确定后，系统回显用户信息。执行结果如图 8.11 所示。

相关知识点细述

(1) 本实例中使用 Dim 语句声明了 18 位定长字符串变量 id、字符串变量 name、2 位定长字符串 sex。两个 InputBox 函数分别输入用户的姓名与身份证号码，并分别赋值给字符变量 name 和 id。使用 Mid 函数将变量 id 的第 17 个字符提取出来，并利用 Val 函数转换为数值。

图 8.11 在"立即窗口"调用 Identity 子程序

（2）通过 If…Then…Else…End If 选择结构对输入的身份证号码的第 17 位数字进行判断，若为偶数，除以 2 余数是 0，表示为女性；否则表示为男性。

（3）本实例也可以用 IIF 函数来判断性别，将 IF 语句修改为：

```
sex=IIf((Val(Mid(id, 17))) Mod 2=0, "女士", "先生")
```

IIF 函数的格式为：IIF(条件表达式,表达式 1,表达式 2)

IIF 函数根据条件表达式的值来决定函数的返回值,如果条件表达式的值为真,则函数返回表达式 1 的值,否则返回表达式 2 的值。

（4）程序最后调用 MsgBox 过程用消息框显示用户的姓名。

边学边练

编写 VBA 代码,对任意实数值 a、b、c 求解一元二次方程 $ax^2+bx+c=0$ 的根。

2. Select Case 语句

Select Case 语句与多分支的 If 语句的功能相同,可以对表达式值的多种情况进行判断以执行不同的语句块,Select Case 语句的语法格式如下:

```
Select Case <变量或表达式>
    Case <表达式列表 1>
        <语句块 1>
    Case <表达式列表 2>
        <语句块 2>
    ⋮
    [Case Else
        <语句块 n+1>]
End Select
```

Select Case 语句依次判断各个 Case 语句表达式列表是否与 Select Case 语句的表达式相匹配,如匹配,则执行该 Case 语句下面的语句块,然后跳转到 End Select 语句;如不匹配则对下一个 Case 语句的表达式列表进行判断;如果所有的 Case 表达式列表与

Select Case 语句中给出的表达式都不匹配,则执行 Case Else 语句下面的语句块。

Case 子句后面的表达式可以是简单数值、数值范围和关系判断。

例如,公司根据个人表现 performance 的值计算其奖金 Bonus,Bonus 计算公式与 performance 值的关系如表 8-5 所示。编写 VBA 程序代码如下:

```
Select Case performance
    Case 1
        Bonus=salary * 0.1
    Case 2, 3
        Bonus=salary * 0.09
    Case 4 To 8
        Bonus=salary * 0.07
    Case Is >8
        Bonus=100
    Case Else
        Bonus=0
End Select
```

表 8-5   根据 performance 计算 Bonus 值

performance 值	Bonus 值	performance 值	Bonus 值
1	salary * 0.1	大于 8	100
2、3	salary * 0.09	其他	0
4～8	salary * 0.07		

任务实例 8.5   分别使用 If 语句、Select Case 语句将学生的百分制成绩转化为不同成绩等级。成绩在 90 分以上的为"优秀";80 分以上小于 90 分的为"良好";70 分以上小于 80 分的为"中";60 分以上小于 70 分的为"及格";小于 60 分的为"不及格"。

任务分析

◆ 方法:创建文本框"击键"的事件过程;使用 If 的多分支结构和 Select Case 语句两种方法。

◆ 操作关键:进行条件判断时,成绩可由高到低或由低到高划分。

任务解决过程

(1) 新建窗体。在数据库内新建窗体并进入窗体的设计视图。在窗体内添加一个文本框(名称为 txtScore)与一个标签控件(名称为 lblScore);适当调整窗体、文本框控件、标签控件的大小与位置,如图 8.12 所示。保存窗体,窗体名为"成绩等级"。

(2) 为文本框添加事件过程。在属性窗口为文本框"txtScore"添加如图 8.13 所示的"击键"事件过程。保存模块后关闭 Visual Basic 编辑器。

(3) 打开窗体"成绩等级"的窗体视图,在文本框内输入一个成绩后按回车键,文本框下面的标签控件上将显示相应的成绩等级,如图 8.14 所示。

(4) 应用 Select Case 语句。将前面的 If 语句删除或在语句前面添加单引号"'"将语句转换为注释行,利用多分支语句 Select Case 实现 If…Then…ElseIf 结构,代码如

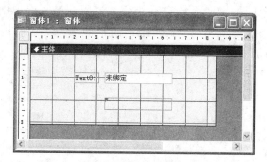

图 8.12　"成绩等级"窗体的设计视图

图 8.15 所示。

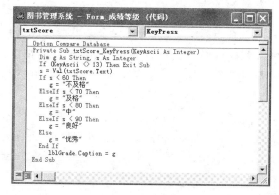

图 8.13　文本框的"击键"事件过程

图 8.14　"成绩等级"窗体的窗体视图

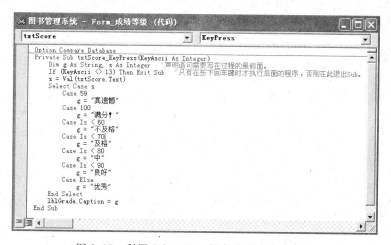

图 8.15　利用 Select Case 语句实现多分支结构

相关知识点细述

（1）本实例使用 If 结构和 Select Case 结构分别实现对不同成绩区间的判断，这两种结构也是多分支结构的典型处理方法。

（2）"txtScore_KeyPress"事件过程是文本框"txtScore"的"击键"事件过程，当在文本框内按下并抬起键盘上的按键时系统自动执行本过程。过程的说明语句后面带有整型参数"KeyAscii"表示被击键的 ASCII 码,系统通过形参"KeyAscii"传递给过程用户按键信息。程序执行时,用户的击键信息通过"击键"事件过程的参数"KeyAscii"传递给过程。

(3) 过程内声明了两个变量,字符串变量 g 用来表示成绩等级,整型变量 s 用来表示成绩。

(4) 语句:

```
If (KeyAscii <>13) Then Exit Sub
```

用来判断用户输入键的 ASCII 码,当用户输入的键不是回车键时(回车键的 ASCII 码值为 13)退出过程。只有在用户输入完分数,按回车键时,程序才会执行后面的程序代码。

(5) 本例 If…Then…ElseIf 的各条件是按照一定的次序排列的。第一个条件是"s<60",满足时的成绩为"不及格",不满足时向下判断第二个条件;第二个条件"s<70",其范围为大于等于 60 且小于 70,由于程序执行到此处时已经排除了成绩小于 60 的情况,因此在第二个条件"s<70"中可以省略掉大于 60 分的部分(完整的条件是:s<70 And s>= 60)。第三、四个条件采用了同样的省略写法。

(6) 程序的第二种实现方法利用 Select Case 结构。Select Case 结构用于对多种条件判断的多分支问题中。Select Case 结构的前两个 Case 子句添加了对 59 分与 100 分的特殊处理。首先判断变量 s 是否为 59 或 100,若是,则字符变量 g 被赋予"真遗憾"或"满分!",然后跳转到 End Select 语句向下执行;若不是,则继续下面的判断。对成绩段的判断仍然按照由小到大的次序,分别判断变量 s 小于 60、小于 70 且大于等于 60、小于 80 且大于等于 70、小于 90 且大于等于 80,以及在不满足所有情况时(成绩大于等于 90 且不等于 100)的成绩等级。由于上面的条件逐级排除了分数较低成绩区间的情况,因此后面的条件可以省略掉所有"大于等于"部分。

(7) Case 子语后面可以跟常数、表达式及关系判断,各项之间用半角逗号分开,如:

```
Case 10, 20, 30-50, Is >=80
```

表示当 Select Case 的变量或表达式值为 10、20、30～50 之间或大于等于 80 时,执行该 Case 子句下面的语句块。

边学边练

上网查询目前我国个人收入所得税(按月计算)的实施办法。编写程序,输入月收入,计算税收。

8.4.2 循环结构

循环结构用来重复执行一组语句。VBA 提供了 For…Next、While…Wend 和 Do…Loop 三种循环结构。

1. For…Next 循环

语句格式:

```
For <循环变量>=<初值>To <终值>[Step <步长>]
    [<语句块>]
Next [<循环变量>]
```

其中各部分的含义如下：

循环变量：必选参数，数值型变量，控制循环的执行次数。

初值：必选参数，"循环变量"的初值。

终值：必选参数，"循环变量"的终值。

步长：可选参数，默认值为1，控制循环执行过程中"循环变量"递增的大小。当"步长"值为负数时，"循环变量"的值递减。省略"Step <步长>"部分，循环每执行一次，"循环变量"加1。

语句块：放在 For 和 Next 之间的一条或多条语句，被循环执行的部分。

For…Next 循环语句的执行过程是：首先将"初值"赋给"循环变量"，当"步长"为正值时，判断循环"语句块"是否执行的条件是："循环变量"是否小于或等于"终值"。若条件成立则执行循环体，执行到 Next 子句时，循环变量增长"步长"值，程序返回到 For 子句继续判断循环执行条件。当循环变量增长到大于"终值"时，For 循环结束，程序跳转到 Next 子句的下面继续执行。

例如下面的 For 循环：

```
s=0
For I=1 to 100 Step 2
    s=s+I
Next
```

循环结束后，变量 s 的值为 $1+3+5+\cdots+99$ 的和，变量 I 的值为 101。

当"步长"为负值时，循环变量在执行的过程中逐渐减小，判断循环"语句块"是否执行的条件是："循环变量"是否大于或等于"终值"。此时程序执行到 Next 语句时"循环变量"将按照"步长"给定的值减小。"循环变量"的"初值"需要大于"终值"，否则循环"语句块"将不被执行。例如：

```
s1="ABCDE" : s2=""
For I=Len(s1) to 1 step-1
    s2=s2+Mid(s1, I, 1)
Next I
Debug.Print s1, s2
```

执行程序将在 Visual Basic 编辑器的"立即窗口"内显示字符串"ABCDE"与字符串"EDCBA"。

在 For…Next 循环内，可以通过 Exit For 语句退出循环结构，跳转到 Next 之后的语句。例如下面的 For…Next 循环将在循环变量 i 等于 50 时执行 If 语句的 Exit For 语句而退出循环。语句"s = s + i"分别在变量 i = 1,2,3,…,50 时被循环执行了 50 次。

```
For i=1 to 100
    s=s+i
    If i >=50 Then Exit For
Next
```

2. While…Wend 循环

语句格式：

```
While <条件>
    <语句块>
Wend
```

其中各部分的含义如下：

条件：必选参数，用来判断 While…Wend 循环内的语句块是否被执行的条件。

语句块：一条或多条语句，被循环执行的部分。

While…Wend 循环语句的执行过程非常简单：当条件为真时执行循环，直到条件不成立为止。例如：

```
Dim s As Double, i As Integer
s=10000 : i=0
While s <200000
    s=s * 1.05
    i=i+1
Wend
Debug.Print i
```

变量 s 的初值是 10000，每执行一次循环变量 s 增长 5%，当 s 增长到大于或等于 200000 时循环结束，在"立即窗口"内显示循环执行的次数。

3. Do…Loop 循环

语句格式：

```
Do [While|Until <条件>]
    <语句块>
Loop
```

或者

```
Do
    <语句块>
Loop [While|Until <条件>]
```

Do…Loop 语句的执行过程是：当(While)条件为 True 时，或(Until)条件变为 True 时，重复执行语句块中的语句。

上面两种语法格式的区别仅在于对条件的判断，一个是在执行语句块前判断，一个是先执行语句块后判断条件。

语法格式中的"While|Until"表示"While"或者"Until"。用关键字"While"表示条件，当条件为真时执行循环语句块，直到条件为假时退出循环；用关键字"Until"表示条件，当条件为假时循环执行语句块，直到条件为真时退出循环结构。

在 Do…Loop 中可以使用 Exit Do 语句跳出 Do…Loop 循环。例如语句 If…Then Exit Do。

任务 8-4　循环结构应用

任务实例 8.6　求解斐波那契数列的前 20 项。斐波那契数列是由意大利数学家莱昂纳多·斐波那契首先研究的一种递归数列，它的每一项都等于前两项之和。此数列的前几项为 1，1，2，3，5 等。

任务分析

◆ 方法：创建命令按钮的"单击"事件过程；使用 For…Next 循环结构。

◆ 操作关键：数列特点每一项都等于前两项之和；Debug.Print 显示结果。

任务解决过程

(1) 新建窗体。新建窗体并打开窗体的设计视图，在窗体内添加一个命令按钮控件。设置窗体的标题属性为"斐波那契数列"，命令按钮名称为"cmdFibonacci"、标题为"计算"。将窗体保存为"斐波那契数列"。

(2) 为命令按钮添加事件过程。参照图 8.16 给"cmdFibonacci"命令按钮添加"单击"事件过程。保存模块后关闭 Visual Basic 编辑器。

(3) 打开"斐波那契数列"的窗体视图，单击"计算"命令按钮，在 Visual Basic 编辑器的"立即窗口"显示出斐波那契数列的前 20 项，如图 8.17 所示。

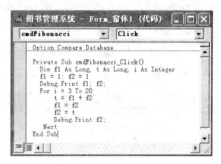

图 8.16　求解斐波那契数列的事件过程

图 8.17　斐波那契数列的前 20 个数值

相关知识点细述

(1) 代码窗口中，设置 f1 和 f2 的初值为斐波那契数列的前两项的值，所以循环从第 3 项开始到第 20 项。

(2) For…Next 循环是固定次数的循环结构，根据"初值"、"终值"以及"步长"可以计算出循环执行的次数。本例中步长为 1,省略掉了"Step ＜步长＞"部分。循环内的语句块将执行 18 次,每一次循环变量 i 值分别为:3,4,5,…,20。循环结束后,变量 i 的值为 21。

边学边练

(1) 利用 For…Next 循环计算 1!＋2!＋3!＋…＋100!的和。

(2) 百钱买百鸡问题。古时有人用 100 文钱买 100 只鸡。公鸡每只 5 文,母鸡每只 3 文,雏鸡每文 3 只。问:用 100 文钱买 100 只鸡共有多少种买法。

想一想

(1) 如何根据 For…Next 结构循环变量的"初值"、"终值"、"步长"计算循环将要执行的次数?

(2) 循环变量在 For…Next 循环语句内能够被重新赋值吗? 用户这样做会带来什么问题?

任务实例 8.7 我国有 15 亿人口,按人口年增长 0.8% 计算,多少年后我国人口超过 26 亿。

任务分析

◆ 方法:在标准模块中创建过程,使用 Do While…Loop 循环。

◆ 操作关键:人口年增长为 0.8%,则一年后的人口为原来的 1.008 倍。

任务解决过程

(1) 新建模块。打开"图书管理系统"数据库,选择数据库窗口左侧"模块"对象,单击"新建"创建新模块。将模块保存为"循环练习"。

(2) 创建子程序。编写如图 8.18 所示的代码。

(3) 运行子程序。将光标定位在子程序内的任意位置,单击"运行"按钮,结果如图 8.19 所示。

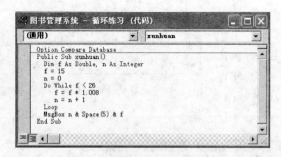

图 8.18 "循环练习"的程序代码窗口

图 8.19 程序结果消息框

相关知识点细述

(1) 在求解过程中,当 f 的值小于 26 时,执行循环体内的语句,当 f 的值大于等于 26 时,退出循环。

(2) Do While…Loop 的循环形式在执行过程中先判断条件是否满足,如果不满足,则循环体内的语句一次也不执行。

边学边练

Do…Loop 循环有 4 种形式,本实例采用了 Do While…Loop 形式,请尝试使用另外 3 种形式编写本实例求解。

8.5 数　　组

数组是一组具有相同类型和名称的变量的集合。数组内的每个变量称为数组元素,可以通过下标来区别这些元素。在程序中对于大量同种类型的数据利用数组来表示更便捷。

在其他程序设计语言中,数组中的所有元素都必须为同样的数据类型,在 VBA 中,数组中各元素可以是相同的数据类型,也可以是不同的数据类型。

数组和变量一样也有不同的作用域。按作用域的不同可以把数组分为过程级数组(或称为局部数组)、模块级数组以及全局数组。

任务 8-5　使用数组处理数据

任务实例 8.8　输入 10 个学生的成绩,计算并显示平均成绩、最高分与最低分。

任务分析

◆ 方法:创建 4 个命令按钮的事件过程;使用 For…Next 循环;使用数组存放成绩数据。

◆ 操作关键:数组变量需要声明成全局变量。

任务解决过程

(1) 建立窗体。新建窗体,在窗体内加入 1 个标签与 4 个命令按钮。将标签对象的名称更改为"lblScores","边框样式"更改为"实线"。将 4 个命令按钮的标题设置为:"输入成绩"、"显示成绩"、"计算平均分"、"最高最低分",命令按钮的名称分别为:"cmdInput"、"cmdPrint"、"cmdAverage"、"cmdMaxMin"。设置窗体的"记录选择器"、"导航按钮"、"分割线"属性为"否",如图 8.20 所示。单击"保存"按钮将窗体保存为"成绩统计"窗体。

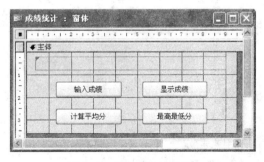

图 8.20　"成绩统计"窗体

(2) 添加程序代码。单击"代码"命令按钮 进入 Visual Basic 编辑器。在窗体的

"通用声明"区声明整型数组 a,按照图 8.21 所示给各个命令按钮添加"单击"事件过程。

图 8.21 "成绩统计"窗体的代码窗口

(3) 运行窗体。保存窗体并打开窗体的"窗体视图",单击"输入成绩"命令按钮输入 10 个成绩,单击"显示成绩"命令按钮在窗体内的标签控件显示 10 个成绩,单击"计算平均分"命令按钮显示平均成绩,单击"最高最低分"命令按钮显示最高最低分。窗体的运行界面如图 8.22 所示。

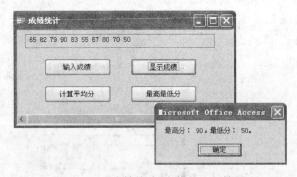

图 8.22 "成绩统计"窗体的运行结果

相关知识点细述

(1) Option Base 语句用来指定数组元素的下标从 1 或 0 开始,其格式为:

```
Option Base 1|0
```

Option Base 语句需要输入到模块的"通用声明"部分,如果没有 Option Base 语句明确说明,数组元素的下标默认从 0 开始。

(2)定义一维数组的语法格式如下:

Dim <数组名>([<下界>To] <上界>) As <数据类型>

其中"下界"可以省略,此时"下界"默认为通用声明里 Option Base 语句声明的数值。

程序中的声明语句如下:

Dim a(10) As Integer '声明整型数组 a,有 10 个元素,下标从 1 到 10

(3)数组 a 的声明语句输入在窗体的"通用声明"区域,表示数组 a 为窗体级数组,其有效范围覆盖整个窗体。可以在各个命令按钮的"单击"事件内引用数组 a 的元素。数组 a 的生命周期随着窗体的加载而建立,随着窗体的退出而结束。

边学边练

输入 10 个数值,然后对这 10 个数进行排序,将结果显示在"立即窗口"内。

想一想

Option Base 语句的作用是什么?

8.6 过 程

过程包括函数与子程序,是 Access 程序代码的基本单元。函数过程也称为 Function 过程,简称为函数。函数能够返回函数值,在表达式中调用。函数过程以关键字 Function 开始,以 End Function 语句结束。子程序也称为 Sub 过程,简称为子程序。子程序用来执行某些操作,没有返回值。子程序以关键字 Sub 开始,以 End Sub 语句结束。对象的事件过程是系统内部定义的特殊 Sub 过程,其作用是响应窗体或报表运行时用户在对象上的操作。

任务 8-6 过程应用

任务实例 8.9 已知三角形的三边长求面积。

任务分析

◆ 方法:在标准模块中创建全局函数;创建命令按钮的事件过程;使用 IF 语句;使用过程的调用。

◆ 操作关键:首先根据三角形的任意两边之和大于第三边来判断给定的三边长是否能构成三角形,然后调用函数过程。

任务解决过程

(1)新建窗体。新建窗体并进入窗体的设计视图,在窗体内添加三个文本框与一个命令按钮控件。适当调整窗体、标签控件、文本框控件与命令按钮的大小与位置,如图 8.23 所示。

按照表 8-6 设置窗体及控件对象的属性。

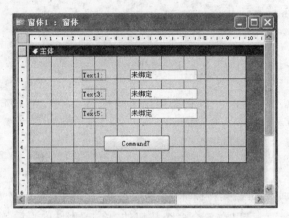

图 8.23　"三角形求面积"窗体的设计视图

表 8-6　"三角形求面积"窗体及其控件属性

对象	名称属性	标题属性	说明
窗体	三角形求面积	三角形已知三边求面积	窗体名称在保存窗体时给出
标签 1	lbla	边长 a：	
标签 2	lblb	边长 b：	
标签 3	lblc	边长 c：	
文本框 1	txta		输入边长 a
文本框 2	txtb		输入边长 b
文本框 3	txtc		输入边长 c
命令按钮	cmdCalculate	计算面积	调用函数计算三角形面积，调用过程显示面积值

保存窗体，窗体名为"三角形求面积"。

（2）添加全局函数与过程。单击 Access 工具栏的"代码"命令按钮 ![icon] 打开 Visual Basic 编辑器，打开"模块基本练习"标准模块的代码窗口。选择"插入"菜单下的"过程"命令，在"添加过程"对话框中输入函数名称"TriangleArea"，如图 8.24 所示。

在标准模块内添加一个全局函数 TriangleArea 和一个全局过程 ShowText，如图 8.25 所示。

（3）添加事件过程。给 cmdCalculate 命令按钮添加如图 8.26 所示的"单击"事件过程。

（4）运行窗体。打开"三角形求面积"的窗体视图，在文本框内输入三角形的三个边长，单击"计算面积"命令按钮，将在消息框内显示三角形的面积，如图 8.27 所示。

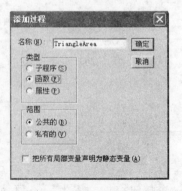

图 8.24　"添加过程"对话框

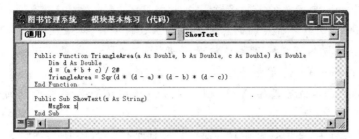

图 8.25　Triangle 函数与 ShowText 子程序

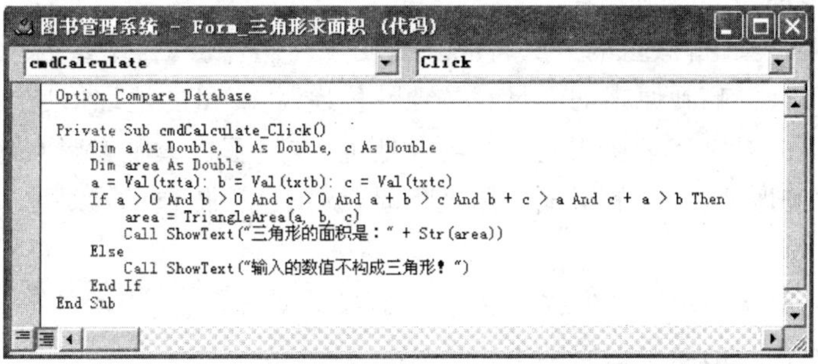

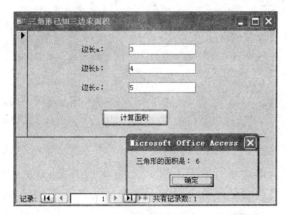

图 8.26　命令按钮 cmdCalculate 的"单击"事件过程

图 8.27　"三角形求面积"窗体的运行结果

相关知识点细述

（1）标准模块内的全局函数 TriangleArea 的功能是根据三角形三个边长计算三角形面积，可以在数据库的各个地方调用。函数的定义语句如下：

```
Public Function TriangleArea(a As Double, b As Double, c As Double) As Double
```

其中各部分的含义如下。

Public：说明函数是一个通用函数。

Function：函数的说明。

TriangleArea：自定义的函数名称。

a As Double：函数名称后面的括号内列出函数的参数，其值在函数被调用时传入，如有多个参数，参数与参数之间用半角逗号分开。a As Double 是 Visual Basic 要求的格式，声明参数 a 为一个双精度类型形参。

As Double：函数最后面的 As Double 声明 TriangleArea 函数的返回值类型为双精度数据类型。

过程的参数分为"按值传递"（ByVal）和"按地址传递"（ByRef）两种。定义过程时在参数前面使用关键字"ByVal"或"ByRef"标识这两种不同的参数传递方法，未指定时系统默认为按地址传递。

调用过程时，"按值传递"的方法将原来的变量复制一份，当作参数传递过去，改变过程内部的参数不会影响到原来的变量；"按地址传递"将变量的地址传递给过程，过程内的参数与调用过程的对应变量使用同一个内存地址，在过程内改变参数的值会改变原来变量的值。使用"按地址传递"的形式调用过程时，调用过程传递的参数必须是简单变量的形式。

（2）变量 d 的作用是用来保存三角形三个边长和的一半，用来计算三角形面积。三角形已知三边求面积的数学公式如下：

$$area = \sqrt{d(d-a)(d-b)(d-c)}, \quad d = \frac{(a+b+c)}{2}, \quad a、b、c \text{ 是三角形的三个边长}$$

（3）函数 sqr 是一个系统函数，计算参数的平方根。

（4）函数最后要给变量 TriangleArea 赋值，其值作为函数值返回到调用函数的表达式中。

（5）语句：

```
a=Val(txta):b=Val(txtb):c=Val(txtc)
```

一行内可以书写多个语句，语句之间用半角冒号分开。文本框内的文本是字符类型，将其赋给变量 a、b 或 c 时要进行类型转换。函数 val() 的功能是将参数转换为数值类型。很多时候 Visual Basic 系统会自动根据上下文的需要进行类型转换，但利用类型转换函数可以避免可能的错误，同时增加程序的可读性。

（6）语句：

```
area=TriangleArea(a, b, c)
```

调用标准模块内的 TriangleArea 函数，将三个边长传递给函数，函数的返回值赋给局部变量 area。

（7）语句：

```
Call ShowText("三角形的面积是:"+Str(area))
```

调用标准模块内的 ShowText 过程，过程调用语句的标准格式是：

```
Call <过程名>([<参数列表>])
```

Visual Basic 语法规定调用过程也可以省略 Call 关键字：

```
<过程名> [<参数列表>]
```

此种形式需要去掉过程名后面的一对括号，如过程有参数时，参数直接列在过程名后面。

8.7 DoCmd 对象

Access 中除了列在数据库窗口内的"表"、"查询"、"窗体"、"报表"、"页"、"宏"、"模块"7 个对象外，还提供了一个非常重要的对象：DoCmd。使用 DoCmd 对象的方法，可以在 Microsoft Access 代码中运行宏操作的各个功能，诸如关闭窗口、打开窗体和设置控件值等任务。

DoCmd 对象的常用方法如下。

1）OpenTable 方法

OpenTable 方法执行打开数据表对象操作，其语法格式如下：

```
DoCmd.OpenTable TableName, View, DataMode
```

TableName：必选参数，表示当前数据库中数据表的名称。

View：可选参数，打开数据表的视图，默认为 acViewNormal（表视图）。

DataMode：可选参数，打开数据表的编辑模式，默认为 acEdit。

例如在"打印预览"视图打开"读者信息"数据表语句为：

```
DoCmd.OpenTable "读者信息表", acViewPreview
```

2）OpenQuery 方法

OpenQuery 方法执行打开查询对象操作，其语法格式如下：

```
DoCmd.OpenQuery QueryName, View, DataMode
```

QueryName：必选参数，表示当前数据库中查询的名称。

View：可选参数，打开查询的视图，默认为 acViewPreview。

DataMode：可选参数，打开查询的编辑模式，默认为 acEdit。

下面的示例是在"数据表"视图中打开"读者借书信息查询"，使用户能够查看，但是不能编辑或添加记录。

```
DoCmd.OpenQuery "Sales Totals Query", , acReadOnly
```

3）OpenForm 方法

OpenForm 方法执行打开窗体对象操作,其语法格式如下:

```
DoCmd.OpenForm FormName, View, FilterName, WhereCondition, DataMode,
WindowMode, OpenArgs
```

FormName:必选参数,表示当前数据库中窗体的名称。

View:可选参数,设置打开窗体的视图,默认值为 acNormal,表示在"窗体"视图中打开窗体。

FilterName:可选参数,当前数据库中查询的有效名称,用于筛选或排序窗体内的记录。

WhereCondition:可选参数,用于限制窗体显示记录的条件,等同于 SQL 语句中的WHERE 子句。

DataMode:可选参数,窗体的数据输入模式。它只应用于在"窗体"视图或"数据表"视图中打开的窗体。

WindowMode:可选参数,打开窗体时所采用的窗口模式,默认为acWindowNormal。

OpenArgs:可选参数,用于设置窗体的 OpenArgs 属性。

例如语句:

```
DoCmd.OpenForm "读者信息", , , "性别='女'"
```

打开"读者信息"窗体,显示其中性别为"女"的记录。

4）OpenReport 方法

OpenReport 方法执行打开报表对象操作,其语法格式如下:

```
DoCmd.OpenReport ReportName, View, FilterName, WhereCondition,
WindowMode, OpenArgs
```

ReportName:必选参数,表示当前数据库中的报表名称。

View:可选参数,用于指定报表视图,默认值为 acViewNormal。

FilterName:可选参数,当前数据库中查询的有效名称,用于筛选或排序报表内的记录。

WhereCondition:可选参数,用于限制窗体显示记录的条件,等同于 SQL 语句中的WHERE 子句。

WindowMode:可选参数,打开窗体时所采用的窗口模式,默认为acWindowNormal。

OpenArgs:可选参数,用于设置窗体的 OpenArgs 属性。

下面的语句打开"图书借阅表"报表的"打印预览"视图。

```
DoCmd.OpenReport "图书借阅表", acViewPreview
```

5）Close 方法

Close 方法执行关闭对象操作,语法格式如下:

```
DoCmd.Close ObjectType, ObjectName, Save
```

ObjectType:必选参数,用来说明关闭对象的类型。常用的类型有:acTable(数据表)、acQuery(查询)、acForm(窗体)、acReport(报表)、acMacro(宏)、acModule(模块)等。

ObjectName:可选参数,指定被关闭对象的名称。

Save:可选参数,指定关闭对象时是否保存对象的修改。参数值有:acSaveNo(忽略对象的变化,不保存)、acSavePrompt(默认值,关闭对象时显示提示消息框,让用户选择是否保存对象的修改)、acSaveYes(关闭对象时保存对象的修改)。

下面的语句关闭"图书借阅表"报表,显示提示消息框,让用户选择是否保存对象的修改。

```
DoCmd.Close acReport, "图书借阅表", acSavePrompt
```

如果 Close 方法省略 ObjectType 和 ObjectName 参数,将关闭数据库的所有对象,如关闭所有对象,保存对象的修改语句为:

```
DoCmd.Close , , acSave
```

6）RunMacro 方法

RunMacro 方法用来运行数据库内的宏对象,语法格式为:

```
DoCmd.RunMacro MacroName, RepeatCount, RepeatExpression
```

MacroName:必选参数,表示当前数据库中宏的名称。

RepeatCount:可选参数,用于指定宏运行的次数。

RepeatExpression:可选参数,每一次运行宏时的条件,当结果为 False (0)时,停止运行宏。

7）RunSQL 方法

RunSQL 方法用来执行 SQL 语句,语法格式为:

```
DoCmd.RunSQL SQLStatement, UseTransaction
```

SQLStatement:必选参数,表示操作查询或数据定义查询的有效 SQL 语句。

UseTransaction:可选参数,使用 True(-1)可以在事务处理中包含该查询。如果不想使用事务处理,则应将该参数设为 False(0)。参数默认值为 True。

下面例子运行 SQL 语句更新"图书馆藏表",将其中"馆藏地"为"40120"的内容更新为"401"。

```
DoCmd.RunSQL "UPDATE 图书馆藏表 SET 馆藏地='401' WHERE 馆藏地='40120'"
```

任务 8-7　DoCmd 对象应用

任务实例 8.10　用程序代码完成第 7 章任务实例 7.3 和任务实例 7.4 的任务。

任务分析

◆ 方法：创建命令按钮"单击"事件过程；DoCmd 对象打开、关闭数据表；使用 Select Case 语句。

◆ 操作关键：DoCmd 对象打开、关闭数据表语句的书写正确。

任务解决过程

（1）复制窗体。在数据库窗口的"窗体"对象内，将"打开数据表"窗体复制为"打开数据表_代码实现"窗体。

（2）删除"打开数据表_代码实现"窗体内命令按钮"单击"事件的宏操作。分别选择两个命令按钮，在命令按钮的属性窗口内，将其"单击"事件更改为"事件过程"。

（3）编写程序代码。如图 8.28 所示，为命令按钮编写"单击"事件过程。

图 8.28　"打开数据表_代码实现"窗体的程序代码

（4）运行窗体。打开"打开数据表_代码实现"窗体的窗体视图，在选项组内选择一个数据表，单击"打开"按钮打开选择的表，单击"关闭"按钮关闭该表。

相关知识点细述

（1）程序中使用了多分支结构 Select 语句对选项组控件的选项进行判断以打开不同的数据表。

（2）DoCmd 对象的 OpenTable 方法打开数据表，Close 方法关闭打开的数据表。

8.8 数据库编程

VBA 可以通过程序代码与本地或外部数据库连接并对数据库进行各种操作。VBA 访问数据库的主要方式有：ODBC(Open Database Connectivity，开放数据库互连)、DAO (Data Access Objects，数据访问对象)、ADO(ActiveX Data Objects，ActiveX 数据对象)3 种接口。

ODBC 是微软公司开放服务结构中有关数据库的一个组成部分，它建立了一组规范，并提供了一组对数据库访问的标准 API(应用程序编程接口)。

DAO 是微软第一个面向对象的数据库接口，应用于微软的 Visual Basic 中，它允许程序员请求对微软的 Access 数据库的访问。DAO 对象封闭了 Access 的 Jet 函数。通过 Jet 函数，它还可以访问其他的结构化查询语言(SQL)数据库。

微软公司的 ADO 是一个用于存取数据源的 COM 组件，通过 OLE DB 访问和操作数据库服务器中的数据。它的主要优点是易于使用、速度快、内存支出低和占用磁盘空间少。ADO 支持用于建立客户端/服务器和基于 Web 的应用程序的主要功能。

任务 8-8 数据库编程

任务实例 8.11 通过 DAO 访问本地数据库。

任务分析

◆ 方法：创建窗体的 Load 事件。

◆ 操作关键：通过 DAO 对象连接到"图书管理系统"数据库并将"读者信息表"设置为窗体的记录源。

任务解决过程

(1) 新建数据库。建立一个新的 Access 数据库，将数据库以文件名"test.mdb"保存到和"图书管理系统"数据库相同的文件夹内。

(2) 新建窗体。在"test.mdb"数据库内建立窗体，按照图 8.29 所示在窗体内添加 4 个文本框用来显示"图书管理系统"数据库"读者信息表"的信息。在各个文本框的属性窗口内设置文本框的"控件来源"属性，分别输入"读者编号"、"姓名"、"性别"、"联系电话"等

图 8.29 "DAO 对象练习"窗体的设计视图

字段。将窗体保存为"DAO 对象练习"。

(3) 添加程序代码。选择"DAO 对象练习"窗体,单击 Access 工具栏的"代码"命令按钮 ![] 打开 Visual Basic 编辑器;在"对象列表"内选择窗体"Form",在"事件"列表内选择"Load"事件,系统在代码窗口添加窗体的 Load 事件。在事件内编写如图 8.30 所示的程序代码。

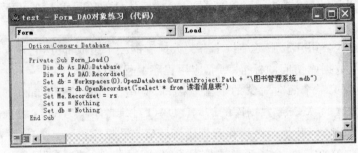

图 8.30 "DAO 对象练习"窗体的"Load"事件

(4) 运行窗体。打开"DAO 对象练习"窗体的"窗体视图",系统通过窗体的"Load"事件过程连接到"图书管理系统"数据库并显示"读者信息表"的信息。执行结果如图 8.31 所示。

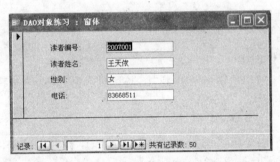

图 8.31 "DAO 对象练习"窗体的窗体视图

相关知识点细述

(1) 窗体的 Load 事件在窗体被加载到内存时执行,即每次打开窗体的"窗体视图"时执行 Load 过程。通常将对窗体的初始化控制添加到 Load 事件中,例如本例,在加载窗体时建立与数据库"图书管理系统"的连接并将窗体的记录源指定到"读者信息表"上。

(2) DAO 数据访问对象的顶层对象是 DBEngin(数据引擎),DBEngin 下的 Workspaces(工作区集合)对象保存用户的会话区。默认的工作区对象是 Workspaces(0)。在工作区内可以建立与外部数据库的连接。语句:

```
Dim db As DAO.Database
Dim rs As DAO.Recordset
```

声明了 DAO 数据库对象 db 与记录集 rs。语句:

```
Set db=Workspaces(0).OpenDatabase(CurrentProject.Path+"\图书管理系统.mdb")
```

利用工作区 Workspaces(0) 的 OpenDatabase 方法建立和"图书管理系统"的连接。"CurrentProject"表示当前数据库"test",其"Path"属性表示当前数据库所在路径。语句:

```
Set rs=db.OpenRecordset("select * from 读者信息表")
```

通过"db"对象打开记录集,SQL 语句"select * from 读者信息表"查询"读者信息表"数据表的所有字段。语句:

```
Set Me.Recordset=rs
```

将记录集对象 rs 赋给当前窗体的记录集属性。语句:

```
Set rs=Nothing
Set db=Nothing
```

将记录集对象"rs"与数据库对象"db"清除。

任务实例 8.12 通过 ADO 访问本地数据库。

任务分析

◆ 方法:创建命令按钮的"单击"事件。

◆ 操作关键:通过 ADO 对象建立与"图书管理系统"数据库的连接,通过书名查询"图书管理系统"数据库"图书馆藏表"内的数据。

任务解决过程

(1) 新建"ADO 对象练习"窗体。打开"test"数据库,在数据库内新建窗体,在窗体内添加 1 个文本框(txtBookName)和 1 个命令按钮(cmdLookup),如图 8.32 所示。单击"保存"按钮,将窗体保存为"ADO 对象练习"。

(2) 新建"馆藏信息"窗体。在"test"数据库内新建窗体,在其中添加 3 个文本框,分别设置各文本框的"控件来源"属性为"馆藏地"、"架位号"、"流通状态",修改各文本框的标签,如图 8.33 所示。单击"保存"按钮,将窗体保存为"馆藏信息"。

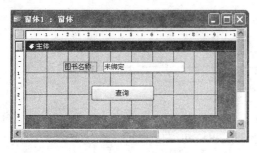

图 8.32 "ADO 对象练习"窗体的设计视图

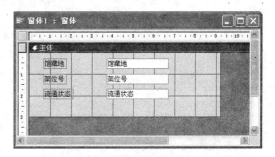

图 8.33 "馆藏信息"窗体的设计视图

（3）给"ADO 对象练习"窗体的"cmdLookup"命令按钮添加"单击"事件过程，如图 8.34 所示。

图 8.34 "cmdLookup"命令按钮的程序代码

（4）运行窗体。打开"ADO 对象练习"窗体的"窗体视图"，在"图书名称"文本框内输入要查询的书名，单击"查询"命令按钮将打开"馆藏信息"窗体并显示被查图书的馆藏信息，如图 8.35 所示。

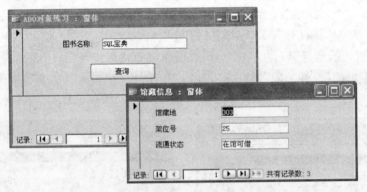

图 8.35 通过 ADO 对象查询图书馆藏信息

相关知识点细述

本实例命令按钮"cmdLookup"的"单击"事件过程语句解析如下。其中语句：

```
Dim cn As ADODB.Connection
Dim rs As ADODB.Recordset
```

声明 ADO 连接对象 cn 与 ADO 记录集 rs。语句：

```
Dim cnString As String
```

声明 ADO 连接字符串 cnString，用于建立与数据库的连接。其后的语句：

```
cnString="PROVIDER=Microsoft.Jet.Oledb.4.0; Data Source=" _
        & CurrentProject.Path & "\图书管理系统.mdb"
```

给连接字符串赋值，其中指定了数据库的提供者和数据源信息。语句：

```
cn.Open cnString
```

打开数据源。语句：

```
Dim bookname As String
```

声明的字符串变量 bookname 用来得到文本框内的书名信息。语句：

```
txtBookName.SetFocus
bookname=Trim(txtBookName.Text)
```

将文本框内的文本赋值给字符串变量 bookname。txtBookName.SetFocus 方法将焦点移动到文本框上。VBA 系统要求在读取文本框的内容前首先需要将焦点移动到文本框控件内。语句：

```
With rs
    Set .ActiveConnection=cn
    .Source="SELECT 图书馆藏表.馆藏地,图书馆藏表.架位号,图书馆藏表.流通状态 " & _
            "FROM 图书信息表 INNER JOIN 图书馆藏表 ON 图书信息表.索书号=图书馆藏表.
            索书号 " & _
            "WHERE 图书信息表.书名='" & bookname & "'"
    .LockType=adLockOptimistic
    .CursorType=adOpenKeyset
    .Open
End With
```

设置 ADO 记录集 rs 的活动连接、记录源等属性，并打开记录集 rs。语句：

```
DoCmd.OpenForm "馆藏信息"
Set Forms!馆藏信息.Recordset=rs
```

打开"馆藏信息"窗体并将 ADO 记录集赋给窗体的记录源属性。语句：

```
Set rs=Nothing
Set cn=Nothing
```

清除 ADO 记录集对象 rs 与 ADO 连接对象 cn。

本 章 小 结

　　程序设计模块,简称为模块,是 Access 数据库内用于保存程序代码的对象。Access 数据库的模块分为标准模块和类模块,标准模块作为数据库的对象之一被列在 Access 数据库窗口的对象列表内,用来保存 Access 数据库的通用声明与通用过程。类模块主要包括窗体类模块和报表类模块,用于保存窗体或报表内的程序代码。

　　标准模块中的全局变量和全局过程具有全局特性,其作用范围在整个应用程序里,生命周期是伴随着应用程序的运行而开始,应用程序的关闭而结束。标准模块中的过程可以在数据库的任意位置调用。类模块从属于相关联的对象,其中定义的变量与过程不能被其他对象引用。类模块的生命周期随着对象的运行而开始,随着对象的关闭而关闭。

　　Access 数据库与其他 Microsoft Office 应用程序如 Word、Excel 等一样,使用内嵌在 Microsoft Office 的编程语言 VBA 作为其程序语言,开发环境为 Visual Basic Environment。VBA 与微软公司的 VB 语言完全兼容,但 VBA 依附于 Office 文档,只能开发与 Office 文档相关的程序,不能开发独立的应用程序。

　　VBA 的程序代码保存在数据库的标准模块和类模块中。模块中的语句由声明语句和过程两部分组成。模块级的声明语句声明模块级别或全局常量、变量,过程包括自定义函数、子程序和对象的事件过程。过程内部的程序代码由局部变量声明语句和可执行语句组成。

　　VBA 可以通过程序代码与本地或外部数据库连接并对数据库进行各种操作。VBA 访问数据库的主要方式有 ODBC、DAO、ADO 3 种接口。ODBC 是微软公司开放服务结构中有关数据库的一个组成部分,它建立了一组规范,并提供了一组对数据库访问的标准 API。DAO 是微软第一个面向对象的数据库接口,应用于微软的 Visual Basic 中,它允许程序员请求对微软的 Access 数据库的访问。DAO 对象封闭了 Access 的 Jet 函数。通过 Jet 函数,它还可以访问其他的结构化查询语言数据库。ADO 是一个用于存取数据源的 COM 组件,通过 OLE DB 访问和操作数据库服务器中的数据。它的主要优点是易于使用、速度快、内存支出低和占用磁盘空间少。ADO 支持用于建立客户端/服务器和基于 Web 的应用程序的主要功能。

习 题 8

1. 思考题

　　(1) 什么是 Access 模块? Access 模块包括哪几种?

　　(2) 什么是 Access 过程? Access 中有哪几种过程?

（3）什么是全局过程？全局过程需要输入到什么类型的模块中？列举调用全局过程的不同方法。

（4）什么是事件过程？为什么事件过程的声明前面需要加入关键字"Private"？

（5）什么是常量、变量、符号常量？说明常量与符号变量的作用域。

2. 选择题

（1）VBA 中定义符号常量可以使用关键字（　　）。

    A. Const   B. Dim   C. Public   D. Private

（2）VBA 中的类型声明符％表示的类型是（　　）。

    A. String   B. Long   C. Integer   D. Double

（3）声明一个有 10 个整型元素，下标下界为 1 的数组 a 的语句正确的是（　　）。

    A. Dim a(10)   B. Dim a(1 to 10)

    C. Dim a(10) As Integer   D. Dim a(1 to 10) As Integer

（4）以下关于类模块的说法不正确的是（　　）。

    A. 窗体模块和报表模块都属于类模块，它们从属于各自的窗体或报表

    B. 窗体模块和报表模块具有局部特性，其作用范围局限在所属窗体或报表内部

    C. 窗体模块和报表模块中的过程可以调用标准模块中已定义好的过程

    D. 窗体模块和报表模块生命周期是伴随着窗体或报表的打开而开始、关闭而结束

（5）求 s＝1＋3＋5＋…＋99 结果不正确的是（　　）。

A.
```
s=0
i=1
While i <=99
    s=s+i
    i=i+2
Wend
Debug.Print s
```

B.
```
s=0
i=1
Do While i <=99
    s=s+i
    i=i+2
Loop
Debug.Print s
```

C.
```
s=0
i=1
Do Until i <=99
    s=s+i
    i=i+2
Loop
Debug.Print s
```

D.
```
s=0
For i=1 To 100 Step 2
    s=s+i
Next
Debug.Print s
```

3. 填空题

（1）VBA 的全称是_____。

（2）模块中包含声明语句和过程，过程有_____和_____。

（3）窗体模块和报表模块都属于_____。

（4）VBA中的3种流程控制结构是顺序结构、_____和_____。

（5）VBA中，_____函数的功能是显示提示消息。

实验8　模块的设计

1. 实验目的与要求

实验目的

◇ 掌握VBA的语法规则和编程思想；

◇ 掌握模块的创建与设计方法。

实验要求

◇ 创建各类模块；

◇ 完成VBA语句的编写。

2. 实验示例

操作要求

例　打开"实验素材\实验8\示例"文件夹，此文件夹下存在一个数据库"Example8. mdb"，已经设计好表对象"tStudent"、查询对象"qStudent"和窗体对象"fStudent"，同时，给出窗体对象"fStudent"上按钮的"单击"事件代码，按照以下要求完成相应设计，参考效果如文件"Example8_R. mdb"所示。

（1）创建报表。使用向导创建一个名为"rStudent"的报表，显示表"tStudent"中"学号"、"姓名"、"班级"和"年龄"字段，按"班级"分组，按"学号"升序排序，"淡灰"样式。

（2）修改查询。修改查询对象"qStudent"为参数查询，参数为引用窗体对象"fStudent"上组合框"CombClass"的值。

（3）编写VBA语句。使得在窗体"fStudent"上单击"打开学生信息报表"按钮（名称为"CommOpenReport"）打开报表"rStudent"的打印预览视图。单击"刷新"按钮（名称为"CommRefresh"），按所选班级显示学生信息（提示：动态设置窗体记录源为参数查询"qStudent"），效果如图8.36所示。

注意：已给事件过程，只允许在"****Add****"与"****Add****"之间的空行内补充语句、完成设计，不允许增删和修改其他位置已存在的语句。

操作步骤

（1）创建报表。打开数据库"Example8. mdb"，在"报表"对象栏中选择"使用向导创建报表"命令，然后按照向导分别选择数据源，设置分组级别，设置排序规则以及确定报表的标题，保存对象，如图8.37～图8.42所示，报表效果如图8.43所示。

（2）修改查询。打开查询"qStudent"的设计视图，在"班级"字段的"条件"栏填写参数：[Forms]![fStudent]![CombClass]，保存修改，如图8.44所示。

（3）编写VBA语句。打开窗体"fStudent"的设计视图，设置标题为"刷新"，按钮的"单击"事件属性为"事件过程"选项，单击右侧的□按钮，进入VBE代码界面，在两行

图 8.36　窗体"fStudent"的效果

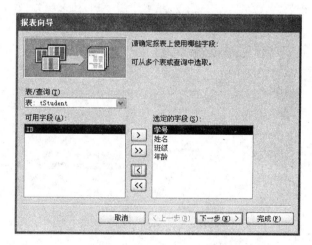

图 8.37　确定报表的数据源

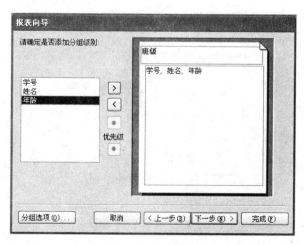

图 8.38　确定分组级别

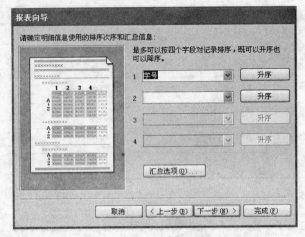

图 8.39　确定排序次序

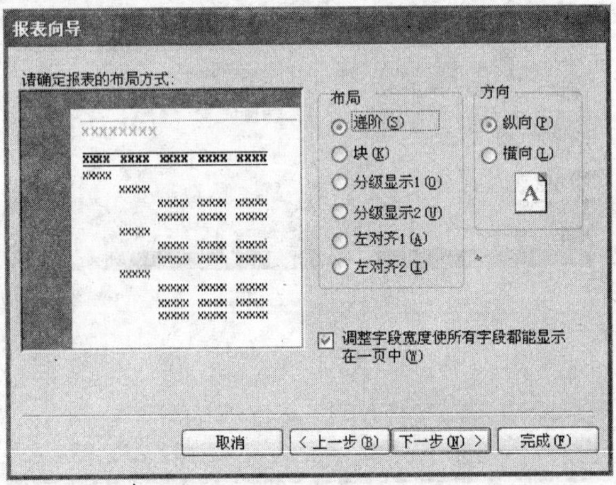

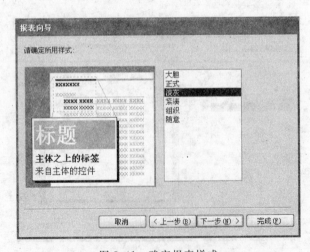

图 8.40　确定布局方式

图 8.41　确定报表样式

图 8.42　确定报表标题

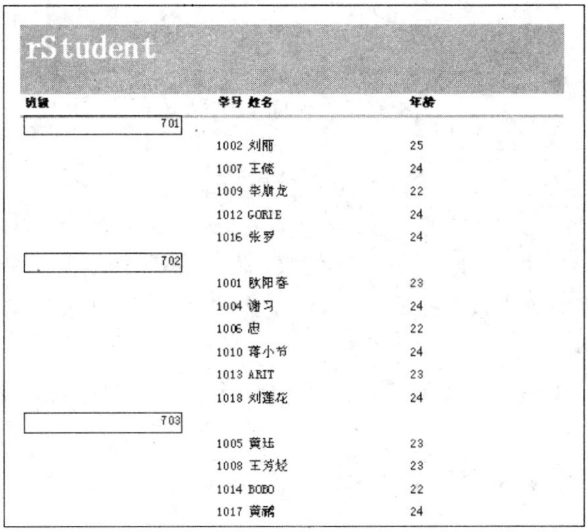

图 8.43　报表"rStudent"效果

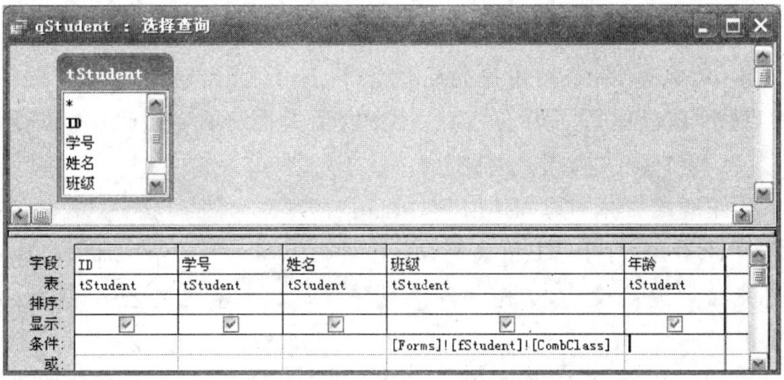

图 8.44　设置查询的参数

"Add1"之间填写 VBA 语句：Me. RecordSource ＝ "qStudent"。设置标题为"打开学生信息报表"按钮的"单击"事件属性为"事件过程"选项，进入 VBE 界面，在两行"Add2"之间填写 VBA 语句：DoCmd. OpenReport "rStudent"，acViewPreview，如图 8.45 所示，保存对窗体的修改。

图 8.45　编写 VBA 语句

3. 实验内容

实验 8-1

打开"实验素材\实验 8\实验 8-1"文件夹，此文件夹下存在一个数据库文件"Ex8-1. mdb"，已经设计好表对象"tAddr"和"tUser"，请按照如下要求完成补充"fEdit"窗体的操作。

（1）编辑 VBA 代码，使窗体 fMenu 加载时自动设置窗体标题属性为"系统当前日期"。

（2）编辑 VBA 代码，将窗体中名称为"Lremark"的标签控件上的文字颜色改为红色（代码为 255）。

（3）将窗体边框改为"对话框边框"样式，取消窗体中的水平和垂直滚动条、记录选定器、浏览按钮和分隔线。

（4）在窗体中有"修改"和"保存"两个命令按钮，名称分别为"CmdEdit"和"CmdSave"。其中"保存"命令按钮在初始状态下不可用，当单击"修改"按钮后，应使"保存"按钮变为可用，现已编写了部分 VBA 代码，请按照 VBA 代码中的指示将代码补充完整。

注意：不允许修改窗体对象"fEdit"和"fEuser"中未涉及的控件、属性；不允许修改表对象"tAddr"和"tUser"；对于 VBA 代码，只允许在"＊＊＊＊＊＊＊＊＊＊＊＊"和"＊＊＊＊＊＊＊＊＊＊＊＊"之间的空行内补充语句完成设计，不允许增删或修改其他位置已存在的语句。

实验 8-2

打开"实验素材\实验 8\实验 8-2"文件夹，此文件夹下存在一个数据库文件"Ex8-2. mdb"，在数据库文件中已经建立了一个表对象"tStud"、窗体对象"fEmp"、报表对象

"rEmp"和宏对象"mEmp",试按以下要求完成各种操作。

(1) 设置表对象"tEmp"中"聘用时间"字段的有效性规则为：1991年1月1日以后（含当日）的时间，相应有效性文本设置为"输入一九九一年以后的日期"。

(2) 设置报表"rEmp"按照"性别"字段升序（先男后女）排列输出。将报表页面页脚区域内名为"tPage"的文本框控件设置为"-页码/总页数-"形式的页码显示（如-1/15-、-2/15-、…）。

(3) 将"fEmp"窗体上名为"bTitle"的标签上移到距"btnP"命令按钮1cm的位置（即标签的下边界距命令按钮的上边界1cm），并设置其标题为"职工信息输出"。

(4) 试根据以下窗体功能要求，对已给的命令按钮事件过程进行补充和完善。在"fEmp"窗体上单击"输出"命令按钮（名为"btnP"），弹出一输入对话框，其提示文本为"请输入大于0的整数值"。

输入1时，相关代码关闭窗体（或程序）；

输入2时，相关代码实现预览输出报表对象"rEmp"；

输入>=3时，相关代码调用宏对象"mEmp"以打开数据表"tEmp"。

注意：不允许修改数据库中的宏对象"mEmp"；不允许修改窗体对象"fEmp"和报表对象"rEmp"中未涉及的控件和属性；不允许修改表对象"tEmp"中未涉及的字段和属性；已给事件过程，只允许在"×××××Add×××××"与"×××××Add×××××"之间的空行内补充语句、完成设计，不允许增删或修改其他位置已存在的语句。

实验8-3

打开"实验素材\实验8\实验8-3"文件夹，此文件夹下存在一个数据库文件"Ex8-3.mdb"，在数据库文件中已经建立了表对象"tStud"和窗体对象"fEmp"，同时，给出窗体对象"fEmp"上"计算"按钮（名为bt）的"单击"事件代码，试按以下要求完成各种操作。

(1) 编辑VBA代码，使窗体"fEmp"加载时自动设置窗体标题属性为"信息输出"。

(2) 将窗体对象"fEmp"上名为"bTitle"的标签以红色显示其标题。

(3) 删除表对象"tEmp"中的"照片"字段。

(4) 补充窗体代码设计，实现单击"计算"按钮（名为bt），事件过程使用ADO数据库技术计算出表对象"tEmp"中党员职工的平均年龄，然后将结果显示在窗体的文本框"tAge"内并写入外部文件中。

注意：不允许修改数据库中表对象"tEmp"未涉及的字段和数据；不允许修改窗体对象"fEmp"中未涉及的控件和属性；代码设计只允许在"×××××Add×××××"与"×××××Add×××××"之间的空行内填补一行语句、完成设计，不允许增删或修改其他位置已存在的语句。

实验8-4

打开"实验素材\实验8\实验8-4"文件夹，此文件夹下存在一个数据库文件"Ex8-4.mdb"。已经设计了表对象"tStudent"，窗体对象"fStudent"和报表对象"rStudent"，按照以下要求完成设计。

(1) 在窗体"fStudent"的"Form_Load"事件过程中设置窗体的记录源为表"tStudent"。

(2) 在窗体"fStudent"中有一个"改变颜色"命令按钮（名称为bChangeColor），设置该按钮的 VBA 代码,使得单击该按钮,"bTitle"标签的前景色变为红色。

(3) 在窗体"fStudent"中有一个"退出"命令按钮(名称为 bQuit),单击该按钮后,应关闭"fStudent"窗体,请按照相应 VBA 代码中的指示将代码补充完整。

注意:不允许修改窗体对象"fStudent"中未涉及的控件、属性;不允许修改表对象"tStudent";对于 VBA 代码,只允许在"**********"与"**********"之间的一空行内补充语句、完成设计;不允许增删或修改其他位置已存在的语句。

(4) 在报表"rStudent"的主体节依据"政治面貌"字段设置复选框控件"团员否",当政治面貌为"团员"时,复选框为选中打钩状态,否则复选框为未选中空白状态。

实验 8-5

将实验 7-5 完成的"人事管理系统.mdb"的数据库文件复制到"实验素材\实验 8\实验 8-5"文件夹中,并按下述要求完成数据库操作,结果文件保存在"实验 8-5"文件夹中。

(1) 使用向导新建一个窗体"计算实发工资窗体",纵栏式显示"雇员编号"、"雇员姓名"、"年月"、"基本工资"、"其他应发金额"、"基本扣除金额"、"其他应扣金额"和"发放日期"等字段,"蓝图"样式。

(2) 在"计算实发工资窗体"中添加计算控件"RealSalary",对应的标签名和标题均为"实发工资"。

(3) 在窗体的页脚节添加命令按钮 Command1,显示文字"计算实发工资"。

(4) 编写 VBA 语句,使得单击 Command1 按钮在计算控件"RealSalary"中显示计算结果,计算公式为:实发工资 = 基本工资 + 其他应发金额 - 基本扣除金额 - 其他应扣金额。

(5) 编写 VBA 语句,使得单击"人事管理系统主界面"窗体上的"退出"按钮时关闭该窗体。

实验 8-6

将实验 7-6 完成的"十字绣销售管理系统.mdb"的数据库文件复制到"实验素材\实验 8\实验 8-6"文件夹中,并按下述要求完成数据库操作,结果文件保存在"实验 8-6"文件夹中。

(1) 新建一个窗体,添加三个文本框、两个命令按钮和一条直线。三个文本框的名称分别为"Price"、"Quantity"、"SumPrice",两个命令按钮的名称分别为"Calculate"和"Clear"。调整属性取消"滚动条"、"记录选定器"、"导航按钮"及"分割线",保存名为"计算窗体",如图 8.46 所示。

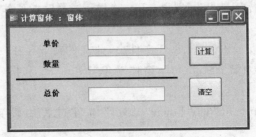

图 8.46 "计算窗体"效果

（2）编写 VBA 语句，使得打开"计算窗体"时文本框内容均为空。

（3）编写 VBA 语句，使得单击"计算"按钮时能够在 SumPrice 中显示 Price 和 Quantity 的乘积。

（4）在"十字绣基本信息表"窗体中添加一个名为"Calculate"的命令按钮，编写 VBA 语句，使得单击该按钮时能打开"计算窗体"。

（5）编写"十字绣销售管理系统主界面"窗体中"数据更新"栏内命令按钮的 VBA 代码，实现单击该按钮能够运行相应查询，并打开"员工基本信息表"查看更新结果。

第9章 数据库应用系统设计实例

本章通过一个数据库的实例——唱片销售管理系统的创建,详细介绍如何用 Access 创建一个小型的数据库应用系统。希望读者回顾前面所学内容,完成本章的实例,进一步理解数据库的相关概念,更好地理清数据库的设计思路。

9.1 数据库应用系统的分析和设计

1. 需求分析

需求分析是所有工作的基础,如果这一步没有做好,会直接影响到所有后续的工作。本阶段需要和数据库的用户多沟通,详细了解用户的业务流程,尽可能多地收集相关的数据资料。

开发唱片销售管理系统的目的,主要是对唱片销售环节中的所有信息,进行科学、有效的管理。该管理系统可以完成以下功能。

◇ 查询现有唱片信息。

◇ 查询哪些唱片、哪些歌手是最受欢迎的。

◇ 查询现有员工信息。

◇ 查询哪些员工的工作是最有效果的。

2. 确定数据库中的表

根据需求分析的结果,确定数据库中需要哪些表。这一步是把需求分析的结果高度抽象化,每一个表格要遵从"一事一地"的原则,即每个表只描述一个实体或实体间的关系,不能包含多个主题。

在唱片销售管理系统中,涉及的实体有唱片和员工,及唱片与员工之间的关系,经过分析,设计唱片销售管理系统的 E-R 图如图 9.1 所示。

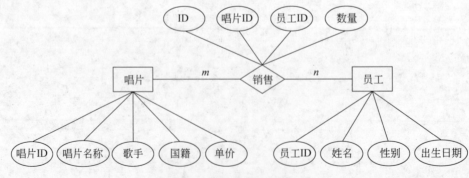

图 9.1 唱片销售系统 E-R 图

按照 E-R 图转换关系模式的方法,初步确定唱片销售管理系统中所需的表为唱片表、员工表和售出表。

3. 确定表中所需字段

设计数据库中的数据表时,需要其中的字段是基本数据元素,而且是原始数据。设计表的同时需要确定数据表中的主关键字。

根据 E-R 图及系统的需求,各数据表的关系模式如下:

唱片表(唱片 ID,唱片名称,歌手,国籍,单价)

员工表(员工 ID,姓名,性别,出生日期,职务,联系电话,工资)

售出表(ID,唱片 ID,员工 ID,数量,售出时间)

4. 确定表与表之间的关系

在唱片销售管理系统中,唱片表与员工表之间存在"多对多"的关系。为了避免数据冗余,同时保持"多对多"关系,方法是创建第三个表,把一个"多对多"的关系拆解为两个"一对多"的关系。即:唱片表与售出表建立关系,类型为"一对多";员工表与售出表建立关系,类型为"一对多"。

5. 精益求精

数据库设计在每个阶段都要经过用户的确认。如果不能满足用户的需求,需要返回到上一阶段,进行调整,坚持用户至上的原则,直到用户满意为止。

9.2　数据库及数据表的设计与建立

首先启动 Access,在 Access 中创建空白数据库,命名为"唱片销售管理系统.mdb"。在当前数据库中创建三个数据表,表结构如表 9-1、表 9-2、表 9-3 所示。

表 9-1　唱片表

字段名称	数据类型	字段大小	备　注
唱片 ID	文本	50	主关键字
唱片名称	文本	50	
歌手	文本	50	
国籍	文本	50	
单价	数字	单精度型	

表 9-2　员工表

字段名称	数据类型	字段大小	备　注
员工 ID	文本	50	主关键字
姓名	文本	50	
性别	文本	4	
出生日期	日期/时间		
职务	文本	50	
联系电话	文本	30	
工资	数字	单精度型	

表 9-3　售出表

字段名称	数据类型	字段大小	备　　注
ID	数字	长整型	主关键字
唱片 ID	文本	50	
员工 ID	文本	50	
数量	数字	长整型	
售出日期	日期/时间		

按表 9-1、表 9-2、表 9-3 中的信息,输入字段名称、数据类型,并设置相关属性,建立唱片表、员工表和售出表。数据表建立之后,创建三个数据表之间的关系,将"实施参照完整性"、"级联更新相关字段"和"级联删除相关记录"三个选项勾选,以确保相关记录和字段可以随着用户的操作及时更新,便于维护。三个数据表之间的关系如图 9.2 所示。

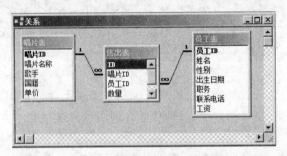

图 9.2　数据表之间的关系图

创建关系之后,方可输入数据,输入数据的顺序为:先主表,后子表。对于唱片销售管理系统来说,应该先输入唱片表、员工表的数据信息,再输入售出表的数据信息。

9.3　查询的设计与建立

查询是数据库的核心,在唱片销售管理系统中,需要创建四个查询,分别是按国籍汇总、售出时间查询、销售情况查询和员工信息查询。涉及三种查询类型,分别是总计查询、参数查询和生成表查询。

1. 按国籍汇总

要了解唱片销售管理系统中不同国家歌手的唱片销售总额,创建查询的提示如下。

查询类型:总计查询。

所需数据表:唱片表和售出表。

所需字段:国籍、销售金额(为新建字段)。

由于本查询要显示的是不同国家歌手的唱片销售总额,所以"销售金额"字段需要用到 Sum 函数,函数的参数是唱片的单价和数量的乘积。在设计查询的时候,格式为:"销售金额:Sum([数量]*[单价])"。

查询的设计视图如图 9.3 所示。

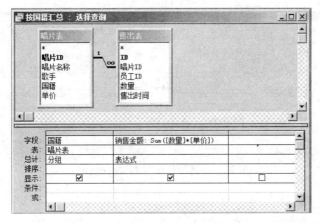

图 9.3 "按国籍汇总"设计视图

2. 售出时间查询

根据售出时间查询有关唱片的相关信息,创建查询的提示如下。

查询类型:参数查询(使用通配符 Like)。

所需数据表:唱片表、员工表和售出表。

所需字段:唱片名称、歌手、单价、数量、员工 ID、姓名、售出时间。

查询的设计视图如图 9.4 所示。

注意:本查询中的参数为 9.5 节中窗体"售出时间"中的文本框"Text14"中的内容,详见 9.5 节窗体"售出时间"的执行过程。

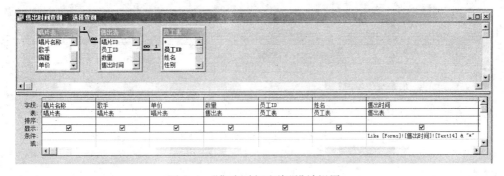

图 9.4 "售出时间查询"设计视图

3. 销售情况查询

根据查询的销售情况生成销售情况表,创建查询的提示如下。

查询类型:生成表查询。

所需数据表:唱片表、员工表和售出表。

所需字段:唱片 ID、唱片名称、歌手、单价、员工 ID、姓名、数量、销售金额(为新建字段,计算公式为:数量 * 单价)、售出时间。

生成表名称:销售情况表。

查询的设计视图如图 9.5 所示。

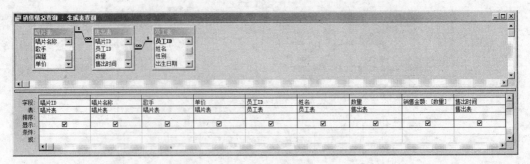

图 9.5 "销售情况查询"设计视图

4. 员工信息查询

根据员工的姓名查询员工的信息,创建查询的提示如下。

查询类型:参数查询。

所需数据表:员工表。

所需字段:员工 ID、姓名、性别、出生日期、职务、联系电话、工资。

参数:姓名(提示文本:"请输入员工姓名:")。

查询的设计视图如图 9.6 所示。

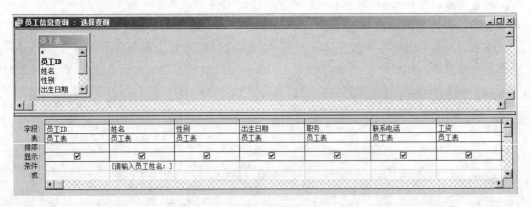

图 9.6 "员工信息查询"设计视图

9.4 报表的设计与建立

在唱片销售管理系统中,共创建两个报表,分别是唱片销售排行榜和员工销售情况。

1. 唱片销售排行榜

在创建"唱片销售排行榜"报表中,要显示的内容为唱片的销售数量、唱片名称、歌手、单价及售出时间。在设计视图中创建报表,选取"销售情况表"作为本报表数据源,添加标签、文本框,将文本框属性中的"控制来源"设置为特定字段或者相关函数。唱片销售排行榜的设计视图如图 9.7 所示,唱片销售排行榜如图 9.8 所示。

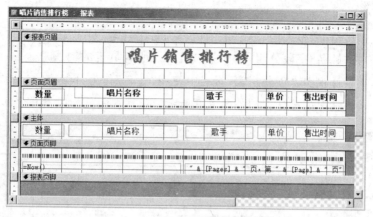

图 9.7 "唱片销售排行榜"设计视图

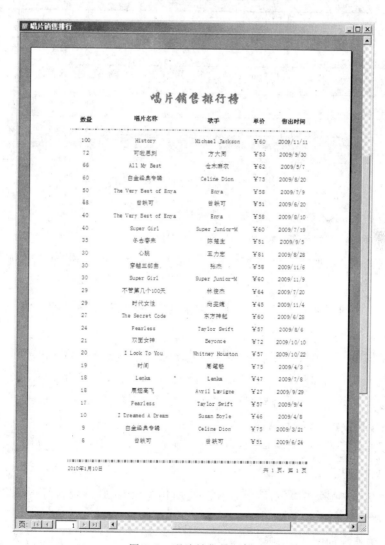

图 9.8 唱片销售排行榜

2. 员工销售情况

在"员工销售情况"报表中,要显示的内容为员工姓名、员工 ID、唱片名称、单价和数量,除此之外,按"姓名"字段分组,统计每名员工及所有员工的销售总金额。以销售情况表为数据源,在设计视图中创建报表,报表中使用"姓名"作为分组字段,并添加组页眉和组页脚,员工销售情况的设计视图如图 9.9 所示。设计视图分为以下几个部分。

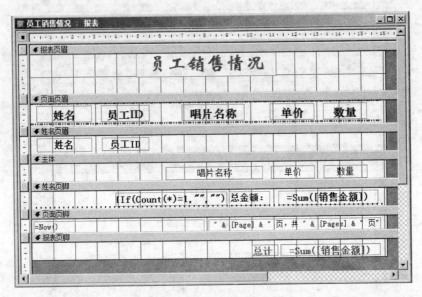

图 9.9 "员工销售情况"设计视图

◇ 报表页眉:添加标签,显示员工销售情况。

◇ 页面页眉:添加标签,标题为姓名、员工 ID 等信息。

◇ 姓名页眉:添加两个文本框,分别将属性中的"控件来源"设置为姓名、员工 ID 字段。

◇ 主体:添加三个文本框,分别将属性中的"控件来源"设置为唱片名称、单价、数量字段。

◇ 姓名页脚:添加统计信息,销售单数及按姓名统计销售金额的总和。

◇ 页面页脚:添加两个文本框,分别显示当前系统日期、当前页和总页数。

◇ 报表页脚:使用 Sum 函数统计所有员工销售金额的总和。

在报表中用到统计函数(Avg, Count, Max, Min, Sum 等)时,需要注意一个细节:统计函数只能用在分组字段页眉、分组字段页脚或报表页眉、报表页脚中,不能在页面页眉、页面页脚中使用。

如果文本框中显示的数据涉及计算或使用相关函数,必须包含等号,如"＝Sum([销售金额])"或"＝Now()"等。

员工销售情况如图 9.10 所示。

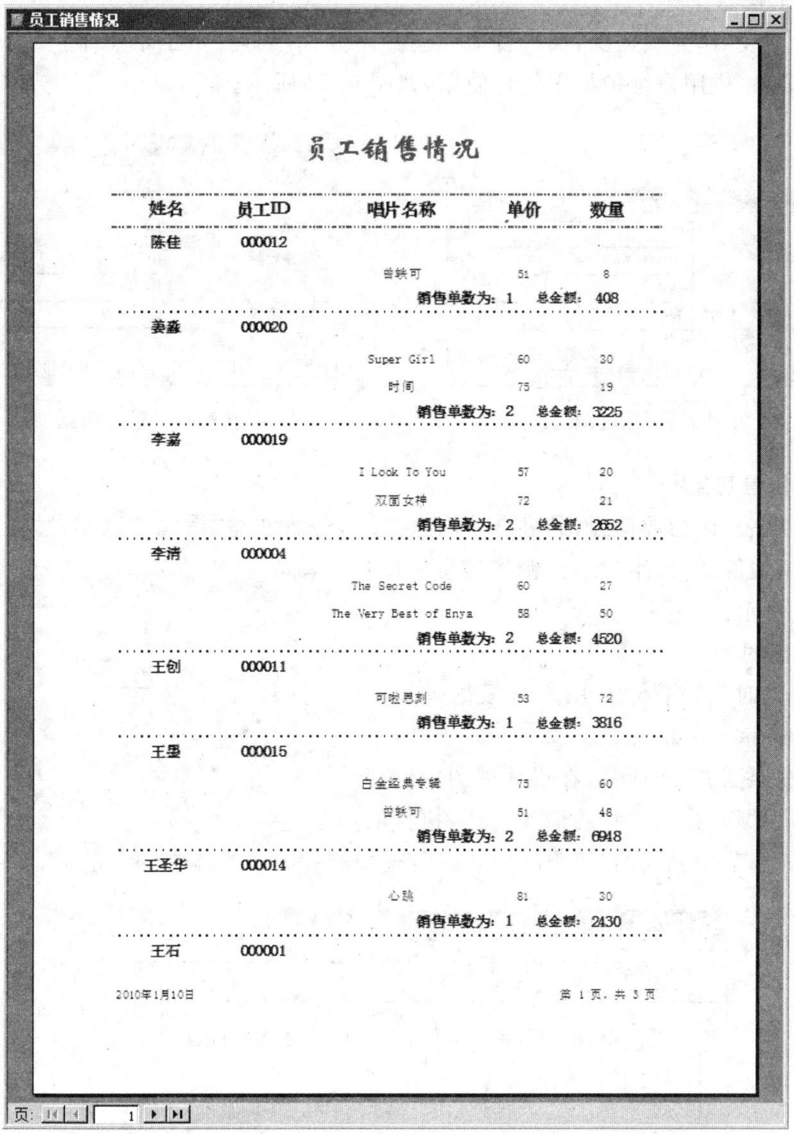

图 9.10 员工销售情况

9.5 窗体的设计与建立

在唱片销售管理系统中,根据实际需要,有些信息需要定期或不定期的维护。为方便用户使用,创建七个窗体,分别是唱片信息维护、员工信息维护、销售信息维护、售出时间、唱片基本信息、唱片信息子窗体和主窗体。

1. 唱片信息维护

将"唱片表"作为数据源,通过自动创建窗体方式,创建"唱片信息维护"窗体,显示唱片的相关信息,供用户维护唱片信息使用,如图 9.11 所示。

2. 员工信息维护

将"员工表"作为数据源,通过自动创建窗体方式,创建"员工信息维护"窗体,显示员工的相关信息,供用户维护员工信息使用,如图9.12所示。

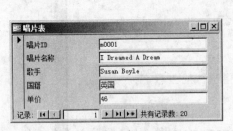

图9.11 唱片信息维护

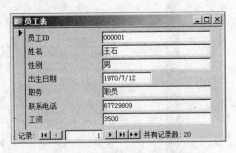

图9.12 员工信息维护

3. 销售信息维护

将"售出表"作为数据源,通过自动创建窗体方式,创建"销售信息维护"窗体,显示唱片售出的相关信息,供用户维护销售信息使用,如图9.13所示。

4. 售出时间

在"售出时间"窗体中,用户可根据唱片的售出时间,查询相关信息。

首先按照图9.14所示,在设计视图中创建窗体,窗体中标题为"查询"的命令按钮,执行的

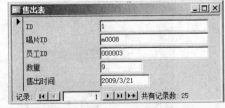

图9.13 销售信息维护

查询就是9.3节中创建的"售出时间查询",查询的参数是窗体中的文本框。

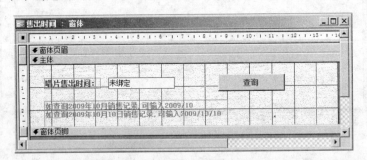

图9.14 "售出时间"窗体设计视图

要调用售出时间查询,需要右击标题为"查询"的命令按钮,选择"事件生成器",单击"代码生成器",切换到数据库模块的代码窗口,在标题为"查询"的命令按钮的"单击"事件过程中输入如下代码来完成对"售出时间查询"查询的调用:"DoCmd. OpenQuery "售出时间查询", acViewNormal, acEdit"。

需要查询时,切换到窗体视图,在文本框内输入唱片售出时间,例如"2009/10",如图9.15所示,单击"查询"按钮,即可得到查询结果,如图9.16所示。

图 9.15　输入售出时间参数

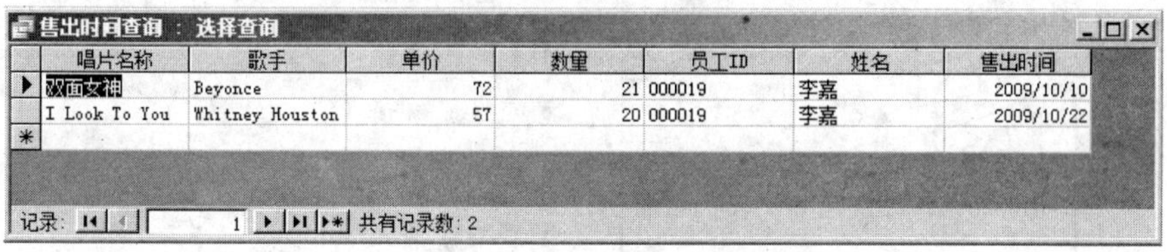

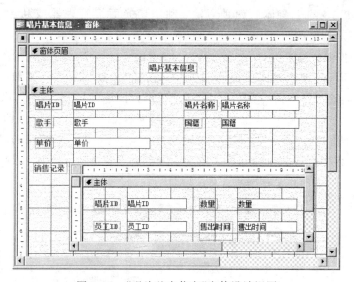

图 9.16　得到的查询结果

5. 唱片基本信息

在使用唱片销售管理系统过程中,用户不仅需要了解唱片、歌手等信息,也需要了解唱片售出的相关信息。

本功能是用主子窗体来实现的,主窗体"唱片基本信息"的数据源为"唱片表",子窗体"唱片信息子窗体"的数据源为"销售情况表","唱片基本信息"的设计视图如图 9.17所示。

图 9.17　"唱片基本信息"窗体设计视图

创建主子窗体有以下两种方法。

(1) 使用向导创建主子窗体。

(2) 首先在设计视图中分别创建好两个窗体,然后切换到主窗体的设计视图,将子窗体拖动到主窗体中要放置的特定位置,或者添加"子窗体/子报表"控件,将控件属性中的"源对象"设置为"唱片信息子窗体"。

6. 主窗体

主窗体是用户和唱片销售管理系统进行交互操作的重要界面,是登录唱片销售管理系统时操作的入口,如图 9.18 所示。

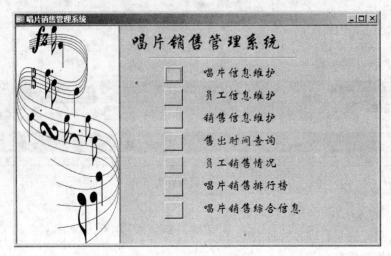

图 9.18　主窗体

通过主窗体,用户可以根据要完成的任务来选择使用哪个功能,这些功能本身就是数据库系统中的窗体和报表,通过这些功能,用户可以方便地输入数据、查看数据和维护数据。创建如图 9.18 的主窗体有两种方法:利用切换面板管理器或利用设计视图创建窗体。

1) 利用切换面板管理器

通过切换面板管理器完成主窗体的创建。选择"工具"菜单下的"数据库实用工具"命令,选择"切换面板管理器"选项,单击"新建"按钮,创建"唱片销售管理系统"切换面板,如图 9.19 所示。选中"唱片销售管理系统"切换面板后,单击"编辑"按钮,在"编辑切换面板项目"对话框中单击"新建"按钮,设置切换面板上各个命令按钮的名称和动作,如图 9.20 所示。将要打开的窗体和报表依次添加到切换面板,参照图 9.21 完成主窗体的设置。

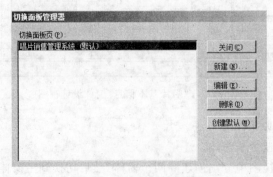

图 9.19　切换面板管理器

图 9.20　编辑切换面板项目—打开窗体

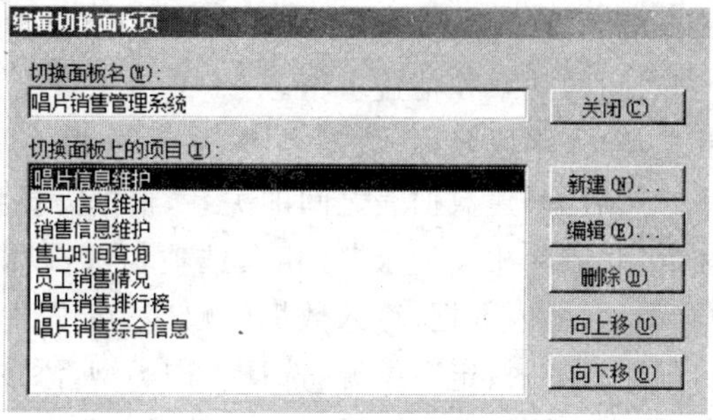

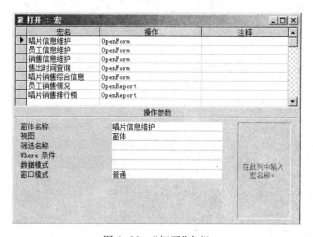

图 9.21　编辑切换面板页

2）利用设计视图创建窗体

首先,在设计视图中创建如图 9.18 所示的主窗体,添加 7 个命令按钮和 8 个标签,根据 7 个命令按钮打开的窗体或报表,创建一个名称为"打开"的宏组,在宏组中添加 5 个打开窗体(OpenForm)和 2 个打开报表(OpenReport)的宏操作,并分别设置要打开的窗体名称或报表名称,如图 9.22 所示。然后,在主窗体中分别将命令按钮属性中的"单击"事件设置为宏组中的对应项。

图 9.22　"打开"宏组

建立主窗体之后,为了管理方便,可将主窗体设置为打开数据库时的默认窗体。方法如下:选择"工具"菜单,执行"启动"命令,将"显示窗体/页"设置为"主窗体",单击"确定"按钮即可。

本章通过一个实例"唱片销售管理系统",详细介绍了数据库的需求分析、数据库设计和数据库各对象的建立等环节，为整体理解数据库，明晰步骤、方法提供一个思路，供读者在实践的过程中参考，希望读者在今后的实践中不断领会数据库的理论知识，提高技能，学以致用。

本 章 小 结

数据库应用系统的分析和设计分为五个步骤：需求分析，确定数据库中的表，确定表中所需字段，确定表与表之间的关系和精益求精。

设计与建立表。首先，输入字段名称、数据类型，并设置相关属性，确定主关键字，建立数据库中所需的表格。然后，创建数据表之间的关系，根据需要将"实施参照完整性"、"级联更新相关字段"和"级联删除相关记录"等相关选项勾选，以确保相关记录和字段可以同步更新，便于维护。最后，输入数据，输入数据的顺序为：先主表，后子表。

设计与建立查询。创建查询，指定数据源，选择查询类型，添加相关字段，设置相关属性。如果涉及新建字段，注意书写格式："字段名称：表达式"。

设计与建立报表。在报表中用到 Avg，Count 等统计函数时，需要注意一个细节，统计函数只能用在分组字段页眉、分组字段页脚或报表页眉、报表页脚，不能在页面页眉、页面页脚中使用。如果文本框中显示的数据涉及计算或使用相关函数，必须包含等号，如"＝Sum(［销售金额］)"或"＝Now()"等。

设计与建立窗体。方便管理数据库中的相关数据，可以使用窗体作为数据库启动时的默认入口，实现方法有切换面板管理器或利用设计视图创建窗体两种。在窗体设计过程中，为了使界面更加人性化，功能更加完善，可根据需要添加 VBA 代码。

附录 A 实验评测

评测-1

1. 基本操作题

打开"实验素材\实验评测\评测-1"文件夹,在此文件夹下存在一个名为"ExA-1-1.mdb"的数据库文件,库中已建立表对象"tStud"。试按以下操作要求,完成表的编辑修改。

(1) 将"编号"字段改名为"学号",并设置为主键。

(2) 设置"入校时间"字段的有效性规则为 2005 年之前的时间(不含 2005 年)。

(3) 删除表结构中的"照片"字段。

(4) 删除表中学号为"000003"和"000011"的两条记录。

(5) 设置"年龄"的默认值为 23。

(6) 完成上述操作后,将文件夹下文本文件 tStud.txt 中的数据导入并追加保存在表"tStud"中。

2. 简单应用题

打开"实验素材\实验评测\评测-1"文件夹,在此文件夹下存在一个数据库文件"ExA-1-2.mdb",里面已经设计好表对象"tCourse"、"tGrade"、"tStudent"和"tTemp"。试按以下要求完成设计。

(1) 创建一个选择查询,查找并显示含有"不及格"成绩的学生的"姓名"、"课程名"和"成绩"三个字段的内容,所建查询命名为"qT1"。

(2) 创建一个总计选择查询,计算每名学生的平均成绩,并按平均成绩降序依次显示"姓名"、"政治面貌"、"毕业学校"和"平均成绩"四个字段的内容,所建查询命名为"qT2"。

(3) 创建一个交叉表查询,统计每班每门课程的平均成绩(学号前 6 位代表班号),显示结果如图 A.1 所示,所建查询命名为"qT3"。

班级	高等数学	计算机原理	专业英语
991021	67.97058823529	72.52941176471	80.41176470588
991022	72.7	72.9	76.75
991023	74.35294117647	77	72.17647058824

记录:共有记录数:3

图 A.1 交叉表查询 qT3 效果

(4) 创建一个追加查询,将男学生的"班级"、"姓名"、"性别"、"课程名"和"成绩"等信息追加到"tTemp"表的对应字段中,所建查询名为"qT4"。

注意:不允许修改表对象"tStud"和"tScore"的结构及记录数据的值;选择查询只返

回选了课的学生的相关信息。

3. 综合应用题

打开"实验素材\实验评测\评测-1"文件夹,在此文件夹下存在一个数据库文件"ExA-1-3. mdb",里面已经设计了表对象"tEmp"、窗体对象"fEmp"、报表对象"rEmp"和宏对象"mEmp",按照以下要求补充设计。

(1) 将表对象"tEmp"中"简历"字段的数据类型改为备注型,同时在表对象"tEmp"的表结构里调换"所属部门"和"聘用时间"两个字段的位置。

(2) 设计报表"rEmp"的主体节区内"tOpt"复选框控件依据报表记录源的"性别"字段和"年龄"字段的值来显示状态信息:性别为"男"且年龄小于 25 时显示为选中的打钩状态,否则显示为不选中的空白状态。

(3) 将"fEmp"窗体上名为"bTitle"的标签文本颜色改为红色显示。同时,将窗体按钮"btnP"的单击事件属性设置为宏"mEmp",以完成单击按钮打开报表的操作。

注意:不允许修改数据库中的宏对象"mEmp";不允许修改窗体对象"fEmp"和报表对象"rEmp"中所涉及的控件和属性;不允许修改表对象"tEmp"中未涉及的字段和属性。

评测-2

1. 基本操作题

打开"实验素材\实验评测\评测-2"文件夹,在此文件夹下存在两个名为"ExA-2-1. mdb"和"dResearch. mdb"的数据库文件和一个名为"照片. JPG"的照片文件。试按以下操作要求,完成表的建立和修改。

(1) 将"dResearch. mdb"数据库中的"tEmployee"表导入"ExA-2-1. mdb"数据库中。

(2) 在"ExA-2-1. mdb"数据库中创建一个名为"tBranch"的新表,其结构如表 A-1所示。

表 A-1　表"tBranch"的结构

字段名称	类型	字段大小
部门编号	文本	16
部门名称	文本	10
房间号	数字	整型

(3) 将新表"tBranch"中的"部门编号"字段设置为主键。

(4) 设置新表"tBranch"中的"房间号"字段的"有效性规则"属性,保证输入的数字在100~900 之间(包括 100 和 900)。

(5) 在"tBranch"表中输入新记录,如表 A-2 所示。

部门编号	部门名称	房间号
001	数量经济	222
002	公共关系	333
003	商业经济	444

(6) 在"tEmployee"表最后添加一个新字段,字段名称"照片",选择合适的数据类型,将文件夹下"照片.jpg"文件使用"选择文件插入"的方法输入到"李丽"记录的"照片"字段中。

2. 简单应用题

打开"实验素材\实验评测\评测-2"文件夹,在此文件夹下存在一个数据库文件"ExA-2-2.mdb",里面已经设计好表对象"tCourse"、"tSinfo"、"tGrade"和"tStudent",试按以下要求完成设计。

(1) 创建一个查询,查找并显示"姓名"、"政治面貌"、"课程名"和"成绩"四个字段的内容,所建查询命名为"qT1"。

(2) 创建一个查询,计算每名学生所选课程的学分总和,并依次显示"姓名"和"学分",其中"学分"为计算出的学分总和,所建查询命名为"qT2"。

(3) 创建一个查询,查找年龄小于平均年龄的学生,并显示其"姓名"和"年龄"字段,所建查询命名为"qT3"。

(4) 创建一个 SQL 特定查询,使用 SQL 语句删除表"tSinfo"中的"班级编号"字段,所建查询命名为"qT4"。

3. 综合应用题

打开"实验素材\实验评测\评测-2"文件夹,在此文件夹下存在一个数据库文件"ExA-2-3.mdb",里面已经设计好表对象"tEmp"、查询对象"qEmp"和窗体对象"fEmp"。同时,给出窗体对象"fEmp"上两个按钮的单击事件代码,试按以下功能要求补充设计。

(1) 将窗体"fEmp"上文本框"tSS"更改为组合框类型,保持控件名称不变。设置其相关属性实现下拉列表形式输入性别"男"和"女"。

(2) 修改查询对象"qEmp"为参数查询,参数为引用窗体对象"fEmp"上文本框"tSS"的输入值。

(3) 对象"fEmp"上文本框"tPa"为计算控件。要求依据"党员否"字段值显示内容:"党员否"字段值为 True,显示"党员"两字;"党员否"字段值为 False,显示"非党员"三字。

(4) 单击"刷新"按钮(名为"bt1"),事件过程动态设置记录源为查询对象"qEmp",实现窗体数据按性别条件动态显示。单击"退出"按钮(名为"bt2"),关闭窗体。

注意:不允许修改数据库中的表对象"tEmp";不允许修改表查询对象"qEmp"中未涉及的内容;不允许修改窗体对象"fEmp"中未涉及的控件和属性;已给事件过程,只允许在"****Add****"与"****Add****"之间的空行内补充语句、完成设计,不允许增删或修改其他位置已存在的语句。

参 考 文 献

[1] 教育部考试中心. 全国计算机等级考试二级教程——Access 数据库程序设计. 北京：高等教育出版社,2004

[2] 卢湘鸿. Access 数据库与程序设计. 北京：电子工业出版社,2008

[3] 罗坚,高志标. Access 数据库技术教程. 北京：北京理工大学出版社,2008

[4] 訾秀玲等编. Access 数据库技术及应用教程. 北京：清华大学出版社,2007

[5] 向隅. 数据库应用实例教程. 北京：清华大学出版社,北京交通大学出版社,2009